科学环境友好的包装，是农产品
内在品质的外延彰显与功能拓展

清晰透彻亲和的标识，是农产品
商品价值的内涵表达与文化升华

农产品包装标识典范

（第一批）

农业农村部农产品质量安全中心　编

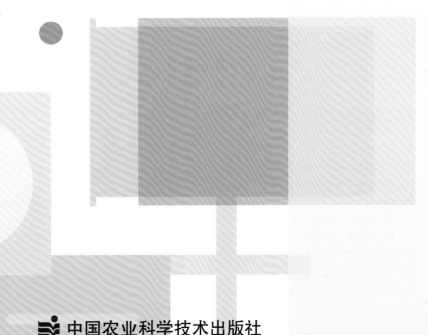

中国农业科学技术出版社

图书在版编目（CIP）数据

农产品包装标识典范. 第一批 / 农业农村部农产品质量安全中心编. —北京：
中国农业科学技术出版社，2021.8

　　ISBN 978-7-5116-5302-4

　　Ⅰ.①农… Ⅱ.①农… Ⅲ.①农产品—包装—产品标识 Ⅳ.①F762.03

　　中国版本图书馆 CIP 数据核字（2021）第 083657 号

责任编辑	周　朋
责任校对	李向荣
责任印制	姜义伟　王思文

出 版 者	中国农业科学技术出版社
	北京市中关村南大街12号　　邮编：100081
电　　话	（010）82106643（编辑室）　（010）82109702（发行部）
	（010）82109709（读者服务部）
传　　真	（010）82106631
网　　址	http://www.castp.cn
经 销 者	各地新华书店
印 刷 者	北京地大彩印有限公司
开　　本	889mm×1194mm　1/16
印　　张	26
字　　数	700千字
版　　次	2021年8月第1版　2021年8月第1次印刷
定　　价	298.00元

《农产品包装标识典范（第一批）》

编委会名单

总 主 编： 金发忠

统筹主编： 寇建平　王子强　李清泽　陆友龙　郝文革　欧阳喜辉
　　　　　　李　岩　陈国南　戴亨林　林方龙　马凤生　褚田芬

技术主编： 高　芳　范　蓓　张树秋　焦必宁　刘　新　姚卫蓉
　　　　　　李承华　徐东辉　徐　静　张卫星　胡桂仙　金　诺
　　　　　　谢　璇

副 主 编： 黎　畅　孙丽娜　黎玉林　王玉涛　宋　伟　许丽萍
　　　　　　魏　澍　康　宇　陈　涛　王阿隆　赵宗利　郭　萍
　　　　　　史宏伟　严　莉

主要编写人员：
　　　　　　马　越　马文宏　王　芳　王　莹　王思翌　王雁楠
　　　　　　史　培　朱加虹　刘　廷　刘申平　江学辉　汤宇青
　　　　　　李　刚　李　昊　李世轩　杨　玲　杨宇晖　杨金凤
　　　　　　肖秀兰　吴宝霞　宋耀欣　张　井　张　丹　张　优
　　　　　　张凤娇　张宏志　张钰宸　陈　曦　陈　镶　陈小露
　　　　　　陈佳序　周佳豪　庞　博　郑蔚然　赵玉华　贺　剑
　　　　　　贺西芳　秦培伦　聂之涵　倪华山　徐慧敏　黄建轶
　　　　　　黄继勇　崔佳欣　章林平　斯　青　谢晴晴
　　　　　　（按姓氏笔画排序，排名不分先后）

目录

A001

北京大道农业有限公司成立于2009年，注册资本301万元，位于海淀区上庄镇西马坊村。公司隶属于西马坊村股份经济合作社，现有员工20人。北京大道农业有限公司是独家耕种、管理、经营京西稻的生产企业，秉承"大道至简，绿色生态"的经营理念，专注于京西稻的文化保护与传承。当前，公司正着力为避开工业浪潮走进生态田园的人们而不懈努力；着力促进生产与旅游服务业有机融合发展，深入发展农业生态休闲、耕读文化创意产业；全面推进京西稻皇家文化品牌的打造与推广工作，致力于京西稻皇家文化、历史人文等各类文化的挖掘和高附加值文化产品的创意开发工作，努力实现和推进"以文化打造地方名片，以文化带动地方经济"的可持续绿色产业经济进程。

典范产品一：京西稻礼盒

包装材料为纸盒和PE，符合环保原则。上翻式结构用料少，缓冲性能强，符合包装轻量化原则。包装操作简单，全套包材仅有3个部件，符合高效原则。外观漂亮整洁，符合中高档包装定位，可为产品提供较高附加值。

典范产品二：京西稻真空装

包装材料为食品级PE复PA膜材料真空包装，符合环保原则。外观漂亮整洁，符合中档包装定位，便于顾客采购运输。

1.5kg 装：295mm×552mm×25mm
2.5kg 装：263mm×952mm×27mm
5kg 真空装：370mm×355mm×135mm

通信地址：北京市海淀区上庄镇西马坊村村委会
联系电话：15010090103　　　赵雨

北京京邦达贸易有限公司（京东物流）是全球唯一拥有中小件、大件、冷链、B2B、跨境和众包（达达）六大物流网络的企业。京东物流凭借这六张大网实现了全球范围覆盖以及大数据、云计算、智能设备的应用，打造了一个从产品销量分析预测，到入库出库，再到运输配送各个环节无所不包、综合效率最优、算法最科学的智能供应链服务系统。

京东物流在全国运营约730个仓库、28座大型智能化物流中心"亚洲一号"，投用了全国首个5G智能物流园区。包含云仓在内，京东物流运营管理的仓储总面积达到1 700万m²。京东物流大件和中小件网络已实现大陆行政区县近100%覆盖，自营配送服务覆盖了全国99%的人口，90%以上的自营订单可以在24小时内送达，90%区县可以实现24小时送达。同时，京东物流着力推行战略级项目"青流计划"，从环境、人文社会、经济3个方面，协同行业和社会力量共同关注人类的可持续发展。

典范产品一：桃、梨、甜瓜、苹果等中型果包装

包装材料为纸箱和EPE，符合环保原则。拉伸式结构用料少，缓冲性能强，符合包装轻量化原则。包装操作简单，全套包材仅有4个部件，一拉即用，符合高效原则。外观漂亮整洁，符合中高档水果包装定位，可为水果提供较高附加值。

典范产品二：大闸蟹EPP保温箱包装

环保材质，保温效果好，可回收循环使用，客户体验好。

典范产品三：葡萄、提子袋中袋包装

缓冲效果极好，可保护水果在运输过程中免遭挤压损坏。

中型果包装：385mm×355mm×125mm
葡萄、提子袋中袋包装：一袋装 360mm×255mm×210mm
　　　　　　　　　　　　两袋装 405mm×300mm×245mm
大闸蟹 EPP 保温箱包装：320mm×175mm×280mm

通信地址：北京市经济技术开发区科创十一街 18 号院京东大厦
联系电话：18822385018　　　段艳健

邻得膜科技（北京）有限公司成立于2016年3月15日，公司注册资本100万元，主要成员15人，已获得知名投资机构千万级天使投资。

公司在国家大力发展实体经济、科技兴邦的政策背景下创办，秉承"德不孤，必有邻"的经营理念，与国内外各相关应用企业紧密结合，在科技材料应用、高端制造升级、环保、医疗、农业、大消费、大健康等应用领域展开全面合作，以科技创新为宗旨，大力提升企业核心竞争力，打造我国具有自主知识产权的高端膜材料产业平台及与之配套的应用企业集群。

邻得薄膜材料的整体设计考虑到以下几个方面。

生产的垄断性：核能防伪材料的生产过程中使用专用反应堆等国家重要核设施，受到国家强力监管，而且还需要核物理、化学、电子等多学科共同参与才能完成，因而具有高度垄断性。

不可仿造性：核能防伪标识的图案具有"微观设密宏观显示"的特点，使不可见的几百万像素集合"放大"成为可见的宏观图案。

大众识别性：用有色液体在防伪标识上涂抹，然后擦干，则防伪标识中的隐形图案或文字显形，显示出相应的颜色。

司法鉴定性：核能防伪标识中核微孔具有非常严格的微观科学参数，通过工艺控制参数形成严格的密码信号，永久贮存在标识内部，成为专家鉴别和法律鉴别的科学依据。

检验前　　　　　　滴水消失检验　　　　　　检验前

水干后效果　　　　　　彩笔涂抹

A004

北京清水云峰果业有限公司成立于2013年，注册资本350万元，公司位于北京市门头沟区清水镇李家庄，植被丰厚、天蓝水清，方圆几十千米没有工业污染。现有正式员工5人，承包工10人。北京清水云峰果业有限公司是集种植、销售、包装、运输于一体的奇异莓种植农业企业，专注于奇异莓的种植和推广，打造了拇指姑娘品牌。公司秉承创新产业发展模式，带动农民就业增收，实现产业扶贫：一是梯式递增地租；二是工人就地招工；三是工程就地发包；四是培养知识型农民。

典范产品：拇指姑娘礼盒

外包装采用精装裱糊涂布纸四色印刷覆哑膜纸箱。内包装采用独立的PET三角盒，在保证净含量的情况下减少在运输中产品的晃动，进一步减少破损率。

包装材料为纸盒和PET塑料盒，符合环保原则。上翻式结构用料少，缓冲性能强，透气性强，符合包装轻量化原则。包装操作简单，全套包材仅有3个部件，符合高效原则。外观漂亮整洁，符合中高档包装定位，可为产品提供较高附加值。

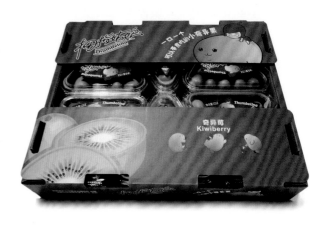

0.75kg 纸箱装：350mm×305mm×350mm

1.5kg 纸箱装：366mm×306mm×70mm

0.125kg 三角盒装：147mm×143mm×36.5mm

通信地址：北京市门头沟区清水镇李家庄

联系电话：13601351749　　　姚英敏

北京盛和创亿文化发展有限公司是一家以品牌形象策划为主的设计顾问机构，公司下设：创亿品牌设计、和视觉画册设计、创亿空间设计、创亿礼品设计、创亿传媒五大子品牌。公司位于北京艺术气息浓厚的798国际艺术区，现有设计团队60余人，注册资本1 001万元。截至2020年，公司已拥有3 600多个精品案例，客户遍布19个省区市，其中包括18家500强企业和中央企业、68家上市公司及行业龙头企业、7所知名大学。

公司的最大特点是强调专业细分和品牌形象落地执行，不主张空洞和泛泛的CIS、VI设计，更愿意为客户提供实实在在的品牌落地设计服务。

典范产品一：皇家米·京西稻

京西稻是北京市海淀区上庄镇特产，农产品地理标志登记产品。京西稻属于优质粳米，米粒椭圆丰腴、晶莹透明，米饭有油性、黏而不糯、软硬适中、清香有弹性，米粥颜色青绿、香气独特、口感黏滑有米油。包装造型为正方形，开合式及叠层式结构富有仪式感。运用插画描绘出地理标志及米粒形态，整体红色调彰显尊贵，营造出"皇家米"的气质。

典范产品二：茅山后·佛见喜梨

佛见喜梨是北京市平谷区金海湖镇茅山后村特产，农产品地理标志登记产品。包装采用天地盖式结构。整体所营造的是喜庆的氛围，应用了手绘插画的风格来表达，绘制了茅山后的地理位置、梨树、可口的梨以及人间烟火的气息，整体画面传达出佛见喜梨的独特文化和喜庆之意。里面装有6个独立的包装，六边形折叠盒，整体采用烫金的工艺呈现出茅山后佛见喜梨的主视觉。

皇家米·京西稻：220mm×220mm×220mm，1 500g/ 盒
茅山后·佛见喜梨：400mm×308mm×140mm，120g/ 盒

通信地址：北京市朝阳区酒仙桥路 798 艺术区三匚创意汇 3F
联系电话：13522296800　　　胡永和

国茶汇

国茶汇（北京）茶馆有限公司创始于2003年，是一家集研发、生产、销售和茶饮服务于一体的茶业综合服务商。公司一贯坚持"简单真诚、与物为春"的企业发展理念，生产原料、制作工艺、产品包装都遵循生态优先的原则，坚持实施"绿色制造、绿色流通、绿色消费"的循环经济发展模式和品牌战略。公司整合云南、福建、浙江、湖南等中国核心产茶区的地理优势和资源优势，汇聚国茶精品，研发出自主品牌的普洱茶、红茶、白茶、绿茶等六大茶类60多款产品。目前，企业总资产超亿元，产品销往我国20多个省区市和港澳台地区，并远销欧盟、美国和日本。

典范产品一：国茶金礼系列之云南古树普洱

采用外壳硬盒设计，防止产品在运输和售卖中被压坏。材质选用可自然降解的环保纸板。采用材料耗费少的设计，用材大约是传统包装方式的1/3。使用单色压纹印刷，环保、简约大方。包装附加（扎绳）成本低。此包装既满足了物流运输过程中的高效、便捷和不易损坏等要求，也满足了美观实用和节省材料的要求。

典范产品二：国茶金礼系列之武夷岩上肉桂

外包装为硬盒扎绳，简单精致大方。内包装为透明鲜味锁袋，使茶叶抗氧化，更大限度保证产品新鲜、不串味。透明鲜味锁袋制作安全，工艺简单，具备成本低、无污染、易回收、可再生等特点。

典范产品三：国茶金礼系列之福鼎特级白牡丹

树立"单色"视觉形象，内包装以不同颜色区分中国六大茶类：绿色（绿茶）、银色（白茶）、金色（普洱）、红色（红茶）、黑色（岩茶）、黄色（黄茶）。为推进二次利用和延长包装袋的使用寿命，减少废弃物，达到环保效果，包装采用了覆膜工艺，可对多次褶皱处起到保护性作用。经测试，此包装可循环使用100次以上。

通信地址：北京市朝阳区安苑三里2号楼

联系电话：13512715002　　林雅善

宁红

北京更香宁红茶业有限公司成立于2016年。其前身北京更香茶叶有限责任公司成立于1998年，2010年斥资3.5亿元收购江西省"宁红"茶叶品牌，成立江西省宁红集团有限公司。目前，公司拥有更香、宁红两大品牌，销售总部位于北京。通过打造"市场+公司+基地+合作社+茶农"的绿色产业链，公司在浙江武义、广西横县、云南普洱、福建安溪、江西修水等地建立五大茶叶基地，拥有茶园10万多亩，其中有机茶园面积6万多亩，更香品牌成为中国有机茶品质典范，旗下"宁红"品牌是中华老字号。五大茶叶基地联动，直接或间接带动10万多山区农民增收致富。在全国拥有200多家更香茗茶、宁红茶加盟连锁店，是一家集产、供、销、研于一体的综合性茶叶集团，有机茶产品远销英、美等国，年销售额达4亿元。

典范产品一：宁红小青柑

包装材料为纸盒，符合环保原则。折叠式长方体结构，符合包装轻量化原则。包装操作简单，纸盒折叠即可使用，符合高效原则。外观设计独特、富有创意，传统元素与现代元素融合，突显产品价值。

典范产品二：宁红慧鉴

包装材料为纸盒，符合环保原则。拉伸式结构用料少，缓冲性能强，符合包装轻量化原则。外观简约大方，突显产品文化底蕴。

典范产品三：有机雾绿

包装材料为纸盒，符合环保原则。纸盒里面以铁罐装茶叶，避免运输中挤压使茶叶断碎。外观漂亮整洁，符合有机茶绿色天然的特性。

宁红小青柑：8g/ 颗 ×6 颗
宁红慧鉴：5g/ 袋 ×25 袋
有机雾绿：3g/ 袋 ×34 袋

通信地址：北京市西城区马连道甲 10 号
联系电话：13120136597　　　贾伟

平谷区农产品产销服务中心是平谷区人民政府果品办公室下属的事业单位，拥有平谷鲜桃"平谷+图形"证明商标，国桃、桃乡、桃花、碧霞、御园、金海湖、果之首桃之都注册商标，是中国百强农产品区域公用品牌平谷鲜桃、国家地理标志保护产品平谷大桃、生态原产地保护产品的管理者。中心主要职责：负责平谷区"平谷+图形"证明商标等商标，以及果品绿色食品证书和合格证的续展与申报工作；制定平谷区果品检测标准，并对全区果品进行检测和监督；负责大桃等果品生产技术培训和经验交流；为平谷区果品"平谷+图形"证明商标使用者提供生产、销售及市场等方面的信息和技术咨询；负责制定使用平谷鲜桃证明商标与绿色食品证书的管理办法及有关规章制度；负责组织平谷鲜桃证明商标标签的设计、生产、推广和管理平谷区果品商标等标签的使用。

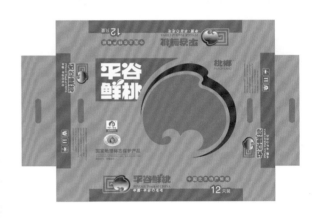

典范产品一：平谷大桃

平谷大桃品牌包装箱分为公共区域和企业个性化区域两个部分。包装箱正上方左侧1/3和4个侧面中连续两个侧面作为平谷大桃品牌的公共区域，其余部分为企业个性化区域，由品牌办审核同意后自行印制。

典范产品二：平谷鲜桃

该包装为手提型彩印纸箱，主色调包括绿色和红色，纸箱正面由3部分组成："平谷鲜桃"Logo、认证标志和大桃镂空彩印造型；左右侧面均印有"平谷鲜桃"Logo和"国桃"形象化字样，还可自行添加印制产品分级信息和产地信息。

箱盖外径尺寸：430mm×320mm×95mm
箱体内径尺寸：415mm×305mm×100mm

通信地址：北京市平谷区府前西街 17 号

联系电话：17301077037　　　高振

A009

天葡庄园

北京利农富民葡萄种植专业合作社（天葡庄园）始建于2010年，密云基地园区占地200余亩。根据密云区打造"绿色国际休闲之都"的发展战略，天葡庄园定位发展高效特色农业，打造国际顶级的休闲农业产业园，目前已经被评为北京国家现代农业科技城核心产业园、密云国际休闲生态产业科技园、国家级星创天地、北京农业好品牌、北京市科普基地、北京市星创天地。园区葡萄荣获中国绿色食品博览会金奖。

典范产品一：立式葡萄包装

包装设计呼应高端、绿色、安全、健康的理念，采用环保级原色纸箱。2 500g包装规格，可满足家庭3~5天的水果需求或可作为礼品。

包装标识元素包含企业商标、绿色食品标识、"密云农业"标识、"北京礼物"标识，为产品品质背书，让消费者买得放心。包装表面的葡萄图案为原创绘画，传统水墨风格，独具匠心，与产品高端品质相呼应。外设配套便携纸袋，方便携带。

典范产品二：平箱生鲜包装

天葡庄园生鲜快递包装设计采用平箱设计，风格与立式礼品包装保持统一。平箱设计采用天地盖形式，简洁方便。增加通风口，利于生鲜产品呼吸保鲜。

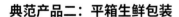

立式葡萄包装：320mm×240mm×120mm，2 500g/箱
平箱生鲜包装：300mm×240mm×130mm，2 500g/箱

通信地址：北京市密云区巨各庄镇天葡庄园
联系电话：13581820249　　　邹理

北京泰华芦村种植专业合作社成立于2009年，位于房山区窦店镇芦村。园区已建成标准化日光温室120栋，连栋温室超过4 000m²。园区有约600m的竹艺长廊，在北京市独此一家；有百余个竹艺小院，种有各种特色瓜果；有夏季可悠闲惬意地赏荷花、垂钓的荷花池；道路两侧还设有绿化带、种植保护隔离带。整个园区集田园式的生产、休闲观光为一体。园区以种植季节性强和反季节特色蔬菜、花卉、水果为主，与北京农林科学院合作，以多、新、特品种为园区特色；同时开发农产品加工、物流、农业观光、农事实践等项目，旨在发展都市型现代农业园区。

合作社的芦西园草莓已获得了绿色食品认证。在草莓种植中集成了全程标准化管理措施和全程绿色防控技术体系。在草莓生长全过程中，采用土壤深翻改良、农家肥腐熟发酵、蜜蜂授粉、天敌防治等手段，遵循植物生长规律，运用现代技术手段保护每颗草莓都在自然、绿色的环境中成熟，果实圆整饱满、颜色鲜亮、纯绿色无污染。

蔬菜种植的土地采用轮作休耕的方式，底肥全部使用腐熟的有机肥，采用天敌防治、黄蓝板等措施解决害虫问题，适量使用微生物、植物提取液等解决病害问题；坚决不使用有危害性的化学农药。

典范产品一：草莓礼盒

草莓礼盒外包装采用环保纸箱，承重性好、防潮、保鲜，可循环使用，在自然条件下易分解。内包装为高透明塑料保鲜盒，食品级PET材质，保鲜，耐低温，可直接接触果蔬。

典范产品二：蔬菜礼盒

蔬菜礼盒选用环保保温袋，保温袋冬天保温、夏天配合冰袋保鲜；防水、防潮，干净卫生，耐磨性、抗褶皱超强；可循环使用，可以当作购物袋等使用，在自然条件下易分解。

蔬菜礼盒：30cm×30cm×20cm
草莓礼盒：30cm×18cm×18cm

通信地址：北京市房山区窦店镇芦村村民委员会西 2km
联系电话：13260188452　　　于丽丽

A 011

慧田

北京慧田蔬菜种植专业合作社成立于2011年，占地130亩，是国家级示范社、"全国一村一品"示范村、"三品"及GAP认证基地、北京"科技小院"、北京市病虫害绿色防控基地和区级标准化基地、北京市农业广播电视学校高素质农民培养实践基地。现拥有专业技术人员30余名，设有专门的生产技术人员、质量检测员和内检员等。主要种植食用菊、有机韭菜等20余种优质蔬菜，全部采用相对成熟的种植技术。蔬菜均通过无公害认证，有机韭菜通过有机认证。慧田的菊花酒已注册慧田菊花酿商标。

慧田合作社积极发展菊花宴、休闲观光、亲子体验、"互联网+"等业态，并成为房山区中小学生社会大课堂资源单位。合作社始终坚持以服务社员为宗旨、以促进农户致富增收为核心，不断提升经营管理水平，以市场需求为导向，打造一二三产融合发展的现代农业园区发展模式。

典范产品一：有机韭菜

外包装选用环保纸箱。内包装纸和捆绑的绳子采用京西稻草制作的草纸和草绳，具有文化内涵（房山京西水稻自清代就是皇室贡米，已列入中国重要农业文化遗产名单），环保可降解，呈现自然的理念。

典范产品二：食用菊

外包装选用新型竹篮，这是一种新型的环保包装产品，采用生长周期短、生长范围广的竹子作为原材料，经过纯手工加工制作，保持竹的韧性和耐久性，完全原生态。产品食用完毕后，还可将其作为家居装饰物品和收纳盒，低碳环保又时尚。

有机韭菜：40cm×22cm×6cm
食用菊：26cm×17cm×16cm

通信地址：北京市房山区琉璃河镇周庄村
联系电话：13718107933　　王诗慧

北京绿奥蔬菜合作社于2003年成立，2004年注册了"绿奥"牌商标，拥有智能连栋育苗温室2 000m²、农资物流库600m²、观光采摘和试验示范生产园区100多亩，主要与中国农业大学、中国农业科学院、北京农业科学院、北京市农业技术推广站合作，引进新品种、新技术进行试验示范，成功后向社员推广种植。合作社按照蔬菜销量确定基地种植生产计划，发展订单蔬菜生产，与合作社成员签订蔬菜种植订单合同，然后统一收购标准并有序收购、贮藏保鲜、加工、销售、配送。合作社对种植户订单菜实行统一生产、统一育苗、统一农资、统一加工、统一销售的"五统一"管理模式，为社员种植订单菜做好产前、产中、产后服务，目前合作社已初步形成产加销一体化格局。合作社现有订单社员372户，订单面积6 000多亩，其中1 700亩通过了绿色食品认证。

绿奥品牌Logo，绿色树叶形状的标签代表了健康的植物，标识了公司信息、品牌和销售二维码。"绿"代表着蔬菜的颜色，代表着生机盎然，代表着自然、生态、环保、安全；"奥"来源于奥林匹克精神——相互理解、友谊长久、团结一致和公平竞争，这也是合作社组织内部团结和与农民长期合作的法宝。包装上的公司信息方便客户进行联系和沟通。

典范产品一：贝贝南瓜

包装方式为塑料托盘+保鲜膜。托盘采用的PET材料，无毒、无味，卫生安全性好，可直接用于食品包装，符合环保原则。保鲜膜采用的无毒性PE原料，拉伸性好，缓冲性能强，符合包装轻量化原则，节约材料。标识使用的材料为可移除不干胶标签贴纸，具有耐存、绿色无污染的特点。

典范产品二：蔬菜礼盒

采用环保型可回收瓦楞纸包装，展示合作社名称、企业二维码、企业Logo和绿色食品标志。消费者可通过正面的小窗口看到里面的蔬菜。礼盒方便携带，适合运输，具有一定的缓冲性，可防止运输中的挤压损伤。

通信地址：北京市顺义区北京绿奥蔬菜合作社
联系电话：15101057549　　　段奇珍

A013

兴农鼎力

北京兴农鼎力种植专业合作社成立于2010年，不断进行种植结构调整，积极发展都市型现代农业。合作社从成立之初便树立品牌意识和观念，注重产品质量，发展三品一标。目前有机蔬果认证产品78个。合作社已成功注册"兴农鼎力"商标，"兴农鼎力"品牌获得2018年农业好品牌荣誉称号。

合作社有丰富的自然资源和优质的农副产品，粮油米面柴鸡蛋一应俱全，基地可种植私家菜园，让消费者体验农耕劳作，四季均可进行观光采摘，还有休闲娱乐、科普教育等项目，使消费者在放松身心、增长知识的同时，享用安全优质的有机蔬菜和水果，尽享绿色健康新生活。

典范产品一：蔬菜包装礼盒

蔬菜包装礼盒为牛皮纸箱，并对蔬菜进行分级包装，使用可重复、可回收和可生物降解的包装材料。在纸箱明显位置简单明了地介绍蔬菜生产者，包含合作社Logo及名称，还贴有有机认证标识，实现来源可追溯。

典范产品二：葡萄礼盒

包装箱设计便于手提，方便取放。合作社特色葡萄展示图及品牌Logo于明显位置均有所体现。为了提高果实商品性，对采回的果实进行分级包装，使用可重复、可回收和可生物降解的包装材料。

典范产品三：纸质蔬菜手提袋

纸质蔬菜手提袋便于携带，适宜购买少量蔬菜的消费者。蔬菜手提袋标识显著，突出新农人的精神。纸质手提袋可重复利用、可降解、可回收，非常环保，减少对环境的污染。

蔬菜包装礼盒：370mm×185mm×330mm，4kg
葡萄礼盒：300mm×186mm×270mm，2kg
纸质蔬菜手提袋：270mm×90mm×325mm，1kg

通信地址：北京市顺义区赵全营镇前桑园村东
联系电话：13810332692　　陈国龙

A014

北京绿富农果蔬产销专业合作社成立于2007年，位于顺义区木林镇，自主经营面积1 200亩，以果蔬种植为基础产业，配套集约化育苗温室、产后加工车间、检测室等设施。现有社员335户，种植蔬菜品种50余个，主要有番茄、黄瓜、水培韭菜、草莓等，注册了"水云天"商标。合作社有机认证产品10种，生产过程严格遵循规范标准。为了提升农产品附加值，合作社还引进了果蔬烘干设备加工土豆脆、苹果脆等果干，不添加任何添加剂，保持原有口味。

合作社紧紧围绕当地农业产业化发展，强化科技支撑，发挥联合优势，带动农民社员增收致富，积极延长产业链条，打造集种植、加工、销售、农村生态旅游于一体的具有现代农业特色的农民合作社。

典范产品一：初吻番茄礼盒

采用折叠型纸箱，由一片瓦楞纸板组成，通过折叠形成纸箱的底、侧面、盖，不用钉合和黏合。半开放式纸箱四角加固瓦楞纸，底部放置配套A级牛皮海绵。12枚"初吻番茄"摆放后，顶部放置白色盖板，减缓运输过程中的磕碰，印制"水云天"商标，清新简洁。

典范产品二：蔬菜礼盒

应季蔬菜，合理搭配，每箱可容纳8种蔬菜6kg，满足家庭所需。包装礼盒以绿色及白色为主，印有"水云天"商标，手提式礼盒既方便又显高档。

典范产品三：伴手礼手提袋

游客来园体验后，可购买伴手礼馈赠亲友。手提式牛皮纸纸袋，绘有原创主题图画，美观时尚，绿色环保，经济实用。可容纳果干4罐或鲜果蔬2.5kg。

初吻番茄礼盒：12枚，1 500g
蔬菜礼盒：6kg/箱；单品蔬菜8种，0.75kg/种
伴手礼手提袋：果干4罐，或鲜果蔬2.5kg

通信地址：北京市顺义区木林镇贾山村
联系电话：13716110539　　　陈欢

老兵农场

北京市杰海农业科技发展有限公司于2016年1月在北京市顺义区正式注册，注册资本1 000万元，基地位于顺义区北务镇林上村。公司于2014年开始建设，2016年正式投产，占地面积110亩，搭建温室大棚33座。公司产品30余种，生产过程严格遵循规范标准。

该公司创始人是一名退伍老兵，之前在空军服役20多年，2013年因公负伤并在部队办理了退休手续，所以给农场起名"老兵农场"，并设计申请了8个相关文字商标及作品著作权，以维护自身在商品流通领域的合法权益。在这些图形设计上融合了部队的特色，以怀念创始人曾经的部队生活。

典范产品：果蔬礼盒

采用折叠型纸箱，由一片瓦楞纸板组成，通过折叠形成纸箱的底、侧面、盖，不用钉合和黏合。半开放式纸箱四角加固瓦楞纸，底部放置配套A级牛皮海绵。顶部放置白色盖板，减缓运输过程中的磕碰。包装礼盒以本色和绿色配黑体字为主，印制"老兵农场"品牌商标，清新、简洁、大方。手提式礼盒既方便又显高档。

应季蔬菜，合理搭配，每箱可容纳8种蔬菜6kg，满足家庭所需。

水果礼盒：400mm×295mm×150mm
蔬菜礼盒：505mm×305mm×180mm
瓜礼盒：355mm×185mm×255mm

通信地址：北京市顺义区北务镇林上村老兵农场
联系电话：13911788248　　　王海

北京市三分地农业科技有限公司的蔬菜瓜果让消费者朋友流连忘返，只因有一群热爱生活的淳朴的农民和热血青年们。这里的有机餐厅没有菜单，只有健康的料理和当季食材。这里的农场更像可让一家人放下所有的压力，共同探索自然、享受轻松的老家。与其说三分地是一种有机农业模式，不如说它更像家长陪护孩子一起成长的心路历程。这里的一切发展更来源于消费者的口碑传播和信任……

三分地有机农场位于因为油沙土质而盛产蔬菜瓜果的北务镇（京郊蔬菜第一镇）林上村，属于汉石桥湿地公园生态圈。用有机的种植方法收获的原香果蔬，是三分地有机农场给每个会员提供的基本产品。

客户可以根据自己的喜好，在电脑端打开网页或在手机移动端通过微信关注三分地有机农场。非常便捷地注册用户，然后自由选菜。丰富的蔬菜品种，一直是三分地有机农场的特色。从田到宅，免费配送；用心做事，真正保证餐桌安全。

三分地有机农场的草莓没有施用化肥农药，尊重节气，人工除草，蜜蜂授粉，12年的土壤修复焕发了草莓的生命力，使草莓口感甚好、甜糯芳香。吃过三分地有机农场草莓的朋友永远都记得唇齿留香的感觉。用消费者的话说：好吃到哭，无法形容。

典范产品：蔬菜礼盒

外包装采用最简洁的绿色，没有过多的装饰，体现极简生活、环保、坚持绿色有机种植的理念，架起生产者和消费者的桥梁，传递生产者的一片诚意和友爱。使用可再生材料，可以回收再利用，利于环保，也符合三分地有机农场一直坚持的有机种植的理念。

通信地址：北京市顺义区北务镇林上村进村路 8 号

联系电话：18618148030　　刘雪萍

北京臻味坊食品有限公司成立于2011年9月22日，是一家集生产、研发、电子商务、物流于一体的高品质农副产品深加工企业，目前主要生产的品类有坚果、水果干、食用菌、杂粮等，涉及核桃、榛子、灰枣、骏枣、葡萄干、绿豆、红小豆等产品，2018年取得北京市农业信息化龙头企业荣誉。

目前已建成厂房面积23 000m²，拥有5 000m²电子商务网仓平台、3条物流配货"U"形流离分拣台、8 000m²的30万级无菌净化车间、200m²综合类农副产品质量实验室，购置自动化包装生产线10条、半自动生产线50余条，日产能达80万包，生产水果制品、炒货食品及坚果制品、蜜饯、蔬菜干制品、食用菌制品、其他方便食品、热加工糕点等产品，处于行业水平前列，并于2017年10月取得了ISO 9001质量管理体系认证及HACCP体系认证。

臻味和鲜品屋两个商标是公司旗下的主打品牌，臻味着眼于全球食材的甄选，鲜品屋着眼于国内食材的甄选。

臻味的寓意是寻找真正的食材，寻求食材的本位、原味。这是取名"臻味"的初心。

鲜品屋以选料考究、工序严谨、制作精良为宗旨。

典范产品一：果叔若羌灰枣

采用单色牛皮纸箱作为最终外包装直接销售。纸张易降解与回收利用，更符合无污染的健康环保印刷理念。采用新疆若羌县灰枣为原料，该地区光照时间长，枣甜度高、饱满。以若羌灰枣为名称，突出产地属性。

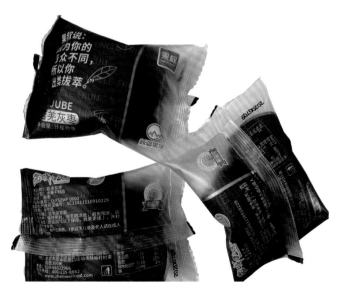

通信地址：北京市房山区周口店镇南韩继村村委会西 300 米

联系电话：15101082068　　　董玉玲

典范产品二：山珍佳品

内包装采用不覆膜纸盒和透明的食品级塑料相结合的方式。彩盒不覆膜，纸张易降解与回收利用，更符合无污染的健康环保印刷理念。透明的食品级塑料易回收利用，容易被塑制成不同形状。内置食用菌干制品色泽好，香味浓，外形饱满，营养价值很高。

典范产品三：环球欣果

内袋为白牛皮纸袋，材质为OPP/白牛皮纸/VMPET/PE。白牛皮纸袋无毒、无味、无污染，符合国家环保标准，属于高强度、高环保的包装材料。环球欣果坚果礼盒配置世界各地精选的原料，深受消费者喜爱。

果叔若羌灰枣：500g/箱；1kg/箱；2.5kg/箱
山珍佳品：718g/盒
环球欣果：2.05kg/盒

A018

天津中发蜂业科技发展有限公司隶属于天津中睿实业集团有限公司，是一家集养蜂、生产、科研、营销、出口于一体的专业化、现代化的高新技术企业，主要生产蜂蜜、蜂王浆、蜂花粉等。于2013年2月开始建厂，位于天津宝坻塑料制品工业区广阔道2号，占地面积13 508m²，建筑面积2 638.58m²，现有职工30余人，主要管理和技术人员8人。

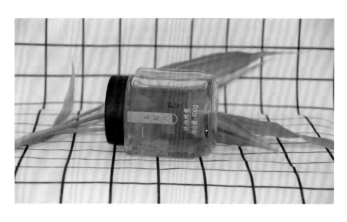

公司产品先后获得绿色食品认证、ISO 9001质量管理体系认证，以及各种申请专利证书等。产品主要销往全国各地及国外。公司以"质量为本、安全生产、科学管理、诚信守约"为质量方针，坚持以质量为本，严格按照企业标准组织生产，严格把好产品质量关，使公司稳步发展壮大。公司生产的产品质量稳定，信誉良好，得到了消费者的信赖。

典范产品：冬酿蜂蜜

外包装材料为玻璃，符合食品质量要求。玻璃包装，美观、大方得体，不易变形。圆弧形设计，高端大气。玻璃瓶具有安全、环保、无毒、无味、透明、美观、耐热、耐压、耐清洗的优点，既可经高温杀菌，也可耐低温贮藏。尺寸适宜，便于使用，包装操作简单。外观漂亮整洁，符合高端产品形象，增加产品亲和力。

洋槐蜂蜜：465g/瓶；400g/瓶
椴树蜂蜜：500g/瓶；400g/瓶
荆花蜂蜜：465g/瓶
枣花蜂蜜：465g/瓶

通信地址：天津市宝坻区塑料制品工业区广阔道2号
联系电话：18920252567　　　杜亚连

鹊山鸡

天津东山鹊山鸡养殖专业合作社位于天津市蓟州区下营镇东山村，2011年1月成立，注册资本2 000万元。合作社主要利用山地果园，采用原生态自然放养的方式养殖鹊山鸡。合作社生态养殖基地面积3 000余亩，存栏5万余只，是我国北方目前规模最大的鹊山鸡生态放养基地，2019年产值1 300余万元。合作社先后获得了国家农民合作社示范社、全国互联网+现代农业创新创优百佳企业称号。

典范产品一：鸡蛋60枚竹篮包装

所用材料主要为竹子。竹子生长速度快，在我国南方种植面积广，原料供应有保障，竹子采伐也不会对环境造成影响。竹篮既价格较低，又生态环保，同时又突出了鸡蛋的乡土特色。竹篮里底层垫料为小麦壳（小麦脱粒后的废弃物），既实现了废弃物的利用，又通风透气，有利鸡蛋存放。竹篮盖上贴产品标识，顶端通栏为绿色食品商标，下面为生态原产地保护产品标志和产品名称。鸡蛋60枚竹篮包装主要用于线下实体店销售。

典范产品二：鸡蛋30枚快递包装

外包装采用纸箱。主色调为深蓝色，突出产品天然、自然、原生态的属性。纸箱前后两面通栏为绿色食品标志，通栏绿色食品商标下面为生态原产地保护产品标志和产品名称。纸箱前后两面，鹊山鸡在山地果园的实景图片占了大约2/3的面积，让消费者拿到产品后对产品的特点有一个直观的印象。箱内蛋托为珍珠棉制品。珍珠棉是一种新型绿色环保的包装材料，具有防潮、防震、保温、可塑性能佳、韧性强、可循环利用的优点。采用珍珠棉蛋托运输鸡蛋，在运

输过程中能有效防止鸡蛋因磕碰造成的损坏。该包装主要用于电商销售，快递运输途中产品完好率达到99%以上。

典范产品三：鸡蛋32枚纸箱包装

外包装采用纸箱。纸箱内含有4个8枚纸浆蛋托。包装物均可回收利用。

鸡蛋 60 枚竹篮包装：长 30cm
鸡蛋 32 枚纸箱包装：长 42cm
鸡蛋 30 枚快递包装：长 30cm

通信地址：天津市蓟州区渔阳镇天一绿海揽翠园 43-2
联系电话：15692268818　　胡金艳

山西五福农产品股份有限公司位于山西省晋中市榆社县云簇镇东庄食品工业园2号，成立于2009年1月，注册资本500万元，是一家集产品开发、基地建设、农产品销售为于一体的民营企业。公司是山西省农业产业化龙头企业、省级扶贫龙头企业、省级粮油产业化龙头企业、山西省优秀企业、山西省功勋企业、山西省"四新"中小企业、山西省"专精特新"企业、山西股权交易中心"晋兴版"挂牌企业。

河峪有机小米是纯天然、无污染、高品质、高质量安全营养的高级食品，是根据有机农业原则和有机小米生产方式及标准生产加工出来的，并通过有机食品认证机构认证的小米。有机农业生产方式是利用动物、植物、微生物和土壤4种生产因素的有效循环，不打破生物循环链的生产方式。

河峪富硒小米富含人体必需的微量元素——硒，饭柔味香，在有机食品中一枝独秀，长期食用可提高人体免疫机能，保护身体健康。

河峪富锌小米富含人体必需的微量元素——锌，锌对人体健康有着十分重要的调控作用。

每一口粥都是黄土地里的淳朴馈赠。

典范产品：有机小米、富硒小米、富锌小米

有机小米外包装选用可回收再利用的牛皮纸质材料，有机小米、富硒小米、富锌小米内包装选用食品级PA/CPP复合袋，符合《包装用塑料复合膜、袋干法复合、挤出复合》（GB/T 10004—2008）规定的要求。

有机小米：3kg/提，6小袋
富锌小米：3kg/提，6小袋

通信地址：山西省晋中市榆社县东庄食品工业园2号
联系电话：13834086508　　任晓艳

吉县吉昌镇绿之源苹果专业合作社，成立于2009年3月，注册资本200万元。公司主要开展成员所需的农副产品和苹果的种植、购销、储存服务。2010年获得原农业部农产品地理标志"吉县苹果"登记证书，2017—2020年获得绿色认证，2019—2022年获得无公害复查换证。合作社获全国科普惠农兴村先进单位、国家级农民合作社示范社等荣誉称号。绿之源的外包装整体设计美观、大方、喜庆，让消费者对"吉县苹果"印象深刻，做到全程可追溯。每箱苹果5kg，便于携带及物流运输。

典范产品一：吉县苹果85~90mm（15颗）一层纸箱装

包装方式为双层瓦楞纸箱+EPE托盘+PE保鲜膜袋。瓦楞双层纸箱和EPE，符合环保无污染原则，缓冲性能强。外观美观、大方、喜庆，符合中高档水果包装定位，可为产品提供较高附加值。内包装采用EPE材质，可防止产品碰伤压伤，用PE保鲜膜袋使产品保鲜30天左右。整体包装快捷、高效、简便，分两个部件，折叠即可用。

典范产品二：吉县苹果75~82mm（24颗）双层纸箱装

包装方式为双层瓦楞纸箱+EPE缓冲气泡垫+PE保鲜膜袋+双层瓦楞隔层格+双层瓦楞板。

15 颗苹果装：53cm×36.5cm×10cm
24 颗苹果装：41cm×26cm×18.5cm

通信地址：山西省临汾市吉县吉昌镇东关村
联系电话：13753586682　　崔凯

　　云小萱是大同市隆福祥农业科技有限公司旗下全资品牌，借助于母公司得天独厚的资源和技术优势，云小萱目前已经打造成了集休闲零食研发、加工生产、销售推广于一体的运营生态体系，充分挖掘大同本地特色农业产品，以扶贫助农为己任，以"文创+"理念对品牌进行定位，研发了以云小萱黄花菜酱为主的产品，包括黄小米、小明绿豆、红小豆、黑豆等优质杂粮，小米锅巴、沙棘糕、杏脯、牛肉粒等口味极佳的健康零食。云小萱还开发薄田变花田，种植牡丹、玫瑰、芍药作为鲜切花销往云南，建成了包括金银花、黄芪等山西药茶在内的多元化产业矩阵。

典范产品一：黄花酱、干黄花——花锦时稔包装

　　包装方式为烫金米色特种纸盒+黑色卡纸垫片+米色特种纸袋。包装材料为含有烫古铜金的米色特种纸盒和纸袋，符合环保原则。黑色卡纸垫片用料少，缓冲性能强，符合包装轻量化原则。包装操作简单，全套包材仅有4个部件，符合高效原则。外观工艺上采用烫金工艺，符合特产伴手礼包装定位，可为产品提供较高附加值。

典范产品二：干黄花——哑光12丝封口袋包装

　　包装方式为哑光12丝封口袋。表面哑光，外观典雅，拉链自立设计，光屏蔽性高，阻隔性强，保香性好。封口袋材料采用BOPET，其抗拉伸强度是所有塑料薄膜中最高的，对空气、气味的阻隔性极高，可最大限度上保证干黄花新鲜度。开口设计为切口，更加人性化，方便使用。袋子内部结构清晰，可轻松打开，使用方便。

通信地址：山西省大同市云州区瓜园乡瓜园村
联系电话：15534288775　　　陶嘉城

A023

冠云

山西省平遥牛肉集团有限公司是集饲草种植、种牛繁育、肉牛育肥、屠宰分割、深细加工、文化旅游为一体的股份制企业，是国家商务部认证的"中华老字号"企业，是农业产业化国家重点龙头企业、全国守合同重信用企业、山西省模范单位。公司生产牛肉、驴肉、猪肉、鸡肉、兔肉、冷鲜肉、冷冻肉、牛副产品、食用菌、牛肉干等十大系列多品种多规格的产品集群，产品辐射民航、高铁、沃尔玛、家乐福、美特好、淘宝网、京东商城等营销渠道。

公司坚持以创新发展为主题，以"继承发扬传统工艺，巩固提高产品质量，研制开发系列产品，发展推动区域经济"为己任，强化"生产的是质量，经营的是诚信"为执业理念，致力打造中国牛肉制品第一品牌。

冠云平遥牛肉传统加工技艺位列国家级非物质文化遗产名录。冠云注册商标被认定为"中国驰名商标"。

典范产品一：一品香平遥牛肉（原味）

包装方式为彩印铝箔袋+镀铝异形塑料袋+瓦楞纸箱。运输箱材料为纸箱，符合环保要求。重量轻、结构性能好，可起到抗冲击、减震的作用，具有良好的机械性能，便于运输，易于回收，应用范围广。

典范产品二：平遥牛肉（原味）礼盒

包装方式为铝箔袋+白卡对裱+金卡瓦楞。环保材质，可回收循环使用，客户体验好。

典范产品三：牛不干风味牛肉丝

包装方式为异形彩印铝箔袋+特种纸纸托+铁盒+瓦楞纸箱。外包装为瓦楞纸箱，缓冲性能好。

一品香平遥牛肉（原味）：128g/袋
平遥牛肉（原味）礼盒：158g/袋 ×6 袋
牛不干风味牛肉丝：128g/盒

通信地址：山西省晋中市平遥县中都路 23 号

联系电话：15035615685　　董海芳

原仓太禾

山西坤润农业科技有限公司成立于2015年11月4日，注册资本1 000万元，位于晋中市灵石县英武乡赵家庄村，是一家集合农产品开发、平台经济建设、农民合作社联办、农产品生产、农产品销售、农产品配送、农产品仓储物流基地开发建设和餐饮管理服务于一体的综合性农业食品公司。公司主营业务为农业技术开发，电子商务咨询服务，批发和零售预包装食品兼散装食品、农副产品加工。公司注册了原仓太禾商标，主打产品有小米、苦荞米、燕麦米、三色糙米、三色藜麦等五谷杂粮农产品。

典范产品一：原仓太禾天赐粮缘礼品包装

原仓太禾天赐粮缘礼品包装通过对原仓太禾商标、Logo以及设计元素的抽象化整合，形成稳重大气、符合品牌特性的标志。标志以淳朴憨厚的农民为主元素，表达出了品牌勤勤恳恳、兢兢业业为消费者提供自然、健康的产品的初心。"原仓太禾"4个字在稳重的字形上通过笔画粗细、曲线角度的调整使整体表达轻松化、趣味化。

典范产品二：原仓太禾五谷杂粮实惠装

透明包装，使内容物清晰可见——谷物品种个大饱满，色泽纯正。

典范产品三：原仓太禾便携装

此包装是原仓太禾信息传达的基础，是与外界接触、沟通最频繁的媒介。便携装展示原仓太禾个性文化的视觉形象，内含独立小包装。

原仓太禾天赐粮缘礼品包装：400g/桶×6桶
原仓太禾五谷杂粮实惠装：500g/袋
原仓太禾便携装：100g/袋

通信地址：山西省晋中市灵石县英武乡赵家庄村
联系电话：13700550336　　刘静

A025

菩春

灵石兴晟源种养殖专业合作社位于晋中市灵石县夏门镇文殊原村，成立于2007年12月6日。成立之初，社员为5户，现已登记注册21户，社员出资总额232万元，带动灵石县夏门镇800户农民。

合作社主要经营食用菌的种植、加工及销售。合作社取得了香菇（鲜品）和干香菇的绿色食品认证证书，并获得了第十八届中国绿色食品博览会金奖。注册了"菩春"商标，产品销售到河南、山西等省的多个市场。合作社在全体社员的共同努力下被评为晋中市和灵石县的重点龙头企业。

灵石兴晟源种养殖专业合作社确保食品包装生产质量安全符合国家规定的SC标准，包装原材料符合食品包装级要求，在生产工艺、设备方面考虑先进、科学的高回收率，达到对环境的最大保护以及对能源的最大保护。

典范产品：菩春干香菇

包装方式为瓶装+纸箱。

包装材料符合环保原则。包装操作简单，瓶子还可重复利用，符合高效环保原则。外观漂亮整洁，符合中高档食用菌包装定位，可为干香菇提供较高附加值。

瓶装：85mm×200mm，100g
纸盒装：435mm×100mm×300mm，5瓶

通信地址：山西省晋中市灵石县夏门镇文殊原村
联系电话：18635478688　　刘春生

A 026

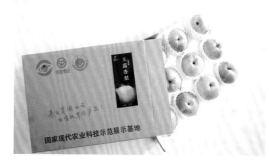

汾西县溢泉山生态农牧有限公司成立于2014年。引领汾西县高寒农牧专业合作社、汾西县绿阳合作社、汾西鲜果时光合作社等4家生产基地，与山西省农业科学院果树研究所签订了长期技术合作协议，引进该所选育的特色优良品种"玉露香梨"，连片集约栽植近万亩。高寒农牧专业合作社团柏玉露香梨示范园区先后被确定为国家农业科技示范展示基地、国家梨产业技术体系山西农科院果树研究所梨课题组科研试验基地、玉露香梨国家出口基地等。科学化管理、集约化经营、标准化生产，公司以"打造比较优势，确保绿色安全"的理念，以专业的队伍、严谨的制度，示范带动玉露香梨产业不断壮大、健康发展，有力推动了农业增效、农民增收、贫困户脱贫致富，使生态环境得到改善。

典范产品：溢泉山玉露香梨

包装方式为带孔纸箱+可拉伸珍珠棉网套+泡沫托盘。

包装材料为纸箱和EPE，符合环保原则。拉伸式结构用料少，缓冲性能强，符合包装轻量化原则。包装操作简单，全套包材仅有4个部件，一拉即用，符合高效原则。外观漂亮整洁，符合中高档水果包装定位，可为水果提供较高附加值。

外包装采用开门式盒型，在顶面与底面分别打两个半圆形透气孔，直径2cm，纸盒采用B楞型双瓦楞材质。

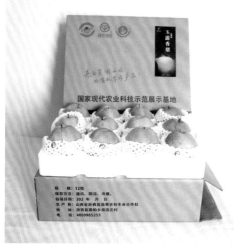

内包装中每一颗梨都用EPE泡沫网套，减少在运输中水果之间的摩擦和碰撞。发泡托盘把每一颗梨固定归位，更进一步减少了梨在运输中的破损。采用3×4的12格型材，适合果径75~95mm的水果，与固定尺寸相比，达到同样效果的包材减少原料50%以上。

12枚装：455mm×345mm×135mm
9枚装：355mm×355mm×135mm
6枚装：370mm×355mm×135mm

通信地址：山西省临汾市汾西县晨熙居委会 111 号
联系电话：18535755005　　　　师鹏

A 027

浮山县富春山果树种植专业合作社成立于2015年，位于临汾市浮山县张庄乡南坂村，注册资本500万元。经营范围包括为成员提供农业生产资料的购买、使用；果树种植、果品销售、运输、贮藏及其他相关服务；与果业有关的休闲农业和乡村旅游资源的开发经营；与果业生产经营有关的技术、信息、设施建设运营等服务。

典范产品：浮山苹果

包装为天地盖设计。材料采用单层硬瓦楞纸，环保无污染，方便回收利用。图案设计清新、简洁、大方，让消费者能清楚辨别商品。四边绿底祥云图案，象征绿树青山，祥和太平；正面有祥云图案、"浮山苹果"4个大字，红苹果和花瓣图案使用白底加淡绿衬托，象征浮山苹果得天独厚的自然生长环境和优良的品质。扁平设计的盒子充分考虑消费者购买一件水果的适宜数量和重量，便于携带、储存和运输。

浮山苹果：75~90mm 果 12 枚 / 箱

通信地址：山西省临汾市浮山县张庄乡南坂村
联系电话：18911131629   李春江

山西尧田农业科技股份有限公司始建于2012年，2018年正式投产，是一个以"原浆醋"为龙头产品的"种植—养殖—深加工"循环经济深加工生产企业。公司采用传统技艺与现代设备相结合的工艺流程，以小米、高粱、麸皮、玉米、豌豆、大麦等9种粮食谷物为原料酿造食用"原浆醋"。为了酿造业内的良心醋、市场的放心醋、人民群众的健康醋，公司与山西农业大学科研人员和酿醋专家共同组成了科技攻关小组，首先从种粮的土地抓起，经过6年的"免疫治疗"彻底去除了土壤农药、化肥等物质的超标残留，使基地变为天然的良田沃土，为醋业生产奠定了先决条件。然后经过反复试验终于研制成功以9种粮食谷物为原料的原浆醋。以不添加任何防腐剂、香辛料，无限保质期的高端品质，完成了对醋传统历史上的一次技术革命，打造出"人养醋，醋养人"的原浆醋新概念醋文化。

典范产品一：尧田九谷原浆陈醋四瓶礼盒装

包装整体色调采用偏橘调黄色，更加显眼、大气，同时添加了诸多复古元素，既是我们对祖辈三千多年技艺传承的致敬，又是对产品特点的展示。包装设计整体简单大方，没有过多的图案添加，采用黄色打底、红色点缀的色彩搭配，更加符合产品中高端定位的消费群体审美。

典范产品二：尧田九谷原浆陈醋精养坛系列

突破了市面上常规用玻璃瓶装陈醋的方式，将陈醋注入景德镇高温烧制瓷坛中，可以最大限度保持陈醋内部菌群的活性。瓷坛采用天然瓷土烧制，可重复利用，兼具了美观与环保的特点。

尧田九谷原浆陈醋精养坛：1.5kg；2.5kg；5kg；10kg；15kg；25kg；50kg

通信地址：山西省临汾市浮山县辛壁村

联系电话：13582409696　　　　李振强

A 029

山西清泉醋业有限公司创建于1996年，注册资本1 532万元，现有员工120人。公司集食醋生产、加工、销售于一体，主要生产老陈醋、风味醋、苦荞醋、遇见醋溜族、红枣醋饮等五大系列60余种产品，产品先后通过了绿色食品认证、有机产品认证、HACCP系统认证。2017年，清泉醋传统酿造技艺被列为山西省非物质文化遗产。公司先后获得全国城市企业信用评价AAA级信用企业、山西省农业产业化省级重点龙头企业、山西省扶贫龙头企业、山西省质量信誉AA企业、山西省著名商标、山西省名牌产品、山西晋味名品等荣誉。

公司在康宁镇曹家坡村建有占地60亩、年产3.6万t的现代化陈醋生产基地；在蔡家崖村建有占地20亩的晋西北清泉醋博园。

典范产品：清泉老陈醋

包装方式为纸箱+抗压抗摔充气式气柱。包装材料为纸箱和PE气柱，符合环保原则。气柱结构用料少，缓冲性能强，符合包装轻量化原则。包装操作简单，全套包材仅有2个部件，充气即用，符合高效原则。外观漂亮整洁，符合中高档食醋包装定位，可为产品提供较高附加值。

清泉老陈醋：420mL/瓶；2.5L/桶

通信地址：山西省吕梁市兴县滨河景苑

联系电话：13453899190　　　白剑南

晋之坊

怀仁市龙首山粮油贸易有限责任公司成立于2005年6月，注册资本5 000万元，占地150余亩，拥有员工186人，是一家集粮食种植、粮食仓储、进出口贸易、小杂粮加工，以及食品、饮品和畜禽饲料研发、生产、销售为一体的现代化综合性企业，创立了"晋至坊"品牌。公司先后获得了农业产业化国家重点龙头企业、第六批全国放心粮油示范企业、中国杂粮加工企业十强等国家级称号，以及生态原产地保护产品认证。

典范产品一：山西小米礼盒

包装方式为带孔纸箱+纸质内托+真空包装。包装材料为纸箱和PE，符合环保原则，PA材料具有抗穿刺特性适应真空包装。拉伸式结构用料少，缓冲性能强，符合包装轻量化原则。包装操作简单，全套包材仅有4个部分组成，符合高效原则。外观漂亮整洁，符合中高档小米包装定位，可为小米提供较高附加值。外包装采用坡盒式盒型，在盒子顶面与底面分别设计有纸质内托，以固定真空包装盒。纸盒为250g白卡材质，四色印刷，覆哑膜，采用模切黏合工艺。

典范产品二：怀仁绿豆

包装方式为直立袋灌装热封。包装材料为BOPP+PET+AMPET+PE，符合环保原则。BOPP哑光拉伸膜，提高外观品相有助产品陈列效果，符合产品高品相原则。PET聚酯膜，提升包装阻氧性，符合易存原则。AMPET膜避光性好，减少产品受阳光照射，符合保质易存原则。PE食品容器膜，符合食品安全原则。

山西小米礼盒：3.2kg/盒；2.4kg/盒；3.6kg/盒
怀仁绿豆：450g/袋

通信地址：山西省怀仁市云中镇仁和路西怀善街南（食品工业园区）
联系电话：18734273331　　曲嘉乐

山西五行谷食品有限公司从2015年成立至今，有稳定销售渠道，北社村有6 956亩土地可保证充足货源，通过晋阳谷仓这个商标建立晋阳谷仓食品网络，采用"工厂+农户"的发展模式，进行推广经营。加工厂负责引进优良品种和先进种植技术，公司负责收购及销售，农户负责田间种植管理，带动种植谷子5 000亩，亩产250kg，每千克小米约5元，亩产收入为1 250元，正常年销售收入625万元，按8%利润计算，年均纯利润50万元，经济效益显著。

五行谷公司是全国做全小米米粉全产业链的为数不多的企业，阳曲小米是国家农产品地理标志产品，营养价值高，晋阳谷仓全小米米粉是国内名牌婴幼儿辅食。晋阳谷仓全小米米粉包装设计以本地独特的农耕方式代表"小毛驴"为企业形象，以小米的天然黄色为主色，绿色健康为主题，体现天然、绿色、和谐共享的理念。

典范产品：小米米粉米乳系列

标识创作体现本地独特的农耕方式代表"小毛驴"的坚守和执着，倡导不怕困难、不服输的企业精神文化。包装以小米天然黄色为主色调，体现了阳曲小米谷子的纯天然性质和特色。选用食品级400g白卡纸做包材原料，内膜选用铝膜单独包装，既保证产品质量安全，又体现了产品的绿色环保理念。

小米米粉米乳系列：25g/ 袋 ×9 袋

通信地址：山西省太原市阳曲县高村乡北社村

联系电话：15935143058　　　郭秀清

鸿新

太原市鸿新农产品有限公司是一家大型的农产品加工、配送、销售企业，是山西省较大的农产品加工、配送企业之一。2017—2020年连续4年荣获农业产业化省级重点龙头企业称号。自2004年成立以来，公司一直秉承"做食品就是做良心，立志成为让客户放心的一流农产品开发公司"的企业理念，构建了"公司+基地+协会+农户+市场"的发展平台，是一家集种植、生产、运输、加工、销售、物流为一体的综合性企业。目前公司的总资产合计6 000万元，2019年营业收入3.82亿元，公司目前的总用工数520人，中层以上管理人员85人。

典范产品一：康乐欣净菜包装类别1

采用标准化的包装模式及包装要求：无泥土、无萎缩、无腐烂、大小均匀、摆放美观。单品可承载480~520g净菜。包装材料为浅白色食品级PE塑料包装膜，以及透明通用PP塑料包装盒。包装耗材采用可降解塑料，通过自动化流水作业。

典范产品二：康乐欣净菜包装类别2

采用标准化的包装模式及包装要求：无泥土、无腐烂、无斑点、无萎缩、大小均匀、摆放同向整齐。单品可承载200~250g净菜。包装材料为食品级PE塑料包装膜，以及黑色通用PP塑料包装盒，印有云形标签。包装耗材采用可降解塑料，通过自动化流水作业。

典范产品三：康乐欣净菜包装类别3

采用标准化的包装模式及包装要求：无泥土、无腐烂、无斑点、无萎缩、大小均匀、摆放同向整齐。单品可承载650~750g净菜。包装材料为竹编金属包边半径10cm小蒸笼，以及食品级PE塑料包装膜。包装耗材采用可降解塑料，通过自动化流水作业。

通信地址：山西省太原市小店区太茂路孙家寨南1号院

联系电话：18834819119　　　孙风合

A033

铁府陈醋

长治县荫城铁府醋业有限公司成立于2011年，注册资本2 000万元，占地面积超2万 m²，是一家利用传统手工艺方法以纯粮食酿造陈醋的新型企业。铁府陈醋凭着口感酸而不涩、回味绵甜、制作方法原始古朴的特点，已成为河南、山东、河北和山西晋城等地各路陈醋代理商的首选品牌，是长治县农业产业化发展的成功典范。

公司位于长治市上党区东南部荫城镇，是闻名华夏的北方商贸重镇，素有"万里荫城，千年铁府"的美称。铁府陈

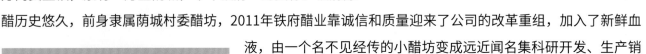

醋历史悠久，前身隶属荫城村委醋坊，2011年铁府醋业靠诚信和质量迎来了公司的改革重组，加入了新鲜血

液，由一个名不见经传的小醋坊变成远近闻名集科研开发、生产销售、包装运输、服务于一体的专业老陈醋生产企业。目前，公司已研制出四大系列产品，共15个品种。

典范产品一：旅行醋礼盒

包装材料为彩箱和PE瓶，符合环保原则。包装操作简单，符合高效原则。

典范产品二：老陈醋礼盒

包装为彩箱+EPE+玻璃瓶。环保材料EPE珍珠棉隔水防潮、防震、抗撞击力强，外观漂亮整洁，符合中高档食醋包装定位，可为食醋提供较高附加值。

典范产品三：老陈醋青花瓷瓶装

包装为礼盒+EPE+瓷瓶。包装材料为硬卡纸和瓷瓶，符合环保原则。外观高端、大气、上档次，符合高档食醋包装定位。

旅行醋礼盒：100mL/ 瓶 ×12 瓶
老陈醋礼盒：250mL/ 瓶 ×6 瓶
老陈醋青花瓷瓶装：500mL/ 瓶 ×2 瓶

通信地址：山西省长治市上党区荫城镇大峪村
联系电话：18534121911　　　郭国强

蓝辉印务

运城市蓝辉印务有限公司成立于2014年5月，是一家集设计、排版、印刷、装订、加工于一体的专业化综合性印刷企业，企业现拥有先进的印刷技术和专业技术人员。

公司自成立以来，本着"服务、专业、责任、顾客至上"的态度，竭诚为各大广告商和客户提供最完善的服务、最完美的品质、最高效的速度、最优惠的价格，公司专业印刷合版彩页、各种材质不干胶、手提袋、包装盒、画册、挂历、学生簿册等产品。

典范产品一：绛县大樱桃包装一

包装设计以绛县的名胜古迹紫云寺为背景，突出樱桃的饱满灵动、果肉甜美。整体设计古朴典雅，既有美感，又赋予产品浓厚的历史底蕴。

内盒采用EPS泡沫盒，内有食用级冰袋，可以在3~5天内保持樱桃的鲜美口感。外包装采用300g白卡、150g高强瓦楞纸、200g白箱板、三层E楞手提箱，外观精美，简洁大方，易运输、便携带。包装净含量有500g/盒、1 000g/盒、1 500g/盒等多种规格。

典范产品二：绛县大樱桃包装二

包装设计以春秋时期生于绛县的风云人物晋文公为背景，以鲜明的红色突出樱桃的特点，使人文背景与当地特产相辅相成。

内盒采用EPS泡沫盒，内有食用级冰袋，可以在3~5天内保持樱桃的鲜美口感。外包装采用300g白卡、150g高强瓦楞纸、200g白箱板、三层E楞手提箱，外观精美，简洁大方，易运输、便携带。包装净含量有500g/盒、1 000g/盒、1 500g/盒等多种规格。

绛县特色农产品发展协会成立于2012年4月，注册资本5万元，是以农业特色基地建设、特色农产品经营、深加工、特色农业产业化发展为主的社会团体组织。现有团体会员15个、个体会员53人。大樱桃是绛县农业主打的特色农产品之一，至今有40多年的历史。绛县大樱桃果实晶莹美观、个大色艳、红似玛瑙、口感绝佳、酸甜适度、风味独特，营养价值和药用价值极高，备受消费者喜爱。绛县大樱桃富含多种氨基酸、维生素及矿物质元素，并且还有丰富的花青素和花色素，是当代人抗癌防癌、美容养颜、强身健身的上佳选择。

绛县大樱桃2015年通过国家农业部认证，成为国家地理标志保护产品；2020年获绿色食品认证。2018年，绛县成为山西省出口水果安全示范区。

典范产品：绛县大樱桃快递包装

采用外包装+内包装+吸水纸+冰袋方式。外包装采用300g白卡、130g高强、140g白箱板、三层E楞起脊提绳纸箱，原材料是环保、可再生纸，使用广泛。内包装采用可周转复用的泡沫包装箱。吸水纸和冰袋均使用生态环保材料产品。

包装标识左上角按照农产品地理标志公共标识的使用规范设计，正面左侧"绛县大樱桃"为产品名称，中间位置晋平公画像和文字体现产地的人文历史，右侧为产品实物图片，底部背景选择绛县明清建筑绛县文庙图案。包装箱侧面选择大红色表达"绛县色"。围绕绛县文化，讲好绛县故事，传播好绛县声音，拓展更大市场舞台。

绛县大樱桃快递包装：36cm×24cm×16cm，2.5kg/箱

通信地址：山西省运城市绛县涑水大道宇丰园
联系电话：13734286088　　孙玲玲

晋粒康

山西省五寨县晋粒康燕麦开发有限公司成立于2015年，注册资本282.6万元，注册商标"晋粒康"。公司基地种植的燕麦取得绿色认证。公司以研发燕麦产品为重点，从种植源头抓产品质量，以绿色燕麦为主要原料加工燕麦系列健康产品。公司先后获山西十佳安全绿色品牌产品、百姓喜爱的农产品、成长力品牌、山西名牌农产品奖、中国小杂粮品牌100强、山西功能农产品品牌奖、2019农业农村领域"五小六化"竞赛一等奖等荣誉。公司拥有2项实用新型专利、10项外观专利、4个软件著作权、3个商标。燕麦一系列新产品的诞生，让传统燕麦提高了一定的经济效益和社会效益。

晋粒康的外包装整体设计朴实、简洁、大方、时尚、个性化，能确保送到消费者手中的产品包装不破碎，产品无破损。

典范产品一：燕麦胚芽米环保铝塑包装

包装材料为铝塑材质，符合环保原则。用料少，防潮性能强，符合包装轻量化原则。包装操作简单，全套包材仅有两个部件，一拉即用，符合高效原则。外观漂亮整洁，适合网店销售，减少包装和运输成本，符合消费者使用方便、安全的原则。外、内包装均采用铝塑材质，密封效果好，耐压防潮，达到双保险，可更好地保护食品。

典范产品二：即食燕麦鲍鱼和即食燕麦鱼胶礼盒

外包装为触感特种纸面裱1 500g灰板的长方形盒子，加一个手提袋，携带方便，美观、大气、协调、高档，适合送礼。

内包装为珍珠棉加植绒做的内衬，稳定每个小碗，使运输时产品不易损坏。

精美小碗是用铝塑材质制作的，内涂环保环氧树脂白瓷，赏心悦目，食用方便，让消费者愉悦地享受美食。

通信地址：山西省忻州市五寨县迎宾西街 588 号
联系电话：15603505866　　　刘燕

乡村味 晋莜

　　山西乡村味食品有限公司创建于2018年8月，位于宁武县农业扶贫经济技术园区，是一家专注于绿色健康食品研发和销售的公司，也是一家农业经济型民营新型企业。莜麦饼干系列产品在不牺牲食物口感和营养的基础上还保证了低糖和低脂，满足了现代年轻人对健康食品的需求，可作为糖尿病和高血压高血脂人群的食物。杂粮中含有丰富的膳食纤维、酚类物质、必需氨基酸、矿物质、维生素等对人体有益的功能性成分，其营养保健作用也越来越得到广大消费者的认同。本着"海纳百川，有容乃大"的理念，信心百倍的乡村味正在致力于把绿色生态健康食品提供给亿万家庭，不断进取与拼搏。

典范产品：晋莜乡村味莜麦饼干

　　包装具有卫生性、保洁性，密封包装，防尘阻湿。收缩包装具有良好的防震撞性、防冲击性，以及良好的保护性能。商品被紧密固定，小部件不会在包装中东倒西歪。

晋莜乡村味莜面饼干：240g/ 盒

通信地址：山西省忻州市宁武县阳方口镇经济技术园区
联系电话：17835619250　　李成林

台藜

山西五台山天域农业开发有限公司于2015年5月在忻州市五台县注册，注册资本1 000万元，是一家集种植、加工、研发、生产、销售于一体的专业藜麦产业化企业。

企业坚持以研发创新为发展动力，具有高素质的员工队伍，公司现有在职职工19人，全部为大专以上学历；其中科研人员7人，包含农学博士、硕士，占职工总数的36.8%。公司拥有8项专利，与山西农业大学（山西省农业科学院）以及藜麦原产地玻利维亚的藜麦研究机构均建立有长期稳定的合作关系，是山西藜麦产业技术创新战略联盟的组织成立者。公司协助承担过省部级科研项目，荣获农村农业部名特优新农产品、山西功能农产品、山西省科普基地、山西省高新技术企业、山西著名农产品、消费者最喜爱的农产品等多项荣誉，创立"台藜"品牌。

典范产品一：台藜藜麦

五台山生长的藜麦，由山泉水灌溉，农户们采用原生态的耕作方式耕作，所以籽粒饱满，味道沁人心脾，营养丰富。本产品在包装上体现出了这些特色，以禅意和"国潮"为风格——底部和上部是水粉画风格的五彩祥云，中部为毛笔字竖写的"台藜"，突显出传统文化的韵味。

典范产品二：台藜奶

台藜奶是一款高品质的植物蛋白饮品，不使用任何添加剂，低糖低脂，营养丰富，天然滋养，健康美味。所以本产品在包装标示出"植物蛋白饮品""有机藜麦""禅素"等字样，直观地传达给消费者台藜奶的特色。

台藜藜麦：18.5cm×13cm×4cm，400g/袋
台藜奶：8.5cm×14.5cm×3cm，220mL/袋

通信地址：山西省太原市万柏林区兴华街华洲国际1号楼2单元2201
联系电话：13803492096　　　张宏

芦丰

山西省宁武县芦丰土特产有限公司成立于2016年，注册资本500万元，是一家以腌制芥菜为根本，立足于宁武特色农产品领域的农业产业现代化企业，专业从事果蔬食品研发、种植、加工、生产、销售。依托涔山芥菜原产地域优势，公司年生产酱腌菜达1 000t，形成了线上线下的新零售销售模式，销售网络覆盖全国各省区市。公司的发展壮大，极大地带动了当地农业产业发展和农民增收，带领宁武及周边地区3 000菜农增收致富。公司致力于为消费者提供绿色、健康、美味的开胃菜，将酱腌芥菜发展成为宁武的特色产业之一。

典范产品：芦丰土特产

芦丰土特产整体设计追求原生态自然风。产品包装设计简洁、大方、自然，注重健康的食物、亲近自然的原生态类型的包装，更让人有一种健康、自然的感觉。

特色文化在芦丰土特产包装中占有重要地位。包装设计结合当地传统文化，让消费者对产品有特殊的认识，了解产品要表达的一些理念等，加深消费者对产品和品牌的印象。

面向年轻人市场，芦丰土特产还注重时尚风格的设计，主推一些年轻时尚风格的设计类型，注重时尚元素较多的包装。

通信地址：山西省忻州市宁武县大河堡村

联系电话：13453033338　　宋磊

福益德

山西宝山鼎盛科技有限公司位于山西省繁峙县，是一家集亚麻籽系列食品和保健品研发、生产、销售为一体的大型现代化企业。公司占地500余亩，累计投资逾5亿元人民币。一期工程建成日产能10t的冷榨亚麻籽油生产线和GMP综合保健品车间；二期工程建成日产能100t的压榨亚麻籽油生产线和日产能100t的浸出亚麻籽油生产线；三期工程建成木酚素提取车间和α-亚麻酸提取车间；四期工程建成小榨胡麻油生产线。目前，公司已通过HACCP体系认证及ISO 9001质量管理体系认证，只有"科技领先、装备领先、规模领先"三大核心竞争优势。

典范产品一：福益德冷榨亚麻籽油600

底部餐盘笑脸与家庭中的成员角色对应，寓含健康饮食的概念。飞溅的油滴环绕成亚麻花原料外轮廓，而内部负形图案则是亚麻籽油标志性营养成分"α-亚麻酸"的"α"外轮廓。色彩搭配既体现亲和力与活力，又传达出健康饮食的新主张。

典范产品二：福益德亚麻籽油

以金色秋收农田为背景，中心主视觉突出亚麻籽油标志性营养成分"α-亚麻酸"元素，搭配蓝紫色亚麻花底色。紫金两色强烈对比下，突出中心主视觉，意在传达绿色健康、原生态无污染的健康品质好油概念。

典范产品三：福益德醇香胡麻油

近景为古贸易代步工具与高清原料实拍图。背景为代表健康的墨绿色，搭配悠长的古道示意图，描述的是胡麻油的悠久历史，印入脑海的却是儿时满口的胡麻香味。

福益德冷榨亚麻籽油：600mL/罐
福益德亚麻籽油：5L/桶
福益德醇香胡麻油：1.8L/桶

通信地址：山西省忻州市繁峙县经济技术园区农业生物园101
号联系电话：15340650628　　李佩卓

粮老头

内蒙古粮老头农牧业有限公司成立于2014年9月，公司主营业务为特色农业的研发、种植、加工、销售，农业科技咨询和服务；主营产品为"粮老头""萨县"石磨面粉、全麦面粉和"粮老头"黑麦片、燕麦片等系列产品。公司现有加工厂房和办公用房总面积3 000m²，种植黑小麦1 000多亩，员工15名，解决就业岗位30多个，积极为特困户、低保户搭建脱贫致富平台。

公司成立以来，始终秉承"崇尚科学、回归自然、绿色健康、优质服务"为经营理念，以"创新、勤奋、务实、持续"为企业精神，积极推进绿色、健康农产品种植、加工、销售一体化经营，注重新产品研发，严格实行种植无害化、加工无添加标准，保证产品质量。公司位于内蒙古自治区中部土默特右旗境内，交通十分便利，土地肥沃、农作物生长周期长、水资源充沛无污染、空气清新无有害粉尘，为优质富硒黑

小麦的种植和生产提供了得天独厚的自然环境。"粮老头"标识取自土右旗海子乡黑训营村种植基地的地理特性，该村的一位农民在清代开始种植黑小麦。黑小麦种植基地的土壤中含有硒元素，黑小麦面粉、麦片中含有各种丰富的健康营养元素，包括硒元素，因此，当地百姓称之为"富硒麦"。

典范产品：粮老头黑小麦系列产品

采用聚丙/聚乙烯材质瓶包装，产品易存放且存放时间长，且可以长久保持原有口感。铝箔封口。外箱采用330cm×160cm×260cm白箱板、三层E楞起脊绳提箱，外观精美、简洁大方，易提放、易运输。

粮老头黑小麦系列产品：
1 000g/盒×4盒；2 500g/袋
500g/盒×2盒；850g/桶

通信地址：内蒙古自治区包头市土默特右旗海子乡黑训营村

联系电话：13848208249　　　石俊华

蒙源

扎赉特旗蒙源粮食贸易有限责任公司，位于北纬46°黄金水稻种植带、有"中国草原生态稻米之都"之称的兴安盟水稻主产区——扎赉特旗好力保镇。公司成立于2012年7月30日，注册资本2 010万元，总资产3 100万元，固定资产1 300万元，占地面积100 000m²，建筑面积15 000m²。

公司是兴安盟盟级农牧业产业化重点龙头企业、内蒙古自治区级扶贫龙头企业、扎赉特旗国家现代农业产业园蒙源渔稻共养示范基地、中华人民共和国第十四届冬季运动会指定大米供应商、全国农产品全程质量控制技术体系（CAQS-GAP）试点基地、"兴安盟大米"地理标识准用企业、"我在扎赉特有一亩田"认领基地。

典范产品一：兴安盟大米扎赉特味道礼盒

包装方式为环保纸箱+独立纸箱+真空包装袋。环保材质，可回收利用。风格简约，突出产品特点。外观漂亮、整洁，符合中高档大米包装定位。

典范产品二：兴安盟大米礼盒

包装方式为环保纸箱+独立纸箱+真空包装袋。环保材质，可回收利用。风格简约，突出产品特点。外观漂亮、整洁，符合中高档大米包装定位。

典范产品三：稻花香米礼盒

包装方式为环保纸箱+独立纸箱+真空包装袋。环保材质，可回收利用。风格简约，突出产品特点。外观漂亮、整洁，符合中高档大米包装定位。

兴安盟大米扎赉特味道礼盒：
360mm×100mm×200mm，500g/盒 ×8盒
327mm×114mm×243mm，1 000g/盒 ×5盒

通信地址：内蒙古自治区兴安盟扎赉特旗好力保乡好力保村
联系电话：15334866800　　　　吴洪全

龙鼎（内蒙古）农业股份有限公司始建于2002年，位于黑龙江、吉林、内蒙古三省区交界处的国家重要商品粮基地——扎赉特旗，占地41万m²，建筑面积15万m²，总资产10亿余元，是一家集科研、种植、储运、加工、销售于一体的大型农业股份有限公司。公司通过了ISO 9001质量管理体系认证、ISO 22000食品安全管理体系认证、ISO 14001环境管理体系认证、绿色食品认证。公司先后建立了兴安盟首家院士专家工作站和内蒙古自治区级企业研发中心，被评为农牧业产业化国家重点龙头企业、高新技术企业、国家级两化融合管理体系贯标试点企业和内蒙古自治区扶贫龙头企业、内蒙古自治区诚信示范单位，获得第七届中国创新创业大赛内蒙古赛区一等奖、2019届"世界高端米业"优质品质奖，荣登2019中国品牌食材榜。

典范产品一：极北香稻圆粒香

图案背景以北斗七星为地域指向，以版画形式表达主画面，突出"宝宝也能吃两碗"的口号。

典范产品二：极北香稻5号

极北香稻的商标以东北女性、民族服装、金黄稻穗、北斗七星为元素，表现了一位身着地域特色服装的东北妈妈，她怀抱金黄稻穗，眉宇间蕴含着辛勤耕耘丰收后的欣慰、温暖、情怀与爱。

典范产品三：齐兴白长粒香

包装主图是以齐齐哈尔、兴安盟、白城的区位为原型的插画式地图，中间标注公司的地理位置，同时也是对"齐兴白"品名的诠释。

极北香稻圆粒香：400g/盒×12盒
极北香稻5号：5kg/袋
齐兴白长粒香：5kg/袋

通信地址：内蒙古自治区兴安盟扎赉特旗音德尔镇五家户巨宝屯

联系电话：15648118713　　付春艳

内蒙古佘太酒业股份有限公司创建于2012年，以生产经营清香型系列白酒为主营业务。秉承民族酿造工艺，产品生产中保持传统的手工工艺，辅以科学质检技术，精选好粮，精心慢酿，采用纯手工酿造，经28天地缸低温缓慢发酵、清蒸清渣酿造、清蒸流酒、清蒸排杂等工序，打造出了"地纯""佘二"等独具特色的系列产品。产品以清香纯正、醇甜柔和、自然谐调、余味爽净著称，生产过程严格执行国家ISO 9001质量体系标准，注册了"佘"字商标。荣获全国科普惠农兴村先进单位、内蒙古食品安全诚信企业示范单位、内蒙古名片优秀品牌等称号，截至2018年品牌价值达2.13亿元。

典范产品一：瓷坛地纯酒

手工糊裱黑色布纹纸包装。包装材料为手工黏合纸箱，符合环保原则。手工糊裱黑色布纹纸，烫红金，简洁明了。缓冲性能强，符合包装轻量化原则。包装操作简单，两侧提绳设计，方便携带，拒绝过度包装，符合高效原则。外观庄重整洁，符合中高档白酒包装定位，可为白酒提供较高附加值。

典范产品二：五星地纯

手工红色环保纸箱，包装方式为红色环保纸箱+牛皮纸盒。

外包装采用传统手工盒，带有绿色标识，简单大气的包装图案，深受新老客户的喜爱。内包装采用纯手工牛皮纸原生态盒，内部是砌实的泡沫模型托盘，减少在运输中白酒与酒箱的摩擦和碰撞，进一步避免白酒在运输中破损。

五星地纯：45mm×26mm×13.5mm
瓷坛地纯酒：28.5mm×25.5mm×25.5mm

通信地址：内蒙古自治区巴彦淖尔市乌拉特前旗大佘太镇

联系电话：15048881788　　　　吕强

葵先生

内蒙古葵先生食品有限公司成立于2016年12月29日，位于内蒙古巴彦淖尔市经济技术开发区融丰街2号，注册资本800万元，职工63人，是一家以专业生产、经营各种瓜子炒货及坚果制品为主的食品加工企业，厂区占地面积63亩。公司自成立以来，积极实施品牌战略和构建营销体系网络，注册"葵先生""翘翘嘴"等十几个品牌，产品全国各地布局营销网络；同时，为满足国际市场的需求，产品已出口至马来西亚、印度尼西亚、沙特阿拉伯、土耳其、埃及、法国、加拿大等十多个国家和地区，取得了良好的经营业绩。

典范产品一：葵先生礼盒装

包装材料为白卡纸纸盒。白卡纸包装，符合环保原则。手提式结构用料少，缓冲性能强，符合包装轻量化原则。包装操作简单，全套包材仅有两个部件，一拉即用，符合高效原则。

典范产品二：葵先生金色宴会盒

包装方式为黄色铝箔袋+200型脱氧剂。黄色铝箔袋和脱氧剂的使用可有效地抑制霉菌和好氧性细菌的生长，延长食品货架期。

典范产品三：葵先生原味罐

包装材料为2.5mm硬纸板对表金铝箔烫黑金+丝带，符合环保原则。开盖式结构用料少，符合包装轻量化原则。包装操作简单，全套包材仅有两个部件，一扣即用，符合高效原则。

葵先生礼盒装：400mm×100mm×315mm，6罐
葵先生金色宴会盒：150mm×150mm×75mm，218g
葵先生原味罐：90mm×130mm，218g

通信地址：内蒙古自治区巴彦淖尔经济技术开发区融丰街2号
联系电话：15848712828　　孙柏茂

A046

乌拉特中旗草原恒通食品有限公司位于内蒙古北纬42°，公司成立于2009年7月，公司下设海流图镇恒通肉联厂、德岭山镇肉牛肉羊养殖园区。公司占地36 000m²，其中建筑占地28 000m²，厂区道路、广场、绿地占地8 000m²。引进目前国内最先进的牛羊屠宰生产线各1条、配套制冷设1套、无害化处理设备1套、污水处理站1座。是内蒙古自治区西部区规模较大、设备齐全、技术力量雄厚、生产工艺先进的集原料基地生产、冷冻分割加工、市场营销为一体的专业化、规模化牛羊肉加工骨干龙头企业，是中国好品牌安全农产品首批示范企业、内蒙古自治区农牧业产业化重点龙头企业、内蒙古自治区扶贫龙头企业、内蒙古食品安全创新企业示范单位、内蒙古著名商标企业、内蒙古自治区企业研发中心、乌拉特羊肉品质研究博士工作站。主打产品为内蒙古"名优特"农畜产品，有5种产品被中国绿色食品发展中心认定为绿色食品A级产品，已享有乌拉特羊肉地理标志证明商标的使用权。

典范产品一：精品羊肉

包装方式为覆哑膜垄纸双E瓦楞纸箱+PE膜。包装材料为纸箱和PE膜，符合环保原则。材质轻，承重大，符合包装轻量化原则。包装操作简单，包装方便，符合高效原则。外观高端大气，符合高档肉品包装定位。

典范产品二：精品黄牛肉

包装方式为覆哑膜垄纸双E瓦楞纸箱+PE膜。包装材料为纸箱和PE膜，符合环保原则。材质轻，承重大，符合包装轻量化原则。包装操作简单，包装方便，符合高效原则。外观高端大气，符合高档肉品包装定位。

精品羊肉：500mm×350mm×230mm
精品黄牛肉：380mm×250mm×210mm

通信地址：内蒙古自治区巴彦淖尔市乌拉特中旗海流图镇
联系电话：13904780090　　　　任海军

乌拉特前旗美中美亿农农牧专业合作社成立于2014年，种植基地位于阴山脚下、乌梁素海旁，面积广大，四周均为原生态大草原，远离城市和工业污染源，区域环境质量状况良好。合作社是一家集种植、养殖、加工于一体的企业，年产值约500t。产品远销全国各地，深受消费者好评。

合作社拥有自主知识产权，通过自治区名优特企业认证，同时也是内蒙古股权交易中心挂牌企业，创立了"蒙卓"品牌。2018年获得天津国际肉类与食品进出口博览会金奖，2019年入选中国品牌食材榜，2020年成为天衡仿野生蒙中药材种植基地战略合作伙伴。合作社始终遵循"为人类奉献最健康的食品"这一经营理念，积极创建具有特色的企业文化，形成了开拓进取、不畏艰难的工作作风。

典范产品一：福面黑小麦粉

采用帆布袋包装。包装采用大道至简的设计理念，包装下角的农田寓意着绿色种植理念；右边的怀抱麦穗的农民寓意丰收，也告诉消费者"谁知盘中餐，粒粒皆辛苦"，同时与绿色种植理念相呼应；中间的"福面"二字则代表对所有消费者朴素真诚的祝福。

典范产品二：藜麦礼盒

包装方式为铜版纸+铝箔易拉罐。包装采用天蓝底色，寓意藜麦种植于蓝天白云的高原上；不同形象的卡通人物怀抱藜麦，代表这是一种时尚健康的食品；外包装盒右下角丰收的藜麦与产品内容相呼应。

福面黑小麦粉：150mm×160mm×330mm，2 500g/袋
藜麦礼盒：360mm×315mm×80mm，2 500g/盒

通信地址：内蒙古自治区巴彦淖尔市乌拉特前旗乌拉山镇
联系电话：13947872846　　　巩静

口肯板香瓜

土默特左旗口肯板申香瓜种植农民专业合作社成立于2009年，2017年成功注册了"口肯板香瓜"商标，2019年被国家评定为全国名优特农产品。近年来合作社为发展香瓜特色产业，以产业增收脱贫，带动扶贫工作，不断引进先进种植技术，从传统的种植模式，发展成小拱棚种植，到现在使用设施育苗栽培技术，振兴了乡村经济，为脱贫攻坚奠定了坚实基础。

典范产品：口肯板香瓜

包装方式为手提式带孔纸箱+可拉伸珍珠棉网套。

包装材料为纸箱和EPE，符合环保原则。拉伸式结构用料少，缓冲性能强，符合包装轻量化原则。包装操作简单，一拉即用，符合高效原则。外观漂亮整洁，符合中高档包装定位，可为香瓜提供较高附加值。

外包装采用开门式盒型，在盒子两侧分别打两个圆形透气孔，直径2cm。纸盒采用B楞型双瓦楞材质。

内包装中每一个瓜都用EPE泡沫网套，减少其在运输中的摩擦和碰撞。

口肯板香瓜：320mm×130mm×220mm，6枚／箱

通信地址：内蒙古自治区呼和浩特市土默特左旗塔布赛乡口肯板申村

联系电话：15848378112　　　任兴旺

A049

托克托县托米种植专业合作社成立于2018年3月，位于托克托县河口管委会中滩村境内，注册资本100万元，主要从事水稻种植、收购及加工销售。合作社共投资800万元购置24台农业机械为本合作社及周边4 000亩水稻田提供产前、产中、产后服务。且在2019年投资210万元建设了一座年加工水稻1.8万t的全自动生产线，可为农户种植的3 000亩水稻提供加工与包装一体化服务。合作社要发展成为一家农业主体、产销主体，种植、加工、销售、农商互联，完善农产品供应链的民营企业。

典范产品一：稻花香大米

包装方式为五层纸箱+PEPP内袋（真空）。包装材料为纸箱和PEPP，符合环保原则。米砖抽真空可防止大米虫蛀、防止变质，也方便收纳。生产包装简单。外观漂亮整洁，符合高档包装定位。

典范产品二：小町香、长粒香

包装方式为直接灌装一次成型。包装材料为PEPP，符合食品安全原则。拉伸强度、抗冲击性高，耐用；抗腐蚀性强，防虫，透气性好。生产方便快捷，可一次性灌装成型，方便消费者提运。袋子侧面分别打4个圆形透气孔，防止烧包。

5kg 袋装：520mm×300mm
10kg 袋装：620mm×350mm
5kg 盒装：215mm×110mm×335mm

通信地址：内蒙古自治区托克托县河口管委会中滩村1队
联系电话：15556188999   李四军

A050

托克托县大正种养殖农民专业合作社鱼、虾、蟹健康养殖示范基地位于呼和浩特市、包头市、鄂尔多斯市"金三角"腹地的托县河口管委会东营子村，紧邻黄河，水资源丰富。合作社于2013年5月成立，注册资本200万元，合作社成员由成立之初的5户，发展到现在30户，总资产230万元，经营范围主要以鱼虾蟹示范养殖、新品种引进与推广、休闲垂钓、渔家乐饭店为主。目前合作社鱼虾蟹健康养殖水面70亩，引领当地15家渔户与呼市水产技术推广站签订了长期技术合作，引进特色优良品种"黄河鲤鱼""福瑞鲤鱼2号"，连片集约生态养殖近1 000亩，年产700t。另外，渔家乐占地面积398m²，新建虾苗标粗暖棚350m²，各种设施、设备、网具等配套齐全。基本达到规模化、标准化健康养殖规范要求。

典范产品：托克托县鲜活黄河鱼充氧运输包装袋

本产品为特殊工艺及特种食品级PET+PE双层复合生产而成的长方形立体包装，此材质具有防水、防冻、防高压、气密性好、透明度高、承重能力高等优点。包装方式：先装水和鱼，然后用封口机烫边封口，后通过充氧嘴充氧后，立体包装完成。包装袋材质为食品级PET+PE双层复合降解材料，符合环保原则。材质色泽为白色透明，质地柔软、坚韧，厚度为42丝，抗穿刺、不易破。承重能力强，抗压、抗撞击，可缓解暴力运输对鱼儿造成伤害，安全性能高，符合包装标准规范要求。采用油压恒温机，无痕融合烫边，压纹封边，结实牢固，可确保包装运送途中不易破损，符合包装设计的原则。充氧气口，只充氧气不漏水，用独特的充氧气嘴对准袋子充气口，充入氧气后，封住气体，一不漏气，二不漏水，超强严密，使活鱼生存时间延长。包装操作简单，符合高效原则。外观漂亮整洁，提手安全，抗撕裂、抗拉伸。符合高档活鱼包装定位，可为活鱼提供较高的附加值。

2尾装：60cm×36cm

1尾装：70cm×40cm

通信地址：内蒙古自治区托克托县河口管委会东营子村

联系电话：13847130312　　　王焕生

A 051

臻礼 大闸蟹

托克托美源现代渔业生态观光科技有限公司与合作社成立于2011年，承包树尔营村全部1 800亩水面，经过几年奋斗，公司成为自治区农牧业产业化重点龙头企业、扶贫龙头企业，合作社成为旗县示范社、呼和浩特市农业科技园区，该基地以科学化管理、集约化经营、标准化生产，秉持绿色安全的理念，以专业的队伍、严谨的制度，示范带动本村及周边村的水产养殖业不断壮大、健康发展，有力推动了农业增效、农民增收、贫困户脱贫致富、生态环境改善。

典范产品：臻礼大闸蟹

采用聚乙烯包装盒+内装网兜包装。

外包装为聚乙烯包装盒，采用揭盖型。

内包装为尼龙网兜，可在运输中减少螃蟹的摩擦和碰撞。

聚乙烯包装盒，符合环保原则。缓冲性能好，符合包装轻量化原则。

包装手工操作，内套网袋，符合安全高效原则。外观漂亮整洁，符合中档包装定位。

臻礼大闸蟹：330mm×150mm×200mm

通信地址：内蒙古自治区托克托县利民小区 6 号楼四单元二楼西户

联系电话：13947132847　　　赵瑞君

A 052

玉
泉
番
茄

呼和浩特市亿祥源种养殖农民专业合作社创始于2014年，由诺曼农业科技有限公司、亿祥源种养殖农民专业合作社两大板块组成。公司创业初期在先后在赛罕区、玉泉区等区域种植12亩温室大棚，主要种植高品质大众蔬菜。2017年，公司被呼和浩特市玉泉区政府招商引资到乌兰巴图村蔬菜种植基地，于2018年4月成立了呼和浩特市亿祥源种养殖农民专业合作社。经过6年的不断探索，成为集研究新型蔬菜栽培、引进新品种培植、带动农民就业、开拓市场、物流配送等为一体的综合性产业合作社。

典范产品：玉泉番茄

玉泉番茄包装材料安全、简约，突出环保理念。包装上独特的视觉符号体现地域特色和文化特色，简洁美观。绿色食品与地域文化搭配，有别于其他同类品牌的视觉呈现，增强品牌的辨识度、记忆度。

外包装为纸质包装，回收处理容易。造型结构多样。外层进行彩印，具有良好的视觉效果。质量轻，流通容易，使用方便，价格较低，对环境污染较小。

内包装为独立包装。保护性能优良，可防水、防潮。

玉泉番茄：40cm×26cm×10cm

通信地址：内蒙古自治区呼和浩特市玉泉区乌拉巴图村蔬菜基地 G18
联系电话：15904879587　　义如格乐

A053

呼和浩特蒙禾源菌业有限公司成立于2013年1月，总部位于呼和浩特市武川县耗赖山乡振兴元村，是一家专门从事食用菌菌种研发、菌棒生产，以及食用菌产品加工、腌渍、销售为主的国有独资企业，目前主打种植品种有香菇、滑子菇、木耳、猴头菇、赤松茸，年产量约为500万kg。作为自治区扶贫龙头企业，企业积极响应自治区"精准扶贫、精准脱贫"的号召，肩负着带动就业、农民增收的重要社会责任。自企业创建以来，采用"公司+基地+农户"的经营方式，不断尝试与当地农户建立利益链接机制，通过土地流转、企业务工、效益分红、回收农作物秸秆等方式带动当地农户增收致富，走向幸福小康路。在企业发展壮大的同时，始终坚持绿色、环保的理念，致力于为消费者提供绿色、安全的高品质食用菌产品，创立了"塞上蒙菇"品牌。

典范产品：塞上蒙菇

包装方式为手提式纸箱+可立式高压聚乙烯塑料袋。

采用的包装材料为瓦楞材质和EPE材质，均符合新型食品环保原则。拉伸式结构用料少，缓冲性能强，符合包装轻量化原则。包装操作简单，一提即用，符合高效原则。外观喜庆整洁，符合中高档食品包装定位，可为食用菌产品提供较高附加值。

外包装采用瓦楞材质，哑光、覆膜，设计为凹凸形，把手采用塑料胶片，一提即用。

内包装每一袋产品都采用EPE材质，减少在运输中食用菌之间的摩擦和碰撞。在设计风格上以中国传统元素仙鹤元素代表品牌调性和形象，加上山与云的结合，更加体现大自然、原生态的理念。

7袋装：26cm×17cm×28.2cm，525g/箱
6瓶装：34cm×11.1cm×28.8cm，450g/箱

通信地址：内蒙古自治区呼和浩特市武川县耗赖山乡圪顶盖村
联系电话：13674815820　　郭志英

A054

扎兰屯黑木耳

呼伦贝尔森宝农业科技发展有限公司成立于2014年1月，主要种植滑子菇、猴头、黑皮鸡枞、灵芝等高端产品，市场销售产品有条装精品黑木耳、黑木耳胶囊、黑木耳精粉，产品质量稳定，科技含量高，信誉度不断攀升。"黑朵朵"黑木耳产品于2015年获第十三届中国国际农产品交易会参展产品金奖，2016年黑木耳产品入选内蒙古自治区"2015年度全国名优特新农产品目录"，2017年公司基地种植的黑木耳经北京中绿华夏有机食品认证中心认定为有机黑木耳，2017年6月公司申报的"扎兰屯黑木耳"被评为中国优质农产品区域公用品牌。2018年扎兰屯黑木耳产品被中欧100+100地理标志互认，取得欧盟认证。

企业集交易、检测、预冷、分选、加工、冷藏、配货、可追溯和信息平台等功能为一体，实现以农超对接为方向、以直供直销为补充、以电子商务为探索的农产品现代流通体系。

典范产品：扎兰屯黑木耳

包装方式为礼品兜+两盒木耳产品。

内包装小盒采用火柴盒式，易推开。内附塑料膜片，防止木耳漏掉。每盒木耳泡发后可做一盘菜。

外包装盒为翻盖式，开口处有磁铁扣，方便实用。

礼品装采用手提袋形式，在手提袋顶部设计两个手提拉绳，方便携带，坚实耐用。一袋装两盒，是馈赠亲朋的佳品。

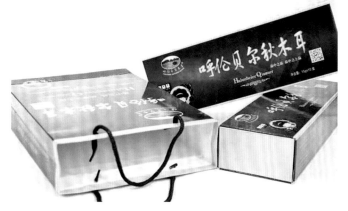

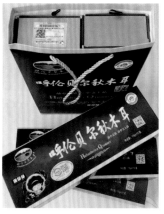

外盒：29cm×20cm×6cm
内小盒：8.7cm×5.6cm×2.5cm

通信地址：内蒙古自治区扎兰屯市布特哈南路 66 号
联系电话：13848081730　　　肖海英

鸭田米

呼伦贝尔市金禾粮油贸易有限责任公司成立于2006年3月，是一家集粮食仓储、加工、物流为一体的加工企业。水稻基地位于内蒙古自治区东北部的大兴安岭南麓地区，地理环境自然原始，土壤肥沃，植被茂密，共有济沁河、野马河、苇莲河3条水系环绕，拥有生产有机水稻、绿色水稻的绝佳地理环境。

公司2007年被评为呼伦贝尔市农牧业产业化重点龙头企业，2019年公司产品获内蒙古自治区科普教育示范基地称号，被国家农业农村部农产品质量安全中心评为"CAQS-GAP"试点生产经营主体。2009年公司产品获得农业部颁发的农产品地理标志证书，秀水乡系列大米获得第二十届中国绿色食品博览会金奖。

公司产品主要以有机大米为主，搭配不同功能的粗粮。秀水乡鸭田米选用了优良品种，以鸭稻共作方式种植，利用水稻和鸭之间的同生共长关系构建起立体种养殖生态农业系统。

由于稻田养鸭不施用化肥和农药，因而可促进益、害生物平衡，优化稻田生态环境，提升稻米质量安全水平，从而生产出健康好吃的大米。

典范产品：鸭田米

鸭田米的外包装以绿色鸭田米为理念，采用米粒元素进行图形抽象化处理。

设计上以快乐的大米姑娘和小鸭子形象为主题，对大米姑娘系列展开不一样的视觉体验与功能传递，表达了年轻活力、积极、热爱有机、快乐播种的特性和风格。

规格一：5kg/袋
规格二：1kg/盒×5盒
规格三：400g/盒×5盒

通信地址：内蒙古自治区扎兰屯市关门山社区
联系电话：15344207755　　　姚书宜

A056

内蒙古壹蒙壹牧电子商务有限公司成立于2016年，是一家以"龙头企业+基地+实体+电商+民宿"为核心的商务公司。目前拥有合作种植基地3 000亩，种植大棚30座、暖棚6座，有大型储窖3座，可仓储1.5万t马铃薯。线下"乌兰土宝"实体连锁店3家、淘宝店1家，产品入驻邮乐网、京东等平台。公司致力于为城市居民提供天然、绿色、有机食品及内蒙古名优特产品。遵循"健康为本，品质优先，绿色生态，诚信发展"的原则，打造火山草原特色绿色有机农产品。公司"后旗红"品牌先后获得A级绿色产品、有机马铃薯转换认证，并屡获国家及国际金奖。

典范产品一：后旗红马铃薯

外包装整体结构上采用镂空活页式设计，外箱可做通版，更换内衬主题画面可以节约包装成本，成为一个多功能性包装。内衬主题设计以土豆为核心，绘以地域性元素，如火山、蒙古包、白云、阳光等，让画面充满生机。

典范产品二：亚麻籽油

设计创意上以一滴胡麻籽油为载体，图形里诠释了产品的生产地——火山，以及民俗代表——蒙古包，开花结果寓意了一滴油精彩的一生。选择环保牛皮纸为材料，烫金等工艺让包装整体显得高端，具有十足的品质感。

典范产品三：乌兰土宝火山藜麦

包装整体体现了大地红、丰收金的核心理念。画面围绕产品做了细致的场景描绘——火山、藜麦、阳光、白云，烘托出美好的藜麦生长环境。工艺上选用了特种纸与烫金工艺，升级品质，实现视觉赋能。

后旗红马铃薯：1500kg/盒；4250kg/盒
乌兰土宝火山藜麦：100g/袋×18袋
亚麻籽油：500mL/瓶×2瓶

通信地址：内蒙古自治区乌兰察布市察右后旗山水丽都乌兰土宝
联系电话：15647460659   郭晨慧

格琳诺尔

内蒙古格琳诺尔生物股份有限公司位于内蒙古丰镇市，注册资本1 000万元，注册商标"格琳诺尔""亚麻公社"等。

公司一期选址在丰镇食品产业园区，投资建设占地面积近3 000 m^2，引入了国内目前最先进的螺旋式压榨、灌装、贴标等全自动设备。截至2020年，公司在职职工34人。

内蒙古格琳诺尔生物股份有限公司自成立伊始，一直秉持着"家家吃好油，人人更健康"的使命，聚焦于全球亚麻籽核心产业区，致力于成为一流的亚麻食品全产业链服务商，伴着"滴滴格琳诺尔香飘万家"的豪迈，格琳诺尔登上了中国亚麻籽油的历史舞台。

典范产品一：格琳诺尔亚麻籽油

采用格琳诺尔湖畔风景手绘图作为品牌主视觉，突出产品源自内蒙古高原格琳诺尔湖畔的产地特点。包装采用环保的原生牛皮纸卡纸作为包材，单色绿色印刷，使有机产品内容物与外在包装共同体现有机绿色的健康理念，也使格琳诺尔商品包装在同类行业同属性商品中脱颖而出。

典范产品二：亚麻公社亚麻籽油

包装设计简约质朴，以原生牛皮纸卡纸作为包材，单色印刷，搭配扛着锄头、手捧亚麻花的农民形象品牌Logo画面，体现产品的原生、原艺、原味的品牌理念。

格琳诺尔亚麻籽油：125mL/瓶×2瓶
亚麻公社亚麻籽油：909mL/盒×2盒

通信地址：内蒙古自治区丰镇市食品产业园区7号厂房
联系电话：18147192525　　金梦

A 058

蒙加力

鄂尔多斯市加力螺旋藻业有限责任公司位于全球最大的螺旋藻生产基地——鄂托克旗乌兰镇螺旋藻产业园。公司于2004年建成投产，是国家科技部确定的国家重点研发项目"二氧化碳烟气微藻减排技术"产业示范基地、内蒙古自治区农牧业产业化重点龙头企业、内蒙古自治区科普惠农惠牧先进集体、内蒙古自治区诚信单位、鄂尔多斯市创业之星。

公司目前已建成国际上最先进的全封闭跑道式养殖基地660 000m^2，实现了养殖、采收、清洗、脱水全封闭自动化生产，年可生产绿色食用螺旋藻粉1 300t、螺旋藻片及螺旋藻多肽片300t，其中90%出口国际市场，10%国内销售。出口螺旋藻产品1 000多t，主要销售市场为美国、欧盟、东南亚等地区，年销售额900万美元，产品具备良好的国际声誉。公司创立了"蒙加力"品牌，已是国际上主要的螺旋藻供应商。

典范产品一：蒙加力优级礼盒装

包装方式为白卡纸纸盒+手提绳。包装材料为白卡纸纸盒，符合环保原则。手提式结构用料少，缓冲性能强，符合包装轻量化原则。外观漂亮整洁，符合中高档礼盒包装定位。

典范产品二：蒙加力八角铁桶装

包装方式为铁桶+铝箔袋。外包装材质为铁桶、符合环保原则。外观漂亮整洁，符合中档送礼需求。

典范产品三：蒙加力袋装

包装方式为大铝箔袋+小铝箔袋，简单、环保。

蒙加力优级礼盒装：410mm×105mm×280mm，2 000g
蒙加力八角铁桶装：100mm×100mm×150mm，300g
蒙加力袋装：280mm×190mm×30mm，250g

通信地址：内蒙古自治区鄂尔多斯市鄂托克旗乌兰镇螺旋藻产业园区
联系电话：13847728052　　　闫志斌

绿状园

内蒙古绿康源生态农业有限公司成立于2015年6月1日，位于乌兰察布市丰镇市巨宝庄镇，距离丰镇市区10km，是一家专业从事有机蔬菜、水果、杂粮种植、加工、销售、配送的全产业链农业企业。项目总投资1.5亿元，注册资本1 000万元，现有总资产7 600万元，固定资产6 800万元。公司占地面积3 360亩，目前，已建成标准化温室大棚180多座，生产有机蔬菜品种58个（果菜类22个，叶菜类36个），有机杂粮品种8个，香蕉、火龙果、葡萄等特色果品15个。已对豆角、番茄、青椒等21个品种完成了有机认证。注册商标"绿状园"。

典范产品一：有机西红柿

采用聚丙烯/聚乙烯材质真空包装，易存放且存放时间长，可以长久保持有机西红柿的原有滋味。

典范产品二：有机黄瓜

采用聚丙烯/聚乙烯材质真空包装，易存放且存放时间长，可以长久保持有机黄瓜的原有甜脆口感。

典范产品三：有机圣女果

采用聚丙烯/聚乙烯材质真空包装，易存放且存放时间长，可以长久保持有机圣女果原有的酸甜口感。

有机西红柿：500g/ 盒
有机黄瓜：500g/ 盒
有机圣女果：500g/ 盒

通信地址：内蒙古自治区乌兰察布市丰镇市巨宝庄镇
联系电话：15648118713   王伟伟

A 060

科右前旗金米粒水稻种植专业合作社于2011年9月经工商部门登记注册成立，前身是于2007年成立的金米粒水稻种植协会。合作社总部设在科右前旗巴拉格歹乡哈拉黑村，辐射哈拉黑村、东保安村、幸福村、民泉村。

合作社始终坚持规模化经营、集中化生产，用先进的技术引领当地水稻种植，建设基地3 100亩。基地生产的金瑞仓香大米，深受市场欢迎。

金米粒合作社自建社以来，着手加大土地流转力度，向种植面积规模化、品种布局区域化、生产管理标准化、稻谷加工产业化、产品注册品牌化、稻米品种系列化、成品包装精品化、销售网络立体化的"八化"发展方向发力。

典范产品：金瑞仓香大米

包装材料为纸箱和EP，符合环保原则。真空包装，防虫、防潮，保证了产品品质。外观漂亮整洁，符合中高档大米包装定位，可为产品提供较高附加值。

金瑞仓香大米 4kg：0.5kg/ 盒 ×8 盒
金瑞仓香大米 5kg：2.5kg/ 盒 ×2 盒
金瑞仓香大米 4kg：1.0kg/ 盒 ×4 盒

通信地址：内蒙古自治区兴安盟科右前旗巴日嘎斯台乡哈拉黑村
联系电话：13948258281　　　徐金昌

察右前旗兴泰粮食加工有限责任公司是集粮油种植、收购、储藏、加工、销售和服务一条龙的综合性服务公司，地处乌兰察布市察右前旗察哈尔工业园区（208国道东侧红房村），2013年8月7日正式注册登记，注册资本600万元。公司现有员工50人，其中一线的技术工人30名，高中级职称的技术员10名，公司主打蒙亚香亚麻籽油这一纯绿色保健产品，已取得了国家绿色食品认证，市场前景十分看好。

典范产品：蒙亚香系列产品

"蒙亚香"标识的系列主打产品有亚麻籽油等农产品。内袋采用聚丙烯+尼龙+聚乙烯材质真空包装，易存放且存放时间长，可以长久保持农产品的原有口感。外观精美、简洁大方，易提放、易运。外箱材质采用300g白卡、130g高强、140g白箱板、三层E楞起脊绳提纸箱，此材质是环保的可再生纸，使用广泛。

蒙亚香系列产品：500mL/瓶 ×2瓶

通信地址：内蒙古自治区察右前旗察哈尔工业园区 208 国道东侧
联系电话：14747423530　　郑万林

A062

志永米业

宁城县志永米业有限公司始建于1993年，经过20余年的发展壮大，于2010年正式注册成为集粮食收购、加工、销售为一体的综合性粮食贸易公司，注册资本500万元。公司现位于宁城县中京工业园区，占地10 000m²，生产车间7 000m²，2015年被赤峰市人民政府评为赤峰市农牧业产业重点龙头企业，同年，被赤峰市人社局评为赤峰市创业示范企业。2016年12月被内蒙古自治区人民政府评为内蒙古自治区农牧业产业化重点龙头企业。2017年8月，"乐土小米"被赤峰电视台评为赤峰市十佳农产品。

典范产品一：2.5kg红谷小米真空块

乐土牌红谷小米全部选取本地优质红谷子为原料，出米率低，感官好，颜色金黄，口感香糯。包装采用2.5kg真空包装，适合短时间内食用完毕，容易储藏。封口采用双层模式，保证了小米的卫生和食用方便。

典范产品二：4kg杂粮礼盒

为杂粮系列组合产品，内装10种400g杂粮真空块，经过精选加工而成，品质独特，营养丰富。包装材料为纸箱和EP，符合环保原则。真空包装，防虫、防潮，保证了产品品质。外观漂亮整洁，符合中高档杂粮包装定位，可为产品提供较高附加值。

典范产品三：四色小米礼盒

由黑小米、黄小米、白小米、绿小米4种颜色小米组合而成，合理搭配，营养丰富，口感香醇。包装材料为纸箱和EP，符合环保原则。真空包装，防虫、防潮，保证了产品品质。外观漂亮整洁，符合高档礼盒包装定位。包装上印有宁城县著名的八大人文景观，具有较强的文化内涵。

通信地址：内蒙古自治区赤峰市宁城县中京工业园区

联系电话：18304908622　　孙志伟

内蒙古浩源农业科技发展有限公司位于原始而美丽的草都阿鲁科尔沁旗先锋乡宏发村，地处大兴安岭南端支脉，地理环境优越，日照时间长，昼夜温差大，空气质量优。独特的地理气候优势、源远流长的种植历史，以及精益求精、质朴诚信的经营理念，成就了于永辉金苗小米的纯正品质。公司始建于2010年，注册资本400万元，主要从事绿色谷物生产加工业务。

公司选择极度适合谷子生长且无污染的旱改水自然丘陵地带作为大金苗谷子的种植基地。经技术人员测试分析，金苗小米含有较多的微量元素，小米籽粒饱满、米色乳黄、香味诱人。公司推行"公司+农户"的发展模式，实现城乡统筹发展，挖掘公司的优势，扮演农业、农村运营商的角色，带动当地的农户致富，促进当地的经济快速发展，并为公司的长远发展奠定了基础。

典范产品：于永辉金苗小米

采用聚丙烯、瓦楞纸材质做包装袋和高端礼盒。聚丙烯制品可塑性强、耐化学腐蚀、耐热、绝缘，透明而轻巧，且可回收利用。

瓦楞纸制品有较高的机械强度，耐磨、防晒、防潮、防腐蚀、防渗漏，完全符合绿色食品生产包装要求。

包装设计采用黄色和红色为主色调。黄色代表着成熟，代表着农作物的收获，也是于永辉金苗小米成品的颜色；红色代表着红红火火，象征着农民丰收后的那份火热心情。黄红相间的包装在货架上较为醒目，能够吸引消费者的注意，激发他们的购买意愿。

于永辉金苗小米：500g/盒；2.5kg/袋；25kg/袋

通信地址：内蒙古自治区阿鲁科尔沁旗乌兰哈达乡宏发村

联系电话：13847643671　　　　于永辉

金鹿油脂

包头市金鹿油脂有限责任公司始创于1951年，有着近70年的食用油生产技艺传承，是内蒙古自治区集优质的食用油的生产、销售、战略储备为一体的大型综合粮油生产经营企业。

公司以规模化、特色化为基础，立足于内蒙古资源优势，将河套地区天然农业资源优势和企业先进的技术、设备紧密结合，逐步形成从田间到工厂、到餐桌的全程控制、全程溯源的全产业链体系。金鹿油脂同时承担内蒙古自治区级、包头市级和区级应急三级油脂储备任务，凭借着扎实的生产销售实力和先进的仓储、运营能力，成为内蒙古地区规模较大、综合实力前列的油料油脂收购、生产、储备、销售企业。

金鹿高油酸葵花籽油油酸含量高达80%以上；烟点高达220℃，不易产生油烟，高温下不易破坏油脂原有营养物质，更适合中式烹饪。金鹿冷榨葵花籽油采用低温60℃左右物理压榨，富含维生素E、胡萝卜素、磷脂等多种微量元素。α-生育酚维生素E达到60mg/100g以上。新鲜、纯正，口感清香，色泽淡黄。金鹿一级亚麻籽油采用坝上草原黄亚麻籽经低温压榨制取，使用一级压榨工艺，很好地保留了亚麻油中的α-亚麻酸和木酚素，α-亚麻酸含量达50%~58%。

典范产品：金鹿系列油脂

内包装采用食品级玻纤增强PET材质，其力学性能比肩PC、PA等工程塑料，热变形温度可达到225℃；耐热老化性好，且不易燃烧，有着优良的阻气、水、油及异味性能，可阻挡紫外线；透明度高，光泽性好，可使消费者清晰地看到食用油透亮的质地。

通信地址：内蒙古自治区包头市东河区南绕城公路4km处
联系电话：15024716262　　　周文元

蒙闰田园

包头市丰闰园养殖贸易发展有限责任公司成立于2011年，位于包头市土默特右旗将军尧镇，注册资本1 000万元，占地面积238亩，是一家以肉羊养殖、屠宰、分割加工以及副产品深加工为主的大型农畜产品加工企业。公司是包头市定点牛、羊肉加工企业，产品通过无公害产品认证及QS认证。经商标局核准注册的"蒙闰田园"产品商标，于2015年度被评为包头市知名商标。公司是包头市农牧业产业化重点龙头企业，并于2016年6月在深圳前海股权交易中心新四版成功挂牌。

典范产品：蒙闰田园系列产品

"蒙闰田园"标识取自于内蒙古的养殖基地的地理特性，"蒙"代表基地坐落在内蒙古大草原；"闰"代表基地在这片湿润的土地上。

内袋采用聚丙/尼龙/聚乙烯材质真空包装，易存放且存放时间长，可以长久保持羊肉的原有口感。

蒙闰田园极品羊肉：750g/袋×20袋
蒙闰田园羔羊小肉卷：1 000g/卷×20卷

通信地址：内蒙古自治区包头市土默特右旗将军尧镇麻尧村

联系电话：15149377600　　　王五五

乌兰察布阿吉纳肉业有限公司始建于1996年，位于内蒙古自治区乌兰察布市察右前旗，是一家精加工牛羊肉及其副产品的食品企业。公司于2010年在旗政府的支持下在察哈尔生态工业园区选址新建，厂区占地面积35 000m²，建筑面积8 000m²，冷却库面积860m²。速冻能力日产30t，冷藏能力达2 000t，年加工能力1 000t。目前新厂区除建有一流的生产加工车间外，还有调理车间、排酸车间、速冻库、保鲜库等车间，并有较完备的生物检测化验室。

阿吉纳羊肉分割产品有羔羊卷肉、羔羊方砖、羔羊中式产品、羔羊西式产品、羔羊带骨产品等60多个品种，并承揽委托加工业务。产品畅销区内外，客户遍及全国各地，企业成绩获得同行认可，深受消费者好评。同时逐步完善电商销售网络，覆盖大众消费的终端市场。

典范产品：阿吉纳系列产品

阿吉纳是蒙古族词语，是骏马的意思。Logo中的蒙文就是阿吉纳的意思，图标上的马头取意于草原上的骏马，也是还原阿吉纳蒙文的原意。

"纳"谐音为"娜"。"娜"一般寓意姑娘，所以在包装设计上采用蒙古姑娘手绘图为主元素，这样既能突出内蒙古地区的特色，还能加深消费者对产品的印象。

通信地址：内蒙古自治区乌兰察布市察右前旗察哈尔工业园区
联系电话：13904742267　　　马晓静

内蒙古华颂农业科技有限公司成立于2016年8月19日，注册资本9 720万元，位于赤峰市巴林右旗大板镇轻工业园区，是华颂种业（北京）股份有限公司的全资子公司。

公司拥有1个脱毒种苗供应中心、3个组培扩繁中心、4个原原种生产基地、6个大田种薯生产基地。现投产组培脱毒中心7 400m²、温网室500多亩、大田生产基地1.3万亩，年产脱毒原原种8 000万粒、脱毒种薯4万t。

公司以马铃薯品种研发为核心，育成华颂系列新品种10多个，其中，华颂7号被大众评为"舌尖上的土豆"，一薯难求。商品薯种植合作伙伴遍及全国26个省市，会员单位3 000多个，拥有优质土豆种植基地200万亩，可周年供应优质土豆上市。

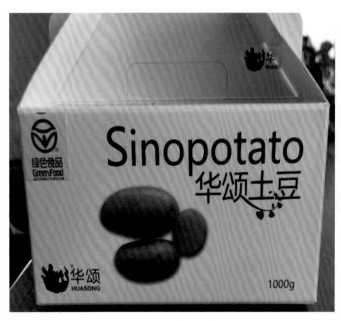

典范产品：华颂系列马铃薯

包装标识上充分展现出马铃薯薯形优美、色泽金黄等特性。设计为便于携带的手提式盒型包装，突出盒型包装的形态和材质美，便于储藏、运输、展销。

外包装为食品级包装纸箱，纸质包装没有异味，对人身体没有危害。其原材料是木屑，有很好的环保性能。

通信地址：内蒙古自治区赤峰市巴林右旗大板镇益和诺尔街东段工业园区

联系电话：15174855566　　刁艳春

喀喇沁旗瑞蔬丰蔬菜种植专业合作社位于内蒙古自治区赤峰市喀喇沁旗王爷府镇上瓦房村七组，于2011年5月16日在喀喇沁旗工商局注册，注册资本50万元，是一家从事订单种植与销售的合作社。合作社产品远销天津、河北、山东、上海、广东、江西、海南等地。2017年合作社种植的甘蓝、番茄被认证为绿色食品，并注册商标"公爷府"。其中甘蓝年销售超6 000t，番茄年销售超3 500t。合作社执行"五个统一"标准，即统一品种、统一种植、统一技术管理、统一用药、统一销售。合作社所产蔬菜均为碱地种植，生长于纯天然无公害环境。

2014年，合作社投资170多万元，建设合作社办公室、蔬菜保鲜库、100t地磅。2017年被赤峰市农牧局评为赤峰市级农牧民专业合作社示范社。合作社产品质量安全可追溯，既带动了地方经济的快速发展，也为社会提供了安全可靠的绿色食品。

典范产品：公爷府番茄

包装材料为纸箱，符合环保原则，且可防止运输中的损伤和污染，保证了产品品质，便于运输、储藏，方便消费者携带。外观漂亮、整洁，符合番茄中高档包装定位，可为产品提供较高附加值。每箱16枚精品番茄，符合大多数家庭购买番茄的数量需求。

公爷府番茄：16 枚 / 箱

通信地址：内蒙古自治区喀喇沁旗王爷府镇上瓦房村七组
联系电话：13847644698　　　蔡艳萍

赤峰祥峰种养殖专业合作社是一家以绿色农产品生产和加工、畜禽养殖、生态农业为主的高品质民营企业。公司自2014年创立以来，一直致力于健康绿色产业发展，始终坚持"绿色健康、质量优良、诚信为本、顾客至上"的企业宗旨，以"优质健康、全心服务"为立业之本，形成了一套完善的生产管理制度和质量服务体系。

合作社现阶段共建设2 000亩绿色谷子种植基地。其中良种繁育基地50亩，年产优质原种20t；良种扩繁基地450亩，年产优质良种180t；优质谷子生产基地1 500亩，年产优质谷子600t。合作社还建拥有生产加工厂房、绿色农产品生产线等。合作社在扩大生产规模的同时能够积极解决农民"卖粮难"问题，带动周边农业种植、加工、综合利用等相关产业发展，实现循环经济和农业产业化可持续发展。

公司的主打产品"歆谷乡"黄小米采用纯天然绿色种植技术，经过精选加工而成，品质独特、营养丰富。在外包装上用金黄色的谷穗、怀抱谷穗的农民等图案体现丰收的美好愿望。

典范产品：歆谷乡黄小米

包装材料为纸箱和EP，符合环保标准。真空包装，防虫、防潮，产品品质有保证。外观美观、整洁、高档，符合中高档黄小米包装定位，为产品提供较高附加值。

黄小米真空袋：1kg
黄小米礼盒：5kg
黄小米真空袋：25kg

通信地址：内蒙古自治区赤峰市松山区大庙镇广庆隆村北台子
联系电话：15248083770   霍瑞明

天
拜
山

赤峰市天拜山饮品有限责任公司成立于2014年，注册资本800万元。项目占地面积100亩，项目总投资8 700万元，其中固定资产投资6 700万元，流动资金2 000万元。5万t果饮加工工程于2014年开工建设并投产运营，一期总投资5 300万元，已建设办公楼1 200m²、生产车间4 500m²、包材库1 000m²、冷冻库800m²，总建筑面积7 500m²。2019年，天拜山公司计划开展二期果品深加工工程，建设果肉果酱、膨化果干和果脯生产线各一条，建设保鲜库、果脯车间、冷库、生产车间等4 500m²及配套附属设施，计划总投资3 400万元。

典范产品：天拜山沙果汁

瓶体为PET材质，安全、环保，并且便于携带。标签以半透明金色包裹瓶身，体现果汁的清透感。整体图案为一棵抽象的绿树，抽象风格更符合年轻人的审美。绿色突显产品的健康理念，配以白色文字体现产品的清透感。文字细节做了适当的变形处理，增加了其俏皮可爱的一面。

标签以明快的蓝色为主色调，代表着沙果产品的优质地理环境。卡通风格的人物采摘收获沙果的场景，象征着沙果的天然品质，以及体现人们的喜爱心情，以带动消费者品尝的欲望。

产品规格：380mL/瓶；300mL/瓶；450mL/瓶

通信地址：内蒙古自治区赤峰市林西县工业园区食品加工园区
联系电话：15148329352　　　刘雪晶

赤峰市巴林红食品有限公司是一家集甜玉米种植、生产、加工、销售为一体的农产品深加工企业，成立于2013年5月15日，老厂占地100亩，位于美丽富饶的巴林右旗巴彦塔拉苏木，南邻303国道，西邻巴彦塔拉苏木政府，总投资9 000万元。新厂500万箱出口标准的水果型甜玉米罐头加工及马口铁制罐，年产18 000t速冻甜玉米粒，建设项目位于巴林右旗大板镇工业园区，一期食品厂占地面积117亩、二期速冻库占地面积95亩，总占地面积212亩，建筑总面积58 781.05m^2，项目总投资为35 327万元。

巴林红超甜玉米粒罐头采用种植于内蒙古大草原黄金生长带的优质甜玉米原料加工生产而成，原料基地均为绿色食品种植基地，从采收到加工成品不超过8小时，最大限度地保留了甜玉米原材料应有的新鲜度。加工出来的甜玉米罐头成品籽粒工整、色泽诱人、口感鲜嫩可口，无任何添加，打开直接食用、配菜、榨汁均可，是餐桌必备的美味。

巴林红超甜玉米粒罐头

包装标识上充分展现出甜玉米罐头产品籽粒饱满、色泽金黄等特性。

选用白盘子做背景包装器皿更能体现出产品的绿色无添加特点。选用草原、蒙古包和蒙古族额吉做背景体现出产品的原材料来自纯天然无污染的内蒙古大草原，同时也表达了对民族特色文化的推崇。

赤峰市巴林红食品有限公司所用包装均为食品级纸箱，符合GB/T 6543—2008、GB/T 6547—1998的要求。

巴林红超甜玉米粒：425g/罐×24罐
巴林红玉米粒罐头：400g/罐×24罐

通信地址：内蒙古自治区巴林右旗巴彦塔拉苏木

联系电话：15949439091　　孟和巴特尔

扎兰屯市蓝林食品有限责任公司成立于2006年8月，位于扎兰屯市食品工业园区内，占地2万m²，固定资产3 500万元，是呼伦贝尔市境内较大的果干生产加工企业。公司以沙果为原料，采用国内先进烘干技术，精深加工沙果干系列产品。主要产品有沙果干、沙果糕、菇娘干、蓝莓干、红豆干、黄杏干等系列休闲食品。

公司现已成为全国绿色食品示范企业，荣获AAA级食品安全示范企业称号。"塞外金庄园"注册商标荣获内蒙古自治区著名商标称号和呼伦贝尔知名商标称号。"塞外金庄园"沙果干通过国家绿色食品认证，是内蒙古自治区名牌产品，获第三届内蒙古品牌大会"内蒙古名片·价值品牌"称号。公司自主研发的沙果去核切分机获得了国家实用新型专利和发明专利，"塞外金庄园"沙果干包装袋获得了国家外观专利。

蓝林沙果干选用内蒙古扎兰屯市特产沙果。扎兰屯特产沙果与其他区域的沙果相比，因为种植区以山区丘陵为主，果实肉质更加细嫩多汁，酸甜适口，不会出现味道超酸的果实。沙果营养价值比较高，除了含有丰富的蛋白质、脂肪和碳水化合物外，更有生津止渴，健胃消食的功效。

典范产品：塞外金庄园沙果干

包装材料为BOPP/珠光膜合成材料和纸箱，符合环保原则。BOPP/珠光膜合成材料柔软、透明性较好、无污染，可以回收后再利用。包装产品耐压性、防潮性好，存放时间长，可以长久保持果干的原有口感。内层小袋能更好地保证产品的卫生安全。整体设计朴实、简洁、大方、时尚、个性化、耐用。

260g 礼袋装：20cm×8cm×23cm
500g 礼袋装：25cm×8cm×30cm

通信地址：内蒙古自治区扎兰屯市岭北一队扎兰屯市蓝林食品有限责任公司
联系电话：13948806663   李静伟

奈曼旗年丰米业有限公司成立于2014年3月19日，坐落在通辽市奈曼旗苇莲苏乡东奈村。公司主要以水稻种植加工为主要业务范围，公司以"公司+农户"的经营方式，指导本村农户科学种植水稻，实行产、供、销一体化服务，联合发展、互利共赢，并辐射带动了周边村庄。

目前，公司每年水稻种植面积稳定在1 000亩左右，严格按照绿色食品种植操作规程进行操作，和每位水稻种植户签订了委托种植合同，公司安排专门技术人员负责技术指导和管理，严把产品质量关。公司秉承绿色种植的发展理念，精心打造自己的"东奈"品牌，把公司做大做强，立足当地市场，拓宽电商等网络销售渠道，提升品牌效益，把健康、优质食品和有地方特色的农畜产品提供给广大消费者。

典范产品：东奈系列大米

包装材料符合环保原则。真空包装，防虫、防潮，保证了产品品质。外观漂亮整洁，符合高档大米包装定位，可为产品提高附加值。版面设计能够吸引消费者的注意力，促进其购买行为。外包装上印有产品的相关信息，如产地、营养素含量等，使消费者买得放心、吃得舒心。

通信地址：内蒙古自治区通辽市奈曼旗苇莲苏乡东奈村

联系电话：15147597077　　郭泽文

鹏昊米业

营口鹏昊米业有限公司隶属于辽宁营口鹏昊实业集团，是营口鹏昊集团的支柱企业，是目前营口地区唯一的有机大米生产企业，公司的基地设在营口新生农场。公司拥有一个6万亩标准化水稻种植基地，一个年仓储能力达5万t的大型粮库，一个年加工能力达2万t左右的大米加工厂，是集水稻生态种植、有机生态科研、生产加工与市场营销为一体的现代化国有大型米业公司。

鹏昊米业连续多年通过有机食品认证和绿色食品认证、ISO 9001国际质量管理体系认证、ISO 22000食品安全管理体系认证，公司产品凭借自身过硬的品质及较高的食味值，多年来得到了广大消费者及同行的认可。

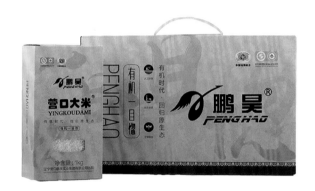

典范产品：鹏昊营口大米

包装方式为双瓦楞纸箱+BOPA/LDPE复合袋真空包装。

包装材料为纸箱和BOPA/LDPE复合袋，符合环保原则。内包装采用真空包装，易于储存，延缓大米营养成分流失，保证产品食味值，确保大米食用口感。外包装采用双瓦楞纸箱包装，安全环保，结实耐用，采用提手设计便于携带搬运。包装设计简洁大方，"鹏昊"及"营口大米"商标突出，品种名称以艺术字体形式在包装上呈现，生产及种植过程以手绘画方式体现，整体设计高端大气。

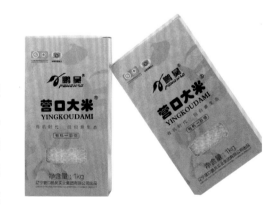

鹏昊营口大米：1kg/盒×6盒

通信地址：辽宁省营口市站前区新建街创业里
联系电话：15541795676　　　刘爽

台安县雲鹏牧业有限公司坐落于台安县富家镇富家村，始建于2006年。公司现有固定资产2 000万元，总占地面积50 000m²，其中建筑面积10 000m²，蛋鸡存栏10万余只，年产蛋达1 300t，实现营业收入1 500余万元。现有员工20人，经过公司的不断努力发展，公司成为一家集玉米烘干、饲料加工及蛋鸡养殖为一体的农牧型企业。

公司于2013年引进了全自动层叠式的蛋鸡养殖设备。并逐年对以前老旧鸡舍进行了改造，实现了自动喂料、自动清粪、自动给光、自动通风、自动饮水的全自动养殖模式。公司生产的鸿鹏营养蛋、黄粉虫鸡蛋和富硒鸡蛋以特有的香醇细腻口感、高营养、高微量元素深受广大消费者欢迎，远销全国各地。

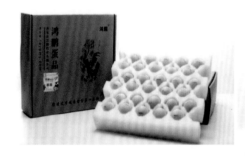  

典范产品：鸿鹏系列蛋品

产品整体包装简单、淳朴、自然，有亲和力、容易识别，让消费者能够迅速将其从众多产品中辨别出来。包装正面Logo代表着一家人和和美美、团团圆圆。外包装纸箱采用原色设计，更环保和贴近自然。

为减少运输中的损失，包装内部采用了对鸡蛋有一定保护作用的珍珠棉防震泡沫鸡蛋托。鸡蛋托采用齿轮孔设计，全方位固定鸡蛋，运输途中防震、透气，使鸡蛋新鲜且完好无损地到达顾客的手中。

鸿鹏系列蛋品：30 枚 / 盒

通信地址：辽宁省鞍山市台安县富家镇富家村

联系电话：18604229081　　　王静

分享甘薯

辽宁分享绿色生态农业有限公司成立于2014年，是集生态农业产业融合、带动区域经济发展、打造绿色安全产品于一身的新型农业科技产业化公司。

公司主营业务为商品甘薯的回收、深加工、销售，以及甘薯新品种、新技术引进、推广。公司主要产品为鲜食甘薯和薯干等深加工产品，目前在国内甘薯行业处于领先梯队。

公司产品采用全草浆牛卡纸制的瓦楞纸纸箱作为产品外包装，黏合剂为食用淀粉，内包装采用全草浆制牛皮纸。上述内外包装均达到国家环保要求，可回收再利用。品牌形象明显，输出产品特色，反映产品标准，增强消费者购买欲望。

典范产品一：薯你有脯地瓜干

薯你有脯地瓜干包装材料为纸箱（全草浆瓦楞纸制牛皮纸）和EPE，保障产品质量、延长保质期、减少擦伤和损害。外表采用卡通版年画小娃娃为主图，想表达出产品采用最传统的制作方式把地瓜干进行晾晒给小孩子作为零食，没有任何添加剂成分。

典范产品二：辽西文君甘薯

辽西文君甘薯包装材料为纸箱（全草浆瓦楞纸制牛皮纸）和EPE，可以保障产品质量、延长保质期、减少擦伤和损害，让客户吃到最新鲜的甘薯。包装主图以辽西文君品牌名字为主图，让客户更容易记住品牌名称，使品牌效益不断扩大提升。

薯你有脯地瓜干：250mm×170mm×220mm，2.5kg/箱
辽西文君甘薯：295mm×130mm×195mm，2.5kg/箱
辽西文君甘薯：318mm×148mm×213mm，4kg/箱

通信地址：辽宁省葫芦岛市南票区虹螺岘镇兴隆村
联系电话：13130951150　　李君

葫芦岛农函大玄宇食用菌野驯繁育有限公司位于兴城市西北山区华山街道，于2005年11月注册成立，注册资本1 500万元。公司总投资2.1亿元，拥有菌种驯化、菌包工厂化、生产种植、产品加工、冷链配送、电商平台、市场批发等产业链，建立了"公司+合作社+基地+农户（建档立卡户）"的产业模式，形成了科研、培训、生产、加工、销售产业体系，生产加工平菇、滑菇、秀珍菇、香菇、鲍鱼菇、灵芝、虫草等22个品种，食用菌中平菇通过绿色食品认证和13个有机食用菌认证，企业通过ISO 9001国际质量管理体系认证、ISO 14001国际环境管理体系认证、OHSAS 18001职业健康安全管理体系认证、ISO 22000食品安全管理体系认证，年产各种食用菌6 300t，带动市内外农户6 600户，被评为国家林业产业龙头企业、辽宁省农业产业化龙头企业、辽宁省林业产业龙头企业、辽宁省扶贫龙头企业、中国最美绿色食品企业。

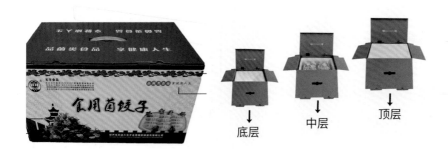

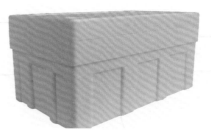

典范产品：玄宇食用菌系列产品

包装方式为纸箱+泡沫箱+食品盒，缓冲效果极好，可保障产品在运输过程中不被挤压损坏。

外包装采用双瓦楞纸箱（BE）材质，按GB/T 6543—2008标准生产，外表覆膜防水，缓冲性能好。

中包装采用EPS泡沫箱，成本优势大，供应资源足，容易获取。

内包装采用食品级食品盒，可完美保护产品，且避免晃动，防止损害。

食用菌鲜品：45cm×19.2cm×22cm，500g/盒 ×6盒
食用菌净菜：40.5cm×10.5cm×22cm，750g/袋 ×6袋
食用菌饺子：46cm×28.5cm×23cm，500g/袋 ×6袋

通信地址：辽宁省兴城市华山街道食用菌标准化示范区
联系电话：13130976560　　　　杨威

A 078

盖州市鑫泰塑业有限公司位于辽宁省营口市盖州市陈屯镇，注册资本1 000万元，是一家集设计、生产、销售为一体的专业果品塑料包装制品企业，根据果农产品需要，加工不同尺寸规格的塑料果品包装用品，替代传统一次性纸壳箱、包装箱，可多次重复利用，低碳环保，年生产能力500万套。

典范产品一：大果粒葡萄专用包装箱

环保耐用，可反复利用，便于恒温库贮存和长距离运输。

典范产品二：小果粒葡萄专用包装箱

环保耐用，可反复利用，便于恒温库贮存和长距离运输。

典范产品三：李子、桃、苹果专用包装箱

环保耐用，便于恒温库贮存和长距离运输。

大果粒葡萄专用包装箱：520mm×345mm×140mm
小果粒葡萄专用包装箱：520mm×345mm×138mm
李子、桃、苹果专用包装箱：520mm×345mm×180mm

通信地址：辽宁省营口市盖州市陈屯镇太平沟鑫泰塑业有限公司
联系电话：13149719995　　　姜文学

五四农场

东港市五四农场成立于1963年5月4日，地处中朝边境、鸭绿江和北黄海交汇处素有"鱼米之乡"的辽宁省东港市境内，独具沿江、沿海、沿边、临港的优势，呈带状分布于黄海北岸，是一家以水稻种植、水产养殖和工商业为主导产业的中型国有农垦企业，享有"祖国万里海疆北端第一场"之美誉，是国家农业农村部质量安全可追溯签约单位中国好粮油示范企业。

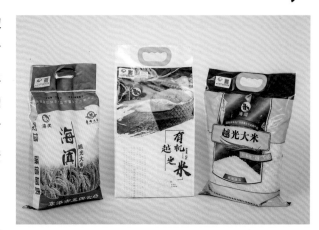

基地内光照充足，四季分明，土地肥沃、偏碱性，降水量充沛，有180天超长无霜期，鸭绿江和黄海"两和水"共同灌溉。这诸多因素成就了五四农场水稻种植基地得天独厚的自然优势，使这里的大米更优于其他地区，现已成为国家地理标志保护产品。

典范产品一：越光大米

手提袋蓝色部分象征着蓝天白云，黄色部分象征着成熟的稻田，两者相结合孕育出口感上乘的越光大米。产品包装上贴有农产品质量可追溯标识，可让消费者查看从种植、生产、加工到销售的整个链条，买得放心，吃得安心。

典范产品二：越光大米精品礼盒系列

此系列包含越光大米礼盒、有机越光大米礼盒、越光精品礼盒、生态桶。

礼盒上的越光大米稻田图案直观地呈现了越光稻田的面貌，体现了稻田与动物和谐共生的美好景象。其中有机产品还贴上了有机认证标识，消费者可以通过扫描二维码了解产品的加工工艺及具体介绍。

越光大米真空手提袋：2.5kg
有机越光大米真空手提袋：5kg
越光大米礼盒：5kg
有机越光大米礼盒：5kg
越光精品礼盒：5kg
生态桶：1kg

通信地址：辽宁省东港市黄海大街 318 号五四农场

联系电话：15114183021　　　　金子天

A080

耘垦鲜鸡

沈阳耘垦牧业有限公司创立于1984年，总部位于沈阳市苏家屯区，是东北三省最早的全产业链肉鸡加工企业。集团年收入70亿元，饲料年产量60万t、肉鸡年屠宰产能2.5亿只，旗下拥有35家分子公司，员工7 000余名，生产基地分布在东北三省，产品销往全国31个省区市，是国家级重点龙头企业，旗下肉鸡品牌耘垦鲜鸡获中国名牌农产品荣誉称号。

典范产品一：瓦楞纸箱

抗压防震、适合印刷、易于成型、重量较轻、成本低廉，可回收利用，利于环保。采用淀粉胶黏合，环保、安全。

典范产品二：包装袋

具有较高耐温性，既能适合食品的低温储藏，又能适合食品的高温杀毒需求，是优质、安全的食品包装首选；有良好的机械性能，耐撕裂、耐冲击；具有适当的阻隔性、阻湿性。

典范产品三：编织袋

具有很强的拉伸强度和抗冲击性，耐用；具有抗腐蚀性、防虫等化学性能；防滑性很好，使用寿命也较长；透气性好；可重复利用，降低成本，防止材料浪费。

瓦楞纸箱：适用各种计量冷鲜品、调理品包装规格
包袋装：适用各种计量冷鲜品、调理品包装规格
编织袋：适用大计量骨架、腿、胸、饲料等产品包装规格

通信地址：辽宁省沈阳市苏家屯区大沟街道百灵路4号
联系电话：15942004242　　　张俭

绿荷

铁岭市绿荷工贸连锁有限公司是辽宁省农业产业化龙头企业，成立于2002年，是一家集基地种植、收购、储存、加工销售、品牌运营为一体的全产业链大型综合粮食企业。公司拥有世界领先水平的粮食加工设备，如年加工量6万t的稻米生产线和日整理烘干300t稻谷的低温烘干线，均为世界品牌全自动设备。从源头上确保产品的质量和加工生产所需原粮的数量。公司秉承服务农业与民生的概念，坚持立足产区与对接销区的定位，依托开原生态区得天独厚的农业环境与盛产优质稻的资源优势，致力从田间到餐桌、从品种到品牌，以"做良心大米"为宗旨，为消费者提供放心大米。

产品采用真空包装方式，使大米保鲜、防霉、防虫；在包材的使用上，选用可降解包装袋、EPE、纸箱，环保健康。

典范产品：绿荷鲜金胚芽大米

包装方式为带孔纸箱+珍珠棉卡格+牛皮纸袋+PVDC。

包装材料为PVDC、哑光牛皮纸、EPE、纸箱，符合环保原则。珍珠棉卡格结构用料少，缓冲性能强，符合包装轻量化原则。包装操作简单，全套包材仅有4个部件，一拿即用，符合高效原则。外观漂亮整洁，符合中高档大米包装定位，可为大米提供较高附加值。

外包装纸盒采用B楞型单瓦楞材质。

内包装采用EPE材质，以减量化为原则，成品后与包装盒内尺寸一致。

绿荷鲜金胚芽大米：500g/盒×3盒

通信地址：辽宁省开原市庆云镇河东村
联系电话：13941003008　　　高洋

A082

桦甸市金牛牧业有限公司成立于2006年，是一家集肉牛标准化养殖、繁育、屠宰、排酸、分割、全程冷链配送、品牌化产品销售为一体的全产业链现代牧业龙头企业，是吉林省农业产业化重点龙头企业、"十三五"期间全国民族特需商品定点生产企业。总资产1亿元，2019实现产值1.4亿元。

总部园区占地面积2万㎡，坐落于吉林省桦甸经济开发区。公司养殖基地坐落于桦甸市暖木村，场区占地面积3.8万㎡，总建筑面积1.65万㎡。公司以"龙头企业+合作社+农户"的模式运营，统一标准防疫、统一区域养殖、统一标准饲养。

典范产品一：食品包装用尼龙多层共挤热收缩膜袋

可以节省原辅材料、重量轻、运输方便、密封性能好，符合环保绿色包装的要求。能包装任何形状的产品，便于现代化管理、节省人力、提高效率。

典范产品二：聚苯乙烯泡沫保温箱

质轻、抗压、保温、保鲜、防震、隔热，可以很好地保护产品。可根据需求定制不同密度的保温箱。

典范产品三：桦牛森林牛肉礼盒

礼盒采用三层E楞300g灰板面哑膜材质，礼盒外观色彩柔和，是职工福利、节日送礼、走亲访友的佳选。

通信地址：吉林省桦甸市经济开发区综合工业园区金鼎路 777 号

联系电话：18543263313　　　刘立莹

梦香湾

　　镇赉县庆江种植养殖农民合作社成立于2010年3月25日，秉持不追求产量，只追求品质的理念，致力于种植绿色、有机水稻，生产优质大米。合作社现有超300hm²水田，每年可生产2 600t以上的优质水稻，在各级政府的关心和帮助下，已经取得161hm²有机稻米土地认证，种植原生态、有机水稻。目前，有机稻米土地种植了70hm²蟹田稻，其余91hm²只种植有机稻米。

　　合作社出产的梦香湾大米已经通过国家有关部门的检测，被认证为绿色产品。"梦香湾"大米以其优良的品质，深受消费者欢迎，在农博会上广受好评，并被新华社、吉林电视台等新闻媒体报道。

典范产品一：梦香湾长粒香

　　外箱材质采用300g高强度白卡纸、140g白箱板、三层瓦楞，包装材料完全由植物纤维制成，可循环再生，节约环保，轻便易携，抗压性强。外部画面为彩色印刷覆膜，美观大方。内有真空小包装，取用方便，易于保存。

典范产品二：梦香湾五谷杂粮

　　外盒材质采用1 200g高密度、高强度灰板纸，书盒型结构（灰板纸是目前应用较为广泛的回收废纸之一，节约环保，抗压性强）。内有真空独立小包装，取用方便，易于保存。

梦香湾长粒香：300mm×120mm×204mm
梦香湾五谷杂粮：280mm×70mm×200mm

通信地址：吉林省白城市镇赉县莫莫格蒙古族乡元宝吐村套什吐屯

联系电话：13694368883　　　张瑞平

吉松岭

　　吉林省吉松岭食品有限公司成立于2012年11月，位于长岭县经济技术开发区，注册资本2 200万元。公司主要经营谷类、杂粮豆类及农副产品加工、包装、销售等。公司拥有国内先进的生产线、现代化的大型包装车间，年加工能力3万t以上。公司拥有种植流转基地36 000亩，已通过有机认证26 000多亩、绿色认证10 000亩。基地被评为松原市重点培育的绿色有机杂粮种植基地、国家级有机食品生产基地、CAQS-GAP试点生产经营主体。产品已通过国家ISO 9001标准质量管理体系认证、ISO 14001环境管理体系认证、国家有机食品认证、绿色食品认证和国家地理标志认证。

　　公司注册的"炭泉""吉松岭"两个商标中，"吉松岭"被评为吉林省著名商标；"炭泉"小米、"炭泉"黑豆被评为国家地理标志保护产品。"炭泉"标识取自吉松岭的种植基地的地理特性，"炭"代表基地的土壤中含有比较特殊矿土"草炭土"；"泉"代表基地周边区域内至今多处四季流淌着的泉水。因流淌的泉水经草炭土渗出呈褐色，当地百姓称之为"炭泉"，这就是"炭泉"品牌的由来。

典范产品：炭泉系列产品

　　内袋采用聚丙烯/尼龙/聚乙烯材质真空包装，可以长久保持产品的原有风味和口感。外箱采用300g白卡、130g高强、140g白箱板、三层E楞起脊绳提箱，外观精美、简洁大方，易提放、易运输。

炭泉小米：500g/盒×6盒
炭泉黑豆：410g/盒×6盒
炭泉玉米糁：470g/盒×6盒

通信地址：吉林省松原市长岭县广太经济开发区
联系电话：13843873336　　　徐兴库

松原粮食集团有限公司是由松原市人民政府和格力电器股份有限公司共同投资组建的一家国有股份制粮食企业，位于素有"粮仓、肉库、鱼乡"之美誉的松原市，成立于2012年7月，注册资本1.5亿元，下属全资子公司4家、控股子公司12家，直属粮库5个、专业合作社26个、加盟企业32户。现有职工160余人，各类专业技术人员200余人。松粮集团自组建之日起坚持以绿色发展为主题，以"查干湖"品牌为旗帜和统领，认真履行"泽润耕者，康健食者"的神圣使命，全面科学实施"品牌+"发展战略，立足优质农产品资源，注重从源头做起，注重从根本抓起，注重标准化生产、科学化经营，全面打造"查干湖"品牌，已经打造出"查干湖"大米、杂粮杂豆等10大系列、100个单品。

经过不懈的发展，松粮集团经国家八部门联合审定为农业产业化国家重点龙头企业。旗下的查干湖系列产品被国家粮食局审定入选"中国好粮油"首批产品名录。查干湖大米品牌价值达12.74亿元。

典范产品一：查干湖奶砖大米

包装简洁精致。采用环保农场、湛蓝的天空和白色的奶泉为设计元素。包装的设计理念是：天天吃鲜米，一顿一块。

典范产品二：查干湖大米福满天下礼盒

包装主色调为红色和金色，红色代表着吉祥、喜气，金色象征高贵、华丽、辉煌，福娃图案代表福气。此款产品是过年过节时的最佳选择。

典范产品三：查干湖大米花开富贵礼盒

主色调为金色，搭配牡丹花、锦鲤设计而成。金色象征高贵；牡丹花是百花之王，寓意着雍容端庄、富贵吉祥、繁荣昌盛；锦鲤一直被视为财富象征，是大吉的象征。包装的整体设计风格端庄大气、富贵典雅。

查干湖奶砖大米：500g/块×6块
查干湖大米福满天下：2.5kg/桶×2桶
查干湖大米花开富贵：1kg/块×5块

通信地址：吉林省松原市松原大路3999号

联系电话：18444108666　　　　佟华铮

A086

吉林市东福米业有限责任公司成立于2003年，注册资本2亿元，是一家集科技研发、水稻种植、农机服务、稻米加工、仓储销售、杂粮生产、土特产加工、玉米烘干、畜禽养殖、生物肥研制、秸秆燃料加工于一体的大型农产品生产企业。公司占地面积20万m²，现有资产6.9亿元，其中绿色水稻种植基地2 000hm²，有机水稻种植基地300hm²，全年加工能力达20万t。2011年，公司被农业部评为农业产业化国家重点龙头企业，2013年公司自有品牌"大荒地"被国家工商总局认定为中国驰名商标。

"大荒地"标识取自吉林市东福米业的大荒地村种植基地的地理特性。大荒地村位于长白山脉向松辽平原过渡地带，是世界三大黄金水稻种植带之一，具有独特的天文、地理生态环境，空气清新、水源纯净、日照充分，这里历经千年积淀形成的草甸土，土质肥沃、有机质含量高，为绿色、有机水稻生产提供了得天独厚的生长条件。

典范产品一：国色天香

内袋采用尼龙材质真空包装，易存放且存放时间长，可以长久保持米香及原有口感。外箱采用350g银卡面纸，外观精美、简洁大方。

典范产品二：阿福送米

内袋采用尼龙材质真空包装，易存放且存放时间长，可以长久保持米香及原有口感。外箱采用350g银卡面纸，外观精美、简洁大方，方便运输。

国色天香：2.5kg/盒×2盒

阿福送米：2.5kg/盒×2盒

通信地址：吉林省吉林市昌邑区孤店子镇大荒地村

联系电话：16504422227　　　魏春华

惠芳

四平辽河农垦管理区鑫旺家庭农场注册于2014年3月，农场现种植流转土地200亩，其中120亩种植绿色水稻。农场于2018年被吉林省评为省级示范企业（家庭农场），2016—2018年连续三年被四平市委市政府评为"十佳"企业，2020年被评为省级家庭农场典型。

农场惠芳牌系列大米全部选取本地优质原料，经精选加工而成，品质独特、营养丰富。惠芳系列产品于2016年经中国绿色食品发展中心审定认证，获得了绿色食品证书；2017—2020年，连续4年获绿色食品博览会绿色食品金奖；2020年，被农业部鉴定认证"名、特、优、新"产品，获中国米食味品鉴大会中国赛区金奖，被农业农村部农产品质量安全中心包装标识典范收录。

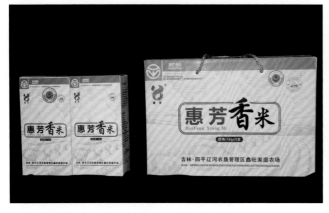

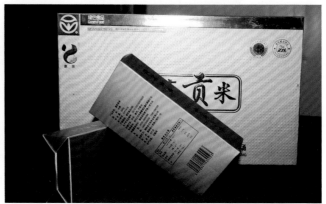

典范产品：惠芳系列大米

包装材料为纸箱和EP，符合环保原则。真空包装，防虫防潮，保证了产品品质。外观漂亮整洁，符合中高档大米包装定位，可为产品提供较高附加值。

惠芳贡米：5kg/箱
惠芳珍珠米：5kg/箱
惠芳香米：5kg/箱

通信地址：吉林省四平市梨树县孤家子镇小宽社区 12 组
联系电话：15886092597 　　　于义会

社稷尚品

长春国信现代农业科技发展股份有限公司成立于2010年，为长春国信投资集团子公司。成立至今，公司拥有长春市双阳区奢岭、通化市柳河县姜家店两大生产基地和有机农业研发基地，整体占地面积超1 000hm²，投入资金3亿余元，主要生产有机果蔬、有机大米等。国信农业是集教学、科研、科技开发及相关产业于一体的现代农业科技示范公司，致力于有机果蔬和有机水稻种植、有机食材精深加工、种苗的繁育、有机肥料的生产、有机植保用品的研发，以及病虫害天敌与授粉昆虫繁育，并承接现代化温室的建设及其配套设施的设计与生产。公司始终坚持"利他"的企业核心价值观，秉持"创建健康产业，创造幸福生活"的企业使命，以多产业的融合优势，致力于为人们的幸福生活不懈创造。这也是公司主打品牌"社稷尚品"理念的由来。

社稷尚品有机大米

社稷尚品有机大米生物降解地膜除草、火山灰土壤种植、矿泉水灌溉，米粒细长、米饭晶莹、米味香浓，蒸煮时散发淡淡的清香，煮熟后筋糯宜口、醇厚甘甜、香味馥郁、口感劲道。

社稷尚品有机大米产品包装，不仅符合相应的食品安全国家标准和包装材料卫生标准的规定，还符合环保相关要求，选用可重复使用、可重复利用的环保包装材料。

抽真空的包装形式来可保证大米的品质，存放时间长，可以长久保持农产品的原有口感。

社稷尚品有机大米：800g/袋；2.5kg/袋；4.8kg/袋；5kg/袋

通信地址：吉林省长春市双阳区奢岭镇长青公路 21km 处

联系电话：15243101004　　　李音

A089

吉林省西江米业有限公司位于吉林省通化县，成立于2014年，注册资本3 000万元，企业资产1亿元。企业前身是具有50年历史的国有企业，主要经营具有百年历史文化的清廷御贡——西江贡米。

企业始终将消费者食品安全放在首位，确立以"绿色，有机，生态，健康"作为企业的品牌定位，依托吉林农业大学、吉林省农业科学院等科研力量，通过土地流转及"龙头企业+合作社+联合体"模式，已发展有机水稻和绿色水稻两大种植基地3.3万余亩（绿色3.2万亩，有机1 100亩）。拥有占地面积15 000m²的西江贡米生产加工基地，储粮库仓容量1万t。基地引进国际一流的稻米生产加工设备，全封闭加工流程，确保西江贡米的精品品质。年加工能力达到5万t。

典范产品一：御贡珍藏

木质食盒可做收纳箱，皇家米罐为精心设计的家常储米罐，有防潮功能。

典范产品二：皇家御贡

盒身缎面，烫紫红金，代表高端品质。板材是工业板纸，可循环利用。

典范产品二：长相守

包装是白卡纸和金卡纸，由高比例的再生纸制成，可以再循环利用。

御贡珍藏：360mm×328mm×68mm
皇家御贡：332mm×76mm×262mm
长相守：27.5mm×27.5mm×36mm

通信地址：吉林省通化县快大茂镇长征路 320 号稻花香宾馆
联系电话：13943519187　　　吴丽梅

腾飞

黑龙江腾飞现代农业科技开发有限公司是一家现代农业的新型现代化农业公司，在哈尔滨市政府、哈尔滨市农委和双城区政府、双城区农委的亲切关怀、大力扶持下，紧紧围绕发展农业、富裕农民、繁荣农村的目标，克服诸多困难，加大资金投入，加强基础建设，加快市场推广，取得了显著成效。2013年，腾飞瓜菜高效示范园区被国家农业农村部批准为国家级绿色食品蔬菜标准化生产基地。

腾飞包装标识产品在产地已正式投入运营使用，经验证，破损涨袋率低，符合安全和环保的基本要求。

典范产品：真空玉米棒

包装材料采用PA+PA+RCPP三层复合袋。包装操作简单，边缘开口设计便于使用。外观实用大方，部分透明包装设计可直视内部，让消费者更直观地了解包装内产品。具有超高的氧气阻隔性，保持产品的口感、色泽。耐高温蒸煮，可直接微波加热。

通信地址：黑龙江省哈尔滨市南岗区黄河路88号哈工大建筑科技大厦B座8层

联系电话：15663400555　　冯佑铭

A091

　　大兴安岭百盛蓝莓科技开发有限公司成立于2007年，坐落于大兴安岭地区加格达奇区，是以大兴安岭林区纯天然无污染的野生蓝莓及红豆为原料，运用现代食品加工高新技术，进行林下资源绿色有机食品精深加工的民营科技型企业。公司注册资本1 333万元，员工50人，科技人员7人，占地面积近30 000m²，建筑面积12 000m²，总资产5 992万元，固定资产2 371万元。近年来公司获得多项荣誉："蓝百蓓"野生蓝莓果汁饮料被黑龙江省名牌产品战略推进委员会评为名牌产品；

"蓝百蓓"商标被黑龙江省工商局评为黑龙江省著名商标；有机原料野生蓝莓果及有机产品蓝莓果汁获得了产品及原料有机食品认证；公司银行信用等级为A+级；2015年获得省级林业龙头企业的称号。

典范产品：蓝百蓓系列产品

　　蓝，首先会让人联想到蓝莓或花青素，但蓝莓的价值不仅在于保护视力，其中蕴含的多种营养成分，能够充分调节身体各方面机能。随着品牌的不断创新发展，蓝的定义可以很宽泛，既能表现出宽广、智慧，也能体现胸襟与博大，或是一片蓝天、一方净土。

　　蓓，形容的是含苞待放的花朵，充分呈现了一种新鲜纯净的原始状态。

　　百蓓指品牌产品的新鲜美味、果香浓郁，带动消费者完成从视觉到味觉的联想。

有机野生蓝莓饮料：355mL/瓶
果粒蓝莓饮料：300mL/瓶
屋顶盒蓝莓饮料：450mL/盒
自然臻纯果干：240g/袋
北橘部落果干：500g/袋

通信地址：黑龙江省大兴安岭地区加格达奇工业园区百盛蓝莓公司

联系电话：15245777747　　　孙浩然

永富

大兴安岭富林山野珍品科技开发有限责任公司是以大兴安岭林区天然食用菌、野生蓝莓等浆果为主要原料，运用高新技术进行精深加工的民营科技型企业，是国家林业重点龙头企业、黑龙江十大农业企业品牌、黑龙江省高新技术企业。

公司资产总额8 576万元，在塔河县等地建有食用菌基地、冷冻基地和蓝莓基地，且选址都在无污染源地区，具备先天的生态环境优势。公司生产蓝莓、食用菌系列产品200余款，已通过ISO 9001质量管理体系认证和ISO 22000食品安全管理体系认证，其中35款产品获得中国有机产品认证。永富食品已成为航空、高铁配餐食品，并和屈臣氏、北大荒、秋林等品牌实现战略合作，在多地建立营销网点。

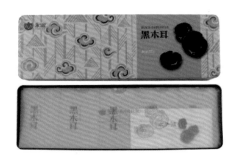
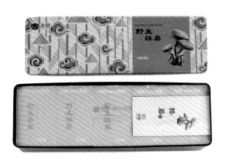

典范产品：永富系列产品

品牌坚守20年以"崇尚自然，信仰本真"为核心价值观。手托宝山的商标形象，诠释了品牌"永真、永续、永护、永乐、永富"的核心概念。包装设计以森林、祥云等自然元素搭配产品实物，体现永富产品源于自然和纯粹的品质，同时也体现了"永富向自然致敬"的核心广告语。

产品采用镀锡铁盒包装，密封性、保藏性、坚固性良好。

有机木耳：200g/盒；250g/盒
野生榛蘑：200g/盒；250g/盒
野生蓝莓果干：250g/袋

通信地址：黑龙江省大兴安岭地区加格达奇区光明街 88 号
联系电话：15645701119　　　耿松宇

德盛粮食

黑龙江德盛粮食深加工有限公司成立于2014年，是一家集绿色种植基地、粮食烘干、仓储、农产品加工包装、物流、销售为一体的重点招商引资企业。德盛公司资产超过6 000万元，占地面积46 160万m^2，建筑面积22 200m^2厂房及配套设施，仓储能力近10万t，年深加工粮食能力10万t、年物流周转能力20万t。公司产品已销往各大中城市，深受消费者的好评。通过日益完善的产业链条，德盛公司形成了自有品牌：DSC、桦美农庄、玉膳粮品、199素食全餐粉。

蒲公英根茶以蒲公英根为原料，经过加工而成，含有多种健康营养成分，有利尿、缓泻、退黄疸、利胆等功效。

蒲公英玉米须茶以蒲公英叶和玉米须为原料加工而成，可以帮助身体排出多余的水分。

典范产品：蒲公英玉米须茶

产品外包装采用铁质材料，使内部产品不受外力挤压，保证产品形态安全，可回收再次利用。内包装采用铝箔袋，表层光滑、无皱褶，封边宽度合适，能保证盛装的产品封装严密，并且防潮。

蒲公英玉米须茶：930mm×440mm×320mm，2g/袋×40袋

通信地址：黑龙江省佳木斯市桦南县工业园区

联系电话：15636465551　　　杜莫非

哈尔滨悦景广告设计有限公司成立于2005年，是荣获过众多国际、国内设计荣誉的品牌设计与战略顾问、活动策略及整合包装的创意机构。公司在品牌战略诊断与策划、标志设计、CIS设计、产品包装设计、商业影像、美陈导视等多个专业领域具备一定地位与能力，可以向从小型到大型发展的各类企事业单位提供纵深、多元的解决方案，帮助本土企业完成由生产制造到品牌溢价的蜕变过程。

典范产品一：呼伦河"鸭稻"系列

"呼伦河"作为黑龙江鸿基生态农业有限公司旗下主打产品，力求打造高端品牌。"鸭稻"系列大米产品，以独具特色的种植方式，延续精致、自然、高端的品牌形象，创意设计出"咿呀咦"鸭米系列产品。以可爱、亲切、俏皮的设计方式，展现品牌特色形象。

典范产品二：养滋堂即冲活性林蛙油

养滋堂即冲活性林蛙油，是四宝生物重点推出的高档名贵滋补珍品。包装形象设计以象征山林力量、营养等符号元素，拼接成具有活性、动感、强硕的林蛙形象。材质以金卡裱糊为主，金色与紫色的搭配，与消费者建立情感沟通，彰显出尊贵、优雅的气质。

典范产品三：仁鼎鑫沙棘燕麦产品

仁鼎鑫沙棘燕麦产品包装，结合沙棘自然、营养、健康、品质的产品诉求，设计上以沙棘、燕麦为元素符号进行创意设计，结合特殊工艺，体现产品天然、健康、品质的特点。

通信地址：黑龙江省哈尔滨市南岗区软件园小区富水路 128 号 301
联系电话：17713314666　　　　葛伟

冷泥

宝清县和平谷物种植农民专业合作社成立于2015年，入社社员60人，带动农户240户；2016年入社社员增至506人，带动农户增至1 023户。流转土地10 590亩，其中水田10 000亩，旱田590亩；2016年合作社种植富硒水稻田达5 000亩，杂粮590亩。

和平谷物种植农民专业合作社是"企业+农户"的有机结合，在宝清县农业局的帮助下，开发建设宝清县万亩富硒农产品项目。以"合作社+公司+基地+农户"的产业化模式，提升农业生产资料购买和农产品销售、加工、运输，以及与农业生产经营有关的技术、信息等服务，走"合作社参与组建龙头企业，企业连基地，基地带农户"的新路子。

主营产品包括冷泥富硒大米、冷泥五谷杂粮、冷泥有机小米、冷泥亿品红原浆大米酒、冷泥登糕、冷泥醋酿青仁乌。曾获得首届农担杯黑龙江省优质农产品营销大赛，"冷泥"注册商标被认定为双鸭上市知名商标。建立了大米检测中心，对绿色水稻生产进行全程监控。保证按照绿色食品生产体系生产。开展农产品质量追溯体系试点，实行电子信息化管理。"冷泥"五谷杂粮现有品种包括黑豆、红豆、黄豆、绿豆、芸豆系列（奶花芸豆、红芸豆、紫花芸豆、白芸豆）、青仁乌、小米、玉米渣。

典范产品一：冷泥富硒大米礼盒

包装主色调为蓝色——蓝色是一种纯洁的颜色，给人冷静的视觉感受，从而突出品牌"冷泥"的含义。采用米粒为图案，进一步让消费者对产品有直观感受。包装材料为原浆食品级板纸哑光、300g白卡材质，可循环利用。采用烫金及起皱工艺，匹配产品的高端品质。

典范产品二：冷泥五谷杂粮礼盒

包装主色调为土黄色，与品名及图案部分形成视觉反差。包装材料为原浆食品级板纸哑光、300g白卡材质，可循环利用。

冷泥富硒大米礼盒：5kg
冷泥五谷杂粮礼盒：5kg

通信地址：黑龙江省双鸭山市宝清县新农大市场电商办三楼冷泥

联系电话：13904886569　　刘明军

虎林市军鹏米业集团有限公司，坐落于虎林市东方红镇，公司注册资本3 000万元。公司以"质量第一、信誉第一、用户第一"为宗旨，推进科技创新，发挥技术优势，提高产品档次，为广大用户提供更精良的产品。

军鹏米业集团公司创立的"军鹏""达粮"牌大米产自黑龙江省虎林市东方红镇，这里土地肥沃、空气清新、水质清洁、生态环境优雅，对绿色食品的种植有得天独厚的优势和自然资源环境，是国家重要的商品粮食基地。产品分为10kg、25kg的包装，远销于北京、上海、昆明、西安、重庆等大城市。"军鹏""达粮""北河湾"大米米粒整洁、饱满，色泽光亮，一经蒸煮，满堂飘香、晶莹如玉、粒粒分明，食之清香扑鼻、口感极佳，且富含人体不可缺少的多种微量元素、矿物质、维生素，入口醇厚微甜，回味浓香悠长，剩饭不回生，是馈赠亲友之佳品。其中"北河湾"是稻花香系列大米的品种之一，深受消费者喜爱，更是公司推广的优质水稻品种，大米成饭后，柔糯清香，口感较好。

典范产品：军鹏大米

采用真空袋包装，具有优异的耐刺破性能，抽真空效果理想，性价比高；干净清洁、无害无毒、环保安全。通过SGS认证，符合RoHS要求；透明美观，包装内物品动态可视，易于识别；印刷性好，有助于提高产品的形象和档次。

通信地址：黑龙江省鸡西市虎林市东方红镇物资科院内

联系电话：15326632888　　　孔凡军

黑龙江孙斌鸿源农业开发集团有限责任公司成立于1999年9月15日，注册资本6 600万元，总占地面积7.8万m²，建筑面积4.5万m²，资产总额18 427万元，年实现产值1.6亿元。

目前集团拥有3万亩良种繁育基地，30万亩A级绿色食品水稻标准化生产基地和0.45万亩有机食品水稻标准化生产基地；年设计加工能力为绿色食品水稻15万t，是一家集水稻科研、生产、收储、加工、销售、金融和服务于一体的国家级产业化扶贫龙头企业、国家级高新技术企业和省级农业产业化重点龙头企业。

典范产品一：米珍益糖代餐粉350克

包装采用小礼盒式，包装整体简洁大方，小巧携带方便。

图形内容以米珍益代餐粉的主要原料为设计元素，整体为一个沙漏图形。沙漏也叫作沙钟，是一种测量时间的装置，此设计有两个含义：一是在时间的变化过程中，为消费者调理出好身体；二是象征身体的优美曲线。

典范产品二：劲稻富硒软香米

采用真空袋包装，印刷性好、外观美观高档，材质选用环保安全。

包装设计简约明了，一个"硒"字直观地表达了本产品的特点，符合现代人对简约风的审美倾向。

典范产品三：孙斌有机大米

采用真空袋包装，印刷性好、外观美观高档，材质选用环保安全。

包装设计采用插画形式讲述关于大米的故事，通过一碗米饭表达了伟大的父爱——"家里的米爸爸种，田间的风爸爸遮，外面的雨爸爸挡，默默的爱爸爸给"。这是一个有故事、有情怀的包装。

通信地址：黑龙江省佳木斯市桦南县铁西街站前路 28 号

联系电话：13351761688　　　　任美凤

豆其缘

萝北县北方食品有限公司成立于2017年，主要经营杂粮杂豆种植、加工、贸易。公司把农田作为第一生产车间，严格按照有机农产品生产流程选种、耕作、田间管理、气候监测、病虫害防治、收割脱粒、加工包装储运。生产全过程做到可追溯。

公司有机种植基地1 110hm²。产品通过了欧盟有机食品、美国有机食品、日本有机食品和中国有机食品认证，远销国内外市场，赢得国内外用户美誉。公司拥有国内先进的杂粮真空包装生产线，和世界一流的豆类加工设备，包括比重机、抛光机、色选机、金属检测仪。公司先进的加工设备、严格产品加工程序、稳定的有机农产品种植基地，能够为客户提供安全、安心、安定的世界一流有机农产品。

公司先后被萝北县政府、鹤岗市政府评定为县、市级农业产业化龙头企业。在2017年包头举办的第十八届中国绿色食品博览会和2019年郑州举办的第二十届中国绿色食品博览会上，"豆其缘"产品获得了金奖。

典范产品一：欧盟有机黑大豆

100%有机，全部符合欧盟有机的产品标识和包装标准。净重为30kg，以安全环保可降解的4层牛皮纸袋做包装。

典范产品二：有机杂粮礼盒

100%有机，此产品通过中国、日本、欧盟、美国4个有机认证。全部符合有机的产品标识和包装的标准。净重为4.5kg，以安全环保可降解的三层瓦楞纸箱做包装。

典范产品三：欧盟有机绿豆

100%有机，全部符合欧盟有机的产品标识和包装的标准。净重为30kg，以安全环保可降解的4层牛皮纸袋做包装。

通信地址：黑龙江鹤岗市萝北县凤翔镇十委
联系电话：13904684160　　　耿庆文

神农奉

桦南圣杰农业发展有限公司成立于2016年，坐落于佳木斯市桦南县梨树乡大胜村，是一家集生产、收储、加工于一体的现代农业产业化龙头企业。采取"鸭稻共作、鱼稻共生"种植模式，并建成桦南圣杰农业"互联网+农业"绿色有机水稻高标准示范基地。通过"龙头企业+合作社+家庭农场和种植户"的组织模式，推行入股、托管、流转等多种合作方式，采取"风险共担、利益共享"的经营模式，发展有机"鸭稻"种植，创建"神农奉"品牌，进入国家、省级农产品质量安全可追溯平台。

圣杰农业入选土地经营权入股发展农业产业化经营试点单位，被评为省级圣杰现代农业科技园、省级农业产业化龙头企业、省级扶贫龙头企业、创建国家级桦南县农村一二三产业融合发展先导区实施主体、黑龙江省首批省级农业新型职业农民培育田间学校基地等。

典范产品：鸭稻鲜米

外包装设计采取水彩画的形式，整体色彩鲜艳、简单大方。画面选取桦南县知名地标式景点七星峰、向阳湖，七星峰下、向阳湖畔，麻鸭活跃在一片金色的稻田中。画面既包含桦南县美丽的绿水青山，也表明坐落在桦南县的圣杰农业依托优质的黑土资源与良好的生态环境。

典范产品：鱼稻鲜米

外包装设计采取水彩画形式。画面主要构图为中国传统寓意当中福气的形象代表——锦鲤，一红一黑，灵动活泼，周围还围绕小鱼数条。表明此款大米为"鱼稻共生"的种植模式，也饱含对购买群体浓浓的祝福。

鸭稻鲜米：11cm×22cm×33cm，5kg/袋

通信地址：黑龙江省佳木斯市桦南县梨树乡大胜村
联系电话：17000541111　　　邹孝楠

海麟玉品

　　海林市光明食用菌专业合作社，在政府和模范村的大力支持下于2009年成立。当年入社、社员46人，社员全部为农民，采取由农户出资入股的形式，为股份所有制。合作社注册了"海麟玉品"商标，同时也认证了绿色食品标识。合作社还针对农户进行培育、种植、收购、销售食用菌开展技术培训、技术交流和咨询服务；引进食用菌新技术、新品种。合作社栽培菌类以猴头菇为主，主营业务产品有猴头菇鲜品、干品、猴头菇粉、木耳粉等10余种，通过线上线下多渠道销售。

典范产品：海麟玉品猴头菇与木耳系列产品

　　产品塑封后装盒，便于运输和销售后保存。产品使用的包装物为可降解纸盒，经过一定处理可以重新利用，也可以转化为新的物资或能源。

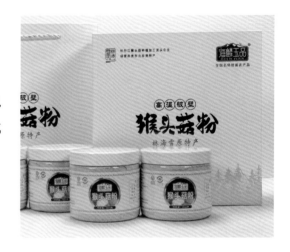

猴头菇干品：10cm×19cm×23cm

通信地址：黑龙江省海林市海林镇模范村土碴子屯
联系电话：13115530773　　温洪娟

森宝源

　　海林市森宝源天然食品有限公司于2008年注册，位于海林市国家级经济技术开发区，现有职工人数75人。产品有食用菌、坚果、杂粮三大系列100多个品种，公司注册"森宝源""天天然""金钱耳"3个品牌。公司是黑龙江省著名龙头企业，产品通过有机食品和绿色食品认证，被评为省级著名商标、省放心食品，多次荣获绿色食品品牌畅销金奖。

　　公司采用"基地+龙头+企业"模式，通过产品的可追溯系统，将产品的整个生产过程全新地展现给所有的消费者，公司分别在森宝源天猫旗舰店、淘宝商城、京东旗舰店、金钱耳旗舰店等多个大型网络平台在线销售，在国内一线城市北京、上海、青岛、广州建立品牌旗舰店铺及销售点。

典范产品：森宝源系列产品

　　采用盒装便于产品储藏、运输、销售，满足保障安全的要求，便于拆卸和搬运。在外盒显眼处按照规定标明产品的品名、产地、生产者、生产日期、保质期、产品质量等级等内容。

　　包装采用可降解纸盒制作，经过一定处理可重新利用，也可以将废弃物转化为新的物质或能源。包装无异味，未涂蜡、上油，纸盒上标签上的标记为彩印覆膜，对人体及生态环境不构成危害。

　　红色是中国的传统颜色，红色更显眼，更受消费者喜爱，人们过年送礼选择红色包装盒，寓意为大家带来好运、幸福；产品外包装用红色来表现民族风貌，代表着热情、勤奋、能量和爱情等诸多意义。

森宝源系列产品：25cm×17.5cm×2cm，250g/ 盒

通信地址：黑龙江省海林市经济技术开发区东旭路 7 号

联系电话：13946371616　　　刘桂英

森洁

海林市森洁天然食品有限公司成立于2013年5月，注册资本2 000万元，是黑龙江省农产品龙头企业、全国绿色食品原材料标准化生产基地。企业经营项目为食用菌干品生产加工与销售、货物进出口。固定资产累计投资2 400万元，生产经营面积1.8万㎡，拥有165个食用菌种植大棚，面积18万㎡。

公司产品销往全国各地，拥有12个绿色食品认证产品，包括秋木耳、干木耳、木耳压缩块、猴头压缩块、开口松子、榛蘑、圆蘑等，注册商标"森洁"。

典范产品：森洁牌系列产品

产品内外包装均选用可回收、易降解材质，方便环保，健康安全。外包装盒选用能够体现产品产地"林海雪乡"特点的绿色和白色为底色，搭配具有当地特色的图片，直观体现产品的产地特点及产品特性。严格按照国家要求标注产品名称、产地、生产者、生产日期、保质期、产品质量等级，以及产品营养成分等相关内容，清晰直观地描述产品的各个方面，让消费者放心食用。

秋木耳：250mm×175mm×350mm，3 000 个
榛蘑：80mm×255mm，1 500 个
猴头菇：80mm×255mm，1 500 个

通信地址：黑龙江省海林市木耳交易大市场
联系电话：13836351607　　郭凤

申珑缘

黑龙江三源生物科技有限责任公司，成立于2017年，注册资本4 000万元，坐落在鸡西市鸡冠区南环路东侧。主营业务为食用菌种植及生物技术推广，是一家集科技研发、技术导向、菌需供应、基地建设、生产加工、终端销售于一体的农业产业民营科技股份公司。

公司目前已建成年产2 000万袋木耳菌包智能化控制、培育自动化机械作业工厂，项目总投资6 800万元，占地5万m²，建筑面积30 000m²，解决就业岗位300个，带动农户1 500户，为合作社及基地农民人均增收3 000元以上。公司被评为农业产业化市级重点龙头企业，取得生产许可证、绿色食品认证，以及"申珑缘""申龙田园"两个商标。

公司与业界专家合作，到目前为止共开发出无筋、微筋、半筋、大筋4种耳型的春秋季黑木耳产品，品种涵盖普通黑木耳、桑枝黑木耳、刺五加黑木耳、富硒黑木耳等品种。

典范产品：申珑缘系列产品

包装设计从品牌理念、产品特性出发，充分考虑消费者的心理反应，希望通过包装直接激发消费者的购买意愿。侧重全系列产品包装的辨认架构规划，使包装完成体系化，提升产品的终端表现。

产品规格：250g/袋

通信地址：黑龙江省鸡西市鸡冠区西郊乡团结村
联系电话：13314677979　　张春华

黑龙江兴和牧业有限公司坐落于国家农业科技园区核心区——黑龙江省肇州经济开发区。公司先后建成存栏数150万只和200万只蛋鸡养殖基地两处，使用日本和德国生产的自动化设备，喂料、饮水、除粪、环控、集蛋等实现全自动化控制。本着"防重于治"的指导思想，在饲养过程中，制定了合理的免疫程序并严格实施，确保蛋鸡生产抗生素类药物零投入，充分保证了鲜鸡蛋的品质和质量安全。公司建立了质量可追溯体系，产品获得中国绿色食品发展中心绿色食品认证。公司的国家蛋鸡体系大庆试验站，被评为国家级畜禽养殖标准化示范场。

典范产品：兴和蛋品

包装内部采用纸质蛋托盛装，外部采用纸盒包装，便于储存、运输和销售，方便消费者开启取用。所选用的材质可降解、可回收利用，对环境不构成危害，突出了绿色食品质量安全、环保的特点。

包装图案的设计采用牡丹花和鲤鱼为背景，意为花开富贵、年年有余，作为礼品赠送可传达美好的祝福。

兴和蛋品：60 枚 / 盒

通信地址：黑龙江省肇州经济开发区发展路 10 号
联系电话：13304616969　　沈鸿久

神顶峰

黑龙江神顶峰黑蜂产品有限公司成立于2005年，占地22 300m²，厂房建筑面积7 000m²，其中净化车间2 000多m²。公司主体推崇全封盖成熟蜜生产，购进了法国成熟蜜生产设备，实现了国外成熟蜜从工厂到蜂场的转化，与国际蜂蜜标准接轨。公司被评为企业信用评价AAA级信用企业、黑龙江省龙头企业，取得了欧盟有机认证、国际森林食品认证、虎林椴树蜜地标认证、绿色食品认证，公司为中国养蜂协会和中国蜂产品协会常

委理事单位。产品多次在国内外荣获多项殊荣，连续5次获农交会金奖，公司旗下合作社先后4次获得全国示范社称号，特别是在第41届、第44届国际养蜂大会上获得金奖、银奖、铜奖，被中国养蜂学会特别授予蜜蜂精神奖。2019年，中国养蜂学会表彰为蜂业产业发展做出突出贡献企业，颁发黑龙江神顶峰黑蜂产品有限公司突出贡献奖和全国蜂业国际影响力金奖。

百年雪蜜为公司高端产品，自然结晶细腻，洁白如雪，花香浓郁，甘甜适口。

典范产品：百年雪蜜

在包装上根据蜂产品结晶特性，选用优质生态环保材料，确保产品不损坏、不变质、不变形。包装材料均符合食品环保标准，同时合理设计，便于运输。外观设计追求在符合营销策略的前提下，展示产品独有的品质特性。

百年雪蜜礼盒：380g/瓶×3瓶

通信地址：黑龙江省虎林市东方镇站前路东4号门市

联系电话：18646078085　　战立新

大庆市连环湖渔业有限公司位于黑龙江省西部，在杜尔伯特蒙古族自治县境内，由18个湖泊相连，纵横百里，总面积83万亩，所在地区是黑龙江省最大的内陆淡水湖之一。主营项目为淡水鱼养殖、淡水鱼捕捞、水产品销售、水产品加工、渔业技术服务、休闲渔业、进出口贸易等。公司可年生产商品鱼5 000t，年销售额7 000余万元，公司产品远销全国各地，也出口海外。注册了65种"连环湖"系列品牌商标，2006年公司生产的6个鱼类水产品通过有机食品认证。2007年，被黑龙江省外专局评为黑龙江省引进国外智力成果示范推广基地。2010年，"连环湖牌"注册商标被评为黑龙江省水产养殖产品著名商标。2010年连环湖鳊鱼通过农业部地理标志认证，同年被农业部授予农业部水产健康养殖示范场称号。2016年，连环湖鳜鱼通过农业部地理标志认证。2017年，连环湖麻鲢鱼通过农业部地理标志认证。作为黑龙江省农产品地理标志十大区域品牌之一，农业部授予公司2017最具影响力水产品企业称号。

生态连环湖

连环湖大银鱼是我国名贵鱼类，该鱼通体透明、无鳞无硬骨、整体可食、具有清香味；肉质细嫩，营养丰富，高蛋白、低脂肪，富含多种微量元素营养成分。连环湖麻鲢鱼富含蛋白质，营养丰富，钙、磷含量比较突出。连环湖鳊鱼肉质肥嫩，皮若海参，黏糯腻滑，肉色雪白细嫩。

典范产品：连环湖大银鱼、麻鲢鱼、鳊鱼

采用纸质包装，使顾客感觉到企业的环保意识，提高企业的形象。纸质包装也适于当下时代的发展速度，易打包、易处理，不用担心污染环境。

大银鱼礼盒：260mm×130mm×230mm
麻鲢鱼礼盒：410mm×128mm×210mm
鳊鱼礼盒：800mm×190mm×280mm

通信地址：黑龙江省大庆市杜尔伯特蒙古自治县连环湖渔业有限公司
联系电话：13836929916　　孔荣

佳木斯冬梅大豆食品有限公司成立于2001年8月，是一家专业生产冬梅牌豆粉、豆奶粉、豆浆粉的高新技术民营企业，现有注册资本1 000万元，员工160人，年产量可达12 000t。

公司先后获得了全国绿色食品示范企业、黑龙江省级农业产业化重点龙头企业、佳木斯市老字号企业等多项荣誉称号。有32个产品被国家绿色食品发展中心认定为绿色食品，2个产品被评定为有机食品。

公司通过了ISO 9001质量管理体系认证、ISO 22000食品安全管理体系认证、ISO 14001环境管理体系认证、SGS非转基因IP供应链的检查评定、HACCP认证。冬梅牌豆粉、豆奶粉、豆浆粉采用黑龙江优质非转基因绿色大豆为主要原料，经三脱技术（脱皮、脱渣、脱腥）精制而成，保证产品的高溶解性和高吸收率。公司具有完善的质量检验监测品控体系，从原料进厂到产品出厂始终处于受控状态，做到最终产品无杂质、无沉淀、无豆腥味。

典范产品：冬梅牌系列产品

内包装采用无毒、无味可以与食品直接接触的食品级材质。外包装使用纸盒或可降解塑料包装，完全符合食品环保标准的要求。产品为小份的独立包装，方便消费者携带和食用。

黑豆豆浆粉：300g/袋

黑芝麻豆浆粉：300g/袋

五红谷物代餐粉：300g/袋

通信地址：黑龙江省佳木斯市长青乡四合村（佳木斯市经济技术开发区）

联系电话：13846159672　　　曹红莹

上海顺农科技有限公司致力于发展农产品种植、采收、加工、分拣、包装、运输保鲜环节过程中的先进技术，与各大高校和科研院所紧密合作，进行科研技术的实践应用和成果转化，并开展农业科技、农业生产、农业金融相关领域的培训业务，助力三农的发展。公司目前已经和知名物流企业上市公司顺丰集团旗下农业板块进行战略合作，为其提供农产品服务端的增值业务，共同开发运营农服产业园，也和多家农业服务领域的龙头企业以及农产品企业形成了业务合作关系。

典范产品一：聚丙烯塑料发泡材料保温箱礼盒

采用聚丙烯塑料发泡材料作为保温材料，从而更加节能环保和降低综合成本。适合多种海鲜产品的包装。

典范产品二：聚丙烯微2113孔发泡新材料保温箱

解决了冷链运输耗能、成本高，无法保证零散发货、田间地头到消费者手中断链的问题。

典范产品三：完全可再生降解的水果直发纸箱

解决减少一次性塑料的使用，无需为水果人工安装网套，效率高，安全环保。适合多种生鲜水果产品的包装。

通信地址：上海市嘉定区南翔智翔路 8 号 501-503 室

联系电话：18901618755　　　张鸿滨

A 109

上海润米管理咨询有限公司是国内著名的商业咨询公司，由知名的商业顾问刘润先生于2013年在上海创建，其使命是帮助传统企业抓住趋势红利，完成互联网时代的战略转型，从而实现持久、显著的经营改善。该公司旗下的线上私人商学院——"5分钟商学院"已形成著名互联网IP并拥有40多万商业学员，绝大部分是创业者、管理者和企业家。

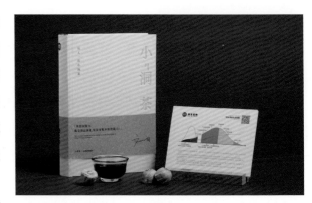

2019年，上海润米管理咨询有限公司引入独家运营团队，启动了新零售实践项目"润米造物"，通过深刻理解消费者的现代需求，改变交易结构，实践"新零售"及"新制造"的时代机遇。"小洞茶"是润米造物的第一款产品，是一款蕴含着互联网知识形态的茶饮文化产品，尝试把普洱茶这款传统农产品和现代互联网IP紧密关联起来，打破普洱茶传统古旧的形象，塑造普洱茶富有知识美感的现代新形象。目标客户群体是乐于学习的企业家、积极上进的白领及商业爱好者。

典范产品：小洞茶

包装为现代简约风格，要求成本必须比茶叶本身成本低，包装性价也比较高。

包装设计创造性地采用了独特的"书盒"形状——一份小洞茶书盒装，一眼看去就像一本中等厚度的精装书。只有当试图翻开封面时，才会发现它原来是个茶盒，里面陈列着一排排的压制好的坨形茶。"书盒"的设计象征着每一份茶礼都是一份满载"知识"的礼物，自用、送人两相宜。打破了普洱茶传统的古旧形象，转而显得年轻、时尚。

"小洞茶"精装书盒：5g/ 坨×16 坨
"小洞茶"量贩装方盒：5g/ 坨×40 坨

通信地址：上海市长宁区延安西路 2299 号世贸大厦 6 楼 C-603 室
联系电话：13917510843　　　薛明

德惠

江阴市德惠热收缩包装材料有限公司位于美丽的江苏省江阴市。该公司成立于2008年，是国家中小型科技企业、省高新技术企业。

该公司不断创新，开拓进取，与江南大学、南京农业大学进行产学研合作，走出一条创新发展之路，在蔬果、食品保鲜包装材料和技术上取得骄人的科研成果。公司创始人李玉裕，在南京农业大学和江南大学多位教授的指导下，首次提出阻隔、防雾、抗菌、抗氧化多功能一体化解决蔬果食品包装问题的系统功能包装理论，带领研发团队，历时多年，克服重重困难，成功开发出防雾抗菌保鲜膜，并实现标准化、规模化生产，走上产业化发展之路。

典范产品一：纳米二氧化钛抗菌膜（袋）

采用光触媒纳米二氧化钛作为抗菌剂，使之与塑料粒子有效混合，挤出并吹制成薄膜，再制成包装袋。产品无毒无害。抗菌效果强，可以杀死大肠杆菌、沙门氏菌、金黄色葡萄球菌等13种细菌，抑菌率96%以上。

典范产品二：高效防雾膜（袋）

采用优秀的多种表面活性剂复合的高氟高效防雾剂，与PE等共混共挤制成薄膜，复合表面活性剂迁移到薄膜内表面，增强薄膜的表面张力，吸收蔬果呼吸出的水分形成水膜，使雾水在薄膜表面迅速发散，保持气态，参与蔬果的正常呼吸，保持蔬果表面干燥无水，做到常温、冷、热环境都防雾，达到更好的防雾效果。

典范产品三：纳米二氧化钛防雾抗菌膜（袋）

将上述两种技术和产品融合在一起，制成纳米二氧化钛防雾抗菌膜和多层共挤纳米二氧化钛防雾抗菌膜，是目前最有效的功能型包装薄膜。

通信地址：江苏省江阴市璜土工业区和信路 1-1 号

联系电话：13801525326　　李玉裕

A111

金凯

灌南县金凯包装有限公司成立于2012年，位于江苏省连云港市灌南县现代农业产业园区。公司专注于鲜活农产品及食品保鲜包装材料的研制与工厂化生产，与南京农业大学、南京财经大学、上海海洋大学和江苏省农业科学院等研究机构合作，共同开发了食用菌纳米包装保鲜技术、食用菌包装防雾技术及食用菌培养基料包装材料等，推动食用菌采后品质保障与低温冷链物流产业的发展。

金凯公司2019年销售量7 000t，总额约8 900万元，后期计划扩建新工厂产能达到15 000t，公司拥有技术团队（5人）及授权国家发明专利2项，科研基础扎实。

金凯公司主销产品有聚乙烯（PE）防雾保鲜袋、聚丙烯（PP）培养袋产品、纳米保鲜膜和环保降解膜等。年产能15 000t（PE保鲜袋10 000t、环保膜等5 000t）。引进中国台湾智能化自动化生产线，设备投入3 000万元左右。产品年销售额可达2亿元。为国内食用菌大型生产厂家（裕灌、香如、众兴、雪榕等品牌）提供配套包装服务。

典范产品一：适合食用菌保鲜包装的纳米包装袋

利用纳米技术结合二次造粒、吹塑工艺，在调节包装袋内气体组成的同时达到接触性抑菌的功效，显著延长包装袋内食用菌的货架期，保障食用品质和商品价值。

典范产品二：适合食用菌保鲜包装的PE防雾包装袋

利用公司自研防雾包装技术，制备了适合食用菌采后保鲜防雾的PE包装袋，调控包装内新鲜食用菌采后呼吸和蒸腾作用，减少水分凝结，保障产品的品质及包装透明度。

典范产品三：食用菌培养袋

以聚丙烯为基材制备一种适合食用菌基料包装的培养袋，具有优良的耐高温、耐磨损和质地坚硬等特性，减少杂菌污染。

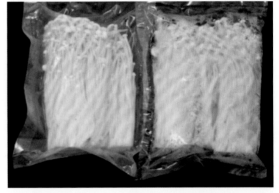

纳米保鲜袋　　　　　普通保鲜袋

纳米保鲜袋　　　　　普通保鲜袋

通信地址：江苏省连云港市灌南县农业园区农业大道
联系电话：15240319666　　　车芯仪

江苏省苏农科技术转移中心有限公司是江苏省农业科学院全资企业，负责江苏省农业科学院唯一官方品牌"苏农科"品牌打造，探索院无形资产，如品牌、技术体系、专家资源等转化输出路径，开展与相关企业的战略合作，以公司为中介平台，获取院无形资产转化收益。公司打造农业技术成果与需求方高效对接服务平台、促进农业科技成果产业化支撑平台、院专利技术成果等无形资产作价入股工作操作平台、促进农业技术成果转移转化综合服务平台。

公司致力于为政府、涉农企业及其他经营主体的技术创新和产业发展提供技术支撑，为各类农业机构技术创新需求寻找技术合作，提供个性化解决方案，实施技术转移。

典范产品一：农科院大米

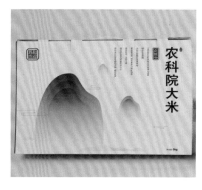

外包装盒采用白板纸+瓦楞纸+里纸材质，包装顶部设有提手，方便客户提拿。内包装采用真空包装设计，密封性强，立体成型，外观精美，有效延长大米保鲜期，防止进虫、防止受潮、防止串味。

典范产品二：苏翠梨

包装材料为纸箱和EPE，符合环保原则。缓冲性能强，符合包装轻量化原则。包装操作简单，全套包材仅有4个部件，符合高效原则。外观简约但富有设计感，符合中高档水果包装定位，可为水果提供较高附加值。

典范产品三：玉米

环保材质，保温效果好，可回收循环使用，客户体验好。外层包装为无纺布覆膜材质，外带有提绳，方便客户携带。里层包装为铝箔珍珠棉，保温性能良好，可减缓冰袋的冷气流失，保持包装内低温，能够有效保证玉米新鲜程度。

通信地址：江苏省南京市玄武区钟灵街 50 号
联系电话：18751962571　　　田甜

几何艺术

南京几何艺术包装有限公司是一家从事包装研究、包装设计、包装生产的专业化公司。

公司崇尚"不逾矩，不几何"的核心价值理念，坚持"设计创新，材料创新，工艺创新，服务创新"，推进企业竞争驱动力，为每位客户量身定制产品包装，助推产品热销，提升产品价值。

公司拥有多名专业包装设计师、从业多年的工匠师傅和包装视觉营销专家，完善严格的质量控制管理体系确保了产品的顶级品质和无忧服务。

典范产品一：翠峰茶包装

设计采用插画形式，体现大自然的美和劳动人民勤劳致富以及对美好生活的向往。包装结构创新，设计新颖，能够很好地体现农产品的特性。采用天地盖形式，成本低，外形大气。

典范产品二：宋七碗茶包装

本款产品的设计独创了新颖的圆桶状茶包装形式，既节省材料，又环保，突显出产品独特的IP属性。没有过分的包装就能体现出很强的产品力，是未来农产品包装发展的方向。

典范产品三：秦淮礼物雨花茶包装

从包装上体现南京地标元素，以书形盒作为结构，设计现代，节省成本，体现城市文化。

通信地址：江苏省南京市奥体大街 69 号新城科技园 6 幢 A 座 405 室

联系电话：13851551152　　刘涛

恒舜

　　徐州市张场米业有限公司于2010年5月在工商局注册成立，前身为贾汪区张场米厂，自1995年起历经二十余年艰苦创业，由小作坊式加工厂发展为徐州市目前规模最大、档次最高，集大米收购、加工、销售于一体的省级农业产业化龙头企业。

　　公司位于江苏省徐州市东郊塔山镇张场村，地处贾耿路和252省道交会处，紧靠京杭运河大桥南路，交通便捷，自然环境优越。2005年注册"恒舜"商标，2009年通过ISO 9001质量管理体系、ISO 22000食品安全管理体系、GB/T 22000—2006认证和良好生产规范认证。2012年被评为省级龙头企业，2013年产品被认定为绿色食品A级产品，拥有国家知识产权专利3项。

典范产品一：充二氧化碳真空包装袋

　　外包装：手提式彩塑袋，包装美观大方，易携带。背部留有透明观察位置，消费者不用拆开产品包装，就可观看到内部产品。包装上贴心标注大米的蒸煮方法。规格为5kg小包装，既方便携带，又解决了存放时间长容易变质的问题。

典范产品二：环保牛皮纸袋

　　牛皮纸袋是目前国际上最流行的环保包装材料之一。无毒、无味、无污染、高强度，符合国家环保标准。牛皮纸袋是以全木浆纸为基材，纸上采用PP料淋一层膜，可有效地防潮、防水，保护内部大米的完好。袋子采用六层的高强度牛皮纸，更加结实稳定。正面留有圆形透明观察口，方便消费者不拆开包装就可以观察到内部产品。规格为5kg小包装，既方便携带，又解决了存放时间长容易变质的问题。

充二氧化碳真空包装袋：320mm×510mm，5kg
环保牛皮纸袋：170mm×310mm，5kg

通信地址：江苏省徐州市贾汪区塔山镇张场村东
联系电话：15852326356　　　　陈军

A115

江南好食光

苏州常春藤农业专业合作社位于苏州市吴中区金庭镇，由当地农民和专业带头人自发成立，是一家集种植、加工和销售于一体的新兴农业合作社。

苏州常春藤农业专业合作社以土地和现金出资100万元，现拥有土地200亩。采取"市场+合作社+农户"的经营模式，以太湖为依托，以金庭镇秉常村罗汉坞为基地，将本地正宗碧螺春、碧螺红茶、苏桔红茶、青种枇杷、乌梅种杨梅、鸡头米、枇杷蜜、枇杷膏等统一种植（养殖）、统一收购、统一加工、统一包装及销售，自建品牌"江南好食光"，走规模经营、品牌发展之路，以"服务农民，致富农村"为目标，全心全意为社会提供"优质、安全、绿色、高颜值"的特色农产品。

典范产品一：苏州特色年货礼盒

包装方式为开合礼盒+苏州桃花坞年画"一团和气"封盖+丝带。

外包装采用纸质开合礼盒，不干胶封条及丝带蝴蝶结作装饰，整体美观且有档次。

内包装以红色为主基调，加以手写"福"字，符合年礼的喜庆氛围。内盒为一个正方形空间，可以按客户需求自由搭配产品，选择性较广。产品宣传册采用手绘图片加文字，简单介绍产品及其食用方式，令人耳目一新。

典范产品二：精品枇杷礼盒

包装方式为泡沫袋+吸塑膜。每颗鲜果都先套泡沫袋再放入吸塑膜中，极大地减少了鲜果间的碰撞，坏果率低。产品宣传单描述了青种枇杷的背景及收到货后的注意事项，提高客户的满意度。盒中放置新鲜枇杷叶给客户带来自然新鲜的体验。

苏州特色年货礼盒：可自由搭配
精品枇杷礼盒：36 颗

通信地址：江苏省苏州市吴中区金庭镇石公路 5 号
联系电话：13584858514　　谢芳萍

116

申凯

江苏申凯包装高新技术股份有限公司成立于2002年，注册资本8 000万元，公司为可口可乐、索尼、陶氏、礼来等26家世界500强企业提供软包装复合膜，同时还给中国国药、葵花药业、哈药六厂、华北制药、云南白药等75家主板上市企业提供服务，公司已经通过ISO 9001质量管理体系、ISO 14001环境管理体系、FSSC 22000食品安全体系认证，还通过了索尼的GP绿色伙伴认证，以及可口可乐、百事可乐的SGP社会责任认证。2015年，公司与江南大学合作成立了包装材料研究所，截至目前有效专利27项，其中22项实用新型专利、5项发明专利。同时公司在产品防伪方面进行深入研究和大胆创新，特别在可变二维码防伪上的应用走在了软包应用的前端，每天可以生产3 000万个码。

典范产品一：生物降解购物袋

生物降解购物袋采用石油基生物降解材料PBAT、PBS、PCL等与无机粉体相结合，通过改性制备而成。该生物降解购物袋具有优良的性价比，无任何增塑剂等小分子物质析出，不污染被包装物，无毒、无害，更加有利于食品安全。

典范产品二：可循环回收包装

最理想及最有价值的循环方式：包装材料回收后的造粒，是薄膜级PE粒子或注塑级PP粒子。可接受的循环方式：包装材料回收后的造粒，是注塑级PE粒子或注塑级PE/PP共混粒子。

典范产品三：PLA淋膜纸

本身就是完全可分解、可堆肥的环保健康产品。相较于传统PE淋膜纸产品，PLA淋膜纸产品使用过后都可再回收利用，其可再生资源及多样化的回收处理方式，大幅度降低了自然资源环境的负担。

通信地址：江苏省无锡市新吴区硕放中通路 99 号
联系电话：13701526608　　黄晓鸣

禾义（苏州）新型包装材料有限公司注册资本300万美元，租赁厂房面积约2.5万㎡，现有职工250余人（其中研发人员28人）。公司主要从事电子、光伏、汽车、家电等行业内外包装的研发、生产和销售活动，并提供整体包装设计、测试等服务，形成了以整体包装为特色的公司形象，产品主要面向欧美及日韩市场。公司生产的塑化包装、纸质包装等主导产品技术领先，市场占有率较高。

经过多年的努力和科技研发，公司开发出适应各种环境条件下的包装材料，并先后通过了ISO 9000质量管理体系、QC 080000有害物质管理体系、ISO 14000环境管理体系和国家高新技术企业认证。公司高度重视科技创新和科技成果转化工作，近3年累计投入研发费用近2 500万元，开展研发项目达20余项，申请专利28项（其中发明专利5项，实用新型专利23项），并通过2项江苏省高新技术产品认证。

典范产品一：掌上明猪猪肉铺肉脯

此产品不仅适合作为礼品馈赠，小包包装还可供家庭享用，方便储藏、携带。掌上明猪猪肉铺肉脯设计上注重突出中国元素，带给消费者中国元素与现代化相结合的视觉效果。设计色调整体以红色、橙色、青色为主，表现出掌上明猪系列喜庆、温暖和充满活力的设计理念。

典范产品二：鱼悦鱼脯

此产品不仅适合作为礼品馈赠，小包包装还可供家庭享用，方便储藏、携带。本产品的设计整体形象为一条带鱼飞跃于海浪之上。主体形象为带鱼，将海浪的元素进行重叠，并采用渐变的色彩，形象地展现了带鱼的栖息地。将产地环境融于产品包装标识中，可直观体现产地良好的海洋生态。

掌上明猪猪肉铺肉脯：130g/ 盒 ×4 盒
鱼悦鱼脯：300g/ 盒 ×4 盒

通信地址：江苏省苏州市相城区望亭镇问渡路 66 号
联系电话：15962200810　　　张玉

A 118

江苏鑫品茶业有限公司是一家集茶叶生产经营、科技开发和茶旅融合于一体的现代化茶业企业，茅山脚下自有茶园3 000亩，是中国茶叶百强企业、江苏省农业科技型企业、江苏省农业产业化省级重点龙头企业、江苏省茶叶机械化产业技术创新战略联盟理事长单位、常州市农业高新技术企业，建有陈宗懋院士工作站和国家抹茶加工技术研发专业中心。

鑫品牌金坛雀舌茶是地理标志保护和江苏名牌产

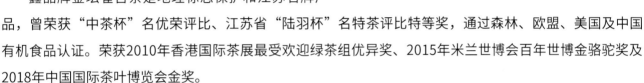

品，曾荣获"中茶杯"名优荣评比、江苏省"陆羽杯"名特茶评比特等奖，通过森林、欧盟、美国及中国有机食品认证。荣获2010年香港国际茶展最受欢迎绿茶组优异奖、2015年米兰世博会百年世博金骆驼奖及2018年中国国际茶叶博览会金奖。

金坛雀舌采用早春单芽制作而成，其外形扁平挺秀，形似雀舌，滋味鲜爽，每500g干茶有茶芽4万颗左右。开水冲泡后，茶芽立于杯中，如颗颗雀舌在杯中上下漂浮起舞。茶水青绿透亮，轻抿一口，齿颊留香。

典范产品：金坛雀舌

包装设计采用百鸟朝凤与茶芽的图案，与茶叶名称相互辉映，辨识度极高。整齐美观的内袋小包装，易于运输、保存、携带和饮用，适合商务人士出差、亲朋好友聚会分享。内盒为规整的长方形造型、环保艺术纸盒，适合长途运输。配以印有简约图案的白卡纸手拎袋，更显格调和档次。

规格一：29.5cm×22cm×4.5cm
规格二：33.5cm×14cm×10cm
规格三：36cm×26.5cm×9cm

通信地址：江苏省常州市金坛区薛埠镇下杖村 168 号
联系电话：13505169040　　尹娟

天目春雨

溧阳市天目春雨茶业有限公司位于原104国道旁苏浙皖边界市场对面，是一家以茶叶为主导产业的民营企业，主要从事国内天然绿茶、白茶、红茶等名优茶的生产与销售，并致力于茶叶相关的工艺包装的设计和加工。

公司所售茶叶全部源自天目春雨茶场，茶园共占地500多亩，位于国家AAAAA级天目旅游景区内。良好的自然生态环境和小气候条件，适宜茶树生长，茶园采用无公害有机管理。公司茶叶与本地多家星级宾馆、酒店已形成长期的供销合作关系，同时在南京、常州、扬州等地设有专卖店，受到客户的一致好评。

多年来，公司一直着重于企业形象的创建和维护，公司创立的"天目春雨"品牌2013年被认定为江苏省著名商标。自成立以来，荣获中日韩茶王赛金奖、上海国际茶文化节金奖、第八届中茶杯特等奖、一村一品国际研讨会指定用茶等殊荣。公司全体员工在董事长的带领下，始终坚持"自然、绿色、有机、健康"的理念，全力打造"一流的管理、一流的品牌、一流的服务"。

典范产品一：春雨小罐茶

将公司所生产的白茶、黄金茶、红茶、绿茶装于精致的小罐中一并展示给消费者，通过少而精的多重选择让客户全方位体验，以便其选择自己倾心的产品。

典范产品二：春雨白茶

本款包装的主旨为绿色环保可循环利用。茶叶用完后，包装可以多次利用，如外盒可用作纸巾盒，内铁盒可用作小物件收纳盒、烟灰缸等。

典范产品三：春雨私房茶

包装为绿色环保的纸盒，每盒茶叶包装上均有制茶监督人员的鉴定标记和日期。此款茶选用指定山头和指定时间采摘的茶叶作为原料，制作工艺精细，力求以精品服务消费者，是公司的限量款。

春雨私房茶：29.5cm×19cm×8cm，125g/盒
春雨小罐茶：39cm×21.5cm×7cm，100g/盒

通信地址：江苏省溧阳市溧城街道清溪路2号商业街1号楼
联系电话：13801492106　　黄文龙

无锡市茶叶品种研究所有限公司（江苏省茶叶研究所），始建于1966年，是一家集生产、科研于一体的省级农业龙头企业。公司建有宜兴玉山、无锡惠山、无锡马山3个茶叶生产基地，现有茶园面积1 250亩，生产车间3 000m²，年产无锡毫茶、太湖翠竹、太湖毫红等各类茶叶20余t，年产值2 000余万元。

公司作为江苏省茶叶技术研发、创新和推广的核心力量，承建了国家茶产业技术体系无锡综合试验站、江苏省茶树种质资源圃等10余个部省、市级平台。选育了3个国家级、3个省级品种，获得发明专利3项，承担40多个省、市级科技项目，获得省部级奖励20余项。

公司茶叶获绿色食品认证，在全国和全省历次名优茶评比活动中屡次获奖。公司"惠泉"茶叶品牌荣获江苏省名牌农产品、江苏省名牌产品、江苏省著名商标等多项荣誉。

典范产品：五色茶

选用硬质纸盒作为外包装，瓷质小罐作为内包装，材料环保。小罐既可作为茶叶罐，也可作为茶杯，一物多用。包装外观精美，小巧别致，外用钢琴漆更具高端大气，整体包装大气典雅，是馈赠亲友、个人收藏的佳品。集5种颜色不同、品质风格各异的茶叶于一体，极具产品特色。品饮时可以根据气候、时间、心情的不同选择适宜茶叶来冲泡，也便于与亲友分享。紫茶花青素含量极高，花香馥郁，叶紫汤紫；黄茶氨基酸含量极高，叶黄汤黄；白茶滋味鲜爽，叶白汤清；红茶甜香，茶汤红亮；绿茶嫩香持久，滋味鲜醇。茶海湖毫得异香，玉杯五色溢奇鲜。

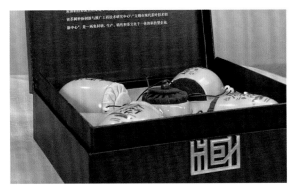

内含五种茶叶，每种单独成罐；
茶叶总计 100g，其中紫茶 15g、黄茶 20g、
白茶 20g、红茶 25g、绿茶 20g

通信地址：江苏省无锡市滨湖区绣溪路 53 号 -42 栋

联系电话：15251514683　　　梅菊芬

升辉

江阴升辉包装材料有限公司是一家专业从事多层共挤功能性薄膜的研发、生产、销售和服务的软包装企业。

公司是以多层共挤薄膜技术为核心，研发、生产功能性包装材料，为生鲜肉、加工肉、禽蛋奶等食品提供包装方案的专业供应商，具备全面包装方案的能力。按照包装形式和方法，可分为热收缩包装、真空贴体包装、热成型包装、气调锁鲜包装、功能真空包装、印刷复合软包装等系列。每一类系列又可以按照使用条件和食品的特色，分为若干方案。

典范产品一：贴体包装

贴体包装作为一种新兴的食品包装技术，又称真空贴体包装，是一种新颖的商品包装方式，其应用历史长、适用范围广，最近几年在食品行业也广泛应用，不仅可使食品包装后呈现优异的"3D"展示效果，而且食品保质期长，食用方便。

典范产品二：高阻隔收缩膜（袋）

公司通过近几年的大力开发，开发出以阻隔性能更好的EVOH为阻隔层，通过与PE、EVA共挤加工生产可回收再利用、多功能化的环保高阻隔收缩膜。

典范产品三：可回收锁鲜气调包装

气调包装利用真空泵将包装袋或盒内的空气抽出构成一定的真空度，然后充入混合保鲜气体，完成气体置换，最后进行密闭封口。为响应绿色环保的号召，公司开发出一款可回收的锁鲜气调包装，通过阻隔材料聚酯片材制造底盒，开发出可与聚酯片材热封的阻隔聚酯盖膜，整个包装95%采用聚酯材料，实现可回收。

通信地址：江苏省江阴市长泾镇通港路 2 号
联系电话：18795669119　　　　杨伟

A122

新天力

浙江新天力容器科技有限公司创建于1990年，总注册资本3.4亿元，总投资额逾10.5亿元，现有五家公司正常经营：浙江新天力容器科技有限公司、浙江新天力塑胶科技有限公司、成都新天力食品容器有限公司、天津台力科技有限公司、新天力欧特广东塑料制品有限责任公司，共有员工1 500余人（其中技术人员400余人），拥有10万级动态净化等级的车间和100余条国际一流的生产流水线，拥有年50亿元的生产能力，同时在浙江湖州正在筹备生产基地，各生产基地可供货全国。公司打造三大渠道合力推进品牌建设，经过30年专注食品容器行业的发展，已成为集研发、设计、模具制作、印刷、生产、营销于一体的集团化运营企业。

典范产品一：蜂蜜包装

包装为八杯组合成一个小礼盒，杯体颜色可定制，也可以做贴标设计，可以多种口味组合，提高消费体验并持续保持回购的热情。小罐装采用高阻隔材料生产，能有效隔绝空气中大部分水分和氧气，保证蜂蜜的纯净。

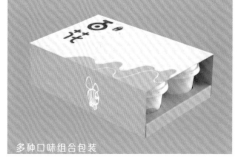
多种口味组合包装

典范产品二：每日枸杞包装

此设计意在将最好的枸杞做成小包装，避免大包装因食用不完等造成的浪费，并引导消费者每日食用枸杞，达到强身健体的效果。

典范产品三：猕猴桃包装

一盒装4个猕猴桃，在造型设计上添加了更多曲线。长条形的设计可充分把包装空间利用好，减小包装体积、节约成本。连盖的设计也能在一定程度上提高打包效率，再配合腰封的使用，减少误打开率，防止产品受到破坏。此包装适用于商超、水果店等零售场景。可采用独特的定位印刷工艺，让消费者在货架上快速查找到产品并购买。

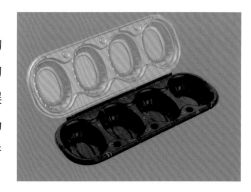

通信地址：浙江省台州市滨海新区蓬北大道 2199 号
联系电话：15168660711　　　李晴文

A123

慈溪市戚源杨梅专业合作社成立于2014年，注册商标为"雨淳"，合作社成立以来，依托本地慈溪游源杨梅特有的悠久历史和文化渊源，按标准分级及保鲜精包装提高杨梅品质，通过网络渠道及线下销售，是从事慈溪杨梅保鲜储运、无公害种植、生产、经营及销售于一体的专业性合作组织。通过多种网销途径将杨梅运到全国各地及出口中国香港。2015年获得慈溪市一星级农民专业合作社称号；2016年获得浙江省杨梅擂台赛三等奖；2017年获得宁波市农民专业合作社示范社、慈溪市二星级农民专业合作社称号，同年合作社杨梅通过无公害认证。2018年通过无公害基地及产品认证。2019年通过绿色食品认证。2020年获得了"浙江省农民专业合作社示范社"称号。合作社形成了"合作社+基地+农户"的发展模式，实行"五个统一"，即统一技术标准、统一检测、统一收购、统一品牌、统一销售。严格按雨淳杨梅生产质量技术标准统一收购销售，所生产的鲜杨梅真空包装保鲜技术延长了慈溪杨梅的供应期。

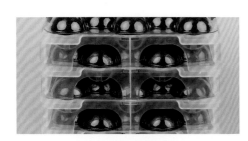

典范产品：戚源杨梅

戚源杨梅包装的所有材质均采用食品级材料：可回收环保纸盒、PET塑料片、尼龙真空袋、无纺布保温袋及EPP保温泡沫箱。符合环保食品安全要求。

杨梅是极不易运输及保存的水果，运输途中忌碰撞及高温，在包装设计过程中用真空机调整合适固定的真空压力，将杨梅轻轻地固定在PET托盘上，防止运输过程中晃动导致杨梅损坏。配装保温袋、泡沫箱、冰袋以起到良好的缓冲及双重保温作用。该包装能保证杨梅在48小时内保持新鲜。外纸盒配有手提口，方便手提，定位高端；客户收到快递后可将泡沫箱和外纸箱进行回收，保留保温内袋同样能起到一定时间的保温效果，同时减少体积和重量，方便放入冰箱。

线下礼盒青瓷款 87 颗装：1 600g
快递冷链包装礼盒款 81 颗装：1 500g
快递冷链包装礼盒款 210 颗装：2 250g

通信地址：浙江省慈溪市匡堰镇乾炳村游横东路 38 弄 6 号

联系电话：18658216060　　　戚军洋

龙冠龙井

杭州龙冠实业有限公司的前身是成立于1950年的地方国营杭州龙井茶场，目前是联想控股旗下佳沃集团与中国农业科学院茶叶研究所合资的混合所有制企业，致力于为用户提供安全、高品质的真正好茶。龙冠龙井茶被评选为浙江省名牌产品，龙冠先后被评为浙江省农业科技型企业、杭州市农业龙头企业等，是一家主营龙井茶的行业标杆企业。

作为西湖龙井文化的代言人，龙冠龙井茶是G20杭州峰会的官方指定产品，也是"一带一路"国际合作高峰论坛及金砖国家部长级会议等世界盛会的指定用茶。

典范产品：龙冠龙井

包装风格质朴素雅，突出手工感，体现龙冠龙井传统技艺的工匠精神。同时，以古代智慧结晶榫卯结构、良渚古城遗址代表文物玉琮等元素在产品包装设计中的运用，展现产品深厚的文化底蕴。

产品礼盒选用具有江南特色的竹制材质，简洁具有手工感，体现江南韵味。礼盒中的美人杯，是龙井茶冲泡的器具，也是普通消费者实现标准化冲泡的解决方法。

规格：20g/罐；50g/罐；100g/盒；200g/盒；250g/盒等

通信地址：浙江省杭州市西湖区梅灵南路 10 号 5 号楼
联系电话：18668203159　　宋佳

大越山龙

绍兴市柯桥区大越山农有机茶专业合作社成立于2004年，是一家集茶叶生产、加工、销售于一体的有机茶专业合作社，其种植基地位于层峦叠嶂、空气清新、土质肥沃、有生态后花园之誉的绍兴小舜江水库源头。所生产的"大越山龙"有机龙井茶经过农业部杭州中农质量认证有限公司认证，为浙江龙井茶中之珍品。为打造高品质的有机龙井茶，合作社坚持"生态为本"的理念，由专人负责茶园及周边区域的生态管理，精心挑选与栽培优质龙井茶品种，严格执行有机农产品的质量安全制度。在加工环节严格把关每道工序。同时，针对茶叶易受水分、光照、温度影响色泽和口感的问题，引进了国际先进的充氮保鲜工艺，保持了龙井茶所特有的"色绿、鲜醇、清香、味甘"特点，产品品质和美誉度不断提升。

典范产品一：龙芽雀舌

龙芽雀舌为明前有机龙井茶之珍品。竹盒+内袋，竹材与嫩绿色调突显"自然生态"为本的理念，同时采用充氮保鲜工艺，既保持了龙井茶的"色绿、鲜醇、清香、味甘"的特点，又携带方便、冲泡清洁。

典范产品二：贡品

以中国吉祥龙纹为主要元素，龙纹勾勒出皇室气息，彰显"以客为尊"的企业理念。作为地理标志产品，大越山龙有机龙井茶保持着好茶本义——安全、本味。咖啡色的内袋，充氮保鲜的工艺，使冲泡方便清洁。

典范产品三：精致盒

整体包装采用中国传统的书籍四合一方式，组合伴手礼理念，让好茶与友人共享。配置咖啡色内袋，采用充氮保鲜工艺，解决了消费者头痛的鲜嫩绿茶氧化保鲜问题，科学的水茶比，一包一杯，方便清洁。

龙芽雀舌：33.5cm×12.5cm×10cm，2g/包×50包
贡品：32cm×25.8cm×8.5cm，2g/包×60包
精致盒：23cm×20.2cm×12.3cm，2g/包×60包

通信地址：浙江省绍兴市柯桥区王坛镇舜皇村东风坪

联系电话：13003126758　　　周文龙

衢州有礼

开化县名茶开发有限公司生产的开化龙顶名茶具有紧直挺秀、香高持久、鲜醇甘爽、嫩绿明亮、匀齐成朵的独特风格，享有"杯中森林"之美誉。公司产品1985年获全国名茶证书，1992年获中国农业博览会金奖，1997年、1999年、2001年连续三届获得中国国际农业博览会全国名牌产品称号，2004年获得浙江省十大名茶、

浙江省十大市民最喜爱的品牌农产品荣誉称号及中国济南第三届国际茶博览会名茶评比金奖，2006年获北京马连道第六届茶叶节及浙江绿茶博览会金奖，在全县率先通过国家食品质量安全认证，2007年再次荣获浙江省十大市民最喜爱的品牌农产品称号，2009年蝉联浙江省十大名茶，"凯林"商标为浙江省著名商标，2010年公司通过国家有机食品生产基地认证，2010—2019年间9次获得浙江农业博览会金奖。

凯林开化龙顶——开门红，这是一份祝福同时也是味好茶，朴素的包装下，这味茶开汤明亮清澈，呈琥珀色，带花果甜香，入口醇而爽滑，口感绵长不散，这是一份别致的茶礼，约三五好友，以盖碗冲之，一泡为洗，二泡为汤，斟上茶汤，聊聊人生，三泡四泡久泡味醇。

典范产品：凯林开化龙顶

包装方式为手工外包装+内袋。成本优势大，供应资源足，容易获取。独立茶包袋，简单冲泡，适合出差、分享，别具一格。取3g干茶冲入开水，芽头在杯中沉沉浮浮，芽儿在开水中舒展开，最后颗颗立于杯中，如"杯中森林"。

规格：24.5cm×9.8cm×4.5cm

通信地址：浙江省开化县华埠镇芹阳办事处芹北路41号
联系电话：13706708605　　　郭重庆

艺福堂

　　杭州艺福堂茶业有限公司是一家集研发、生产、销售于一体的现代化"互联网＋"的茶叶企业，为国家电子商务示范企业、国家高新技术企业、中国茶业百强企业、浙江省骨干农业龙头企业、杭州市农业科技企业，公司"艺福堂"品牌，先后获得中国茶业最具传播力品牌、全国百佳农产品品牌、浙江名牌产品、杭州市著名商标等多项荣誉称号。自创办以来，公司坚持实实在在做好茶的理念，经营各种名优茶、含茶制品、代用茶及新型茶产品。发展至今，销售渠道遍及淘宝网、天猫商城、京东商城等30余个平台，还建有独立电子商务平台。在浙江、安徽等地建立茶叶原料基地，在杭州龙坞建有龙井茶加工厂，在桐庐建设有智慧化中央工厂及茶文化体验中心。参与制定绿茶、红茶等10余项茶叶国家及行业标准，公司通过SC食品生产认证、ISO 9001质量管理体系认证、ISO 22000食品安全管理体系认证、ISO 14001环境管理体系认证、HACCP认证。

典范产品一：茉莉香珠

　　阳光亮丽的黄色基调，搭配律动的波点设计，彰显青春活力，给人以愉悦和希望。采用独具创新的专利包装，简约而不简单，一种包装，两种用途——茶叶饮用完后，包装罐可用于种植绿植，循环利用，减少污染，绿色环保。

典范产品二：御螺韵碧螺春茶

　　清新的嫩绿色，突显"绿色生态"为本的理念，搭配跳跃的波点，彰显健康向上的力量。采用特制马口铁材质，多圈滚筋设计，抗压升级。铝箔封口，柔韧不惧压。同时采用充氮保鲜技术，保持碧螺春茶的鲜爽好滋味。

典范产品三：梦韵铁观音

　　整体包装以扇子为主要元素，以扇为画，以茶为媒，传达"和善"的传统美德。采用自带抽纸功能的创意包装盒，茶叶使用完后，放入抽纸作为抽纸盒使用，置于家中或办公区域，也是一道亮丽的风景线，彰显绿色环保的企业理念。

茉莉香珠：200g/罐
碧螺春茶：250g/罐
铁观音：252g/盒

通信地址：浙江省杭州市滨江区长河路 1318 号博凤创意大厦 1 幢 24 层
联系电话：15257169360　　　王斌

浙江港发软包装有限公司创建于1985年，是浙南第一家集软包装研发、设计、制版、彩印、复合、分切、制袋、检测、售后服务为一体的企业。目前公司拥有国内先进的10条软包装生产线及配套设施，其中引进的3套德国海尔高清晰数字雕刻制版设备和德国雷豪舍技术制造的吹膜生产线，具有国际先进水平。此外，ZD1600三层共挤吹膜机和JE800型挤出复合设备，可适应各种软包装基材的生产。设备最多可印10色，正反20色，制袋最大可制5m×1m。公司整体技术力量雄厚，生产经验丰富，拥有较完善的企业管理制度。

典范产品一：邱野脱水菜芯袋

产品采用PET/PE复合材料结构，环保型油墨印刷。内层PE材料为低热封基材，降低热封制袋温度，减少生产过程中的能耗。

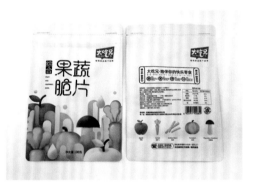

典范产品二：大吃兄果蔬脆片袋

产品采用PET/Al/PE复合材料结构，外层为直线易撕性能好的双向拉伸PET薄膜，采用哑光覆膜，局部UV印刷。中间层为阻隔性和遮光性能良好的铝箔层，有效提高包装物的保质期。

典范产品三：三胖蛋新疆灰枣袋

袋体中间层采用镀铝PET膜，提高了其阻隔性能。内层PE材料为低热封基材，节能环保。采用阴阳袋设计，正面为含镀铝膜的彩印复合膜，阻隔性和遮光性好；背面为透明膜印刷，中间部分镂空开窗，方便展示内容物，产品兼顾出色的包装性能以及良好的展示性能。

邱野脱水菜芯袋：18.5cm×27.5cm×0.08cm
三胖蛋新疆灰枣袋：（21+8）cm×（29+8）cm×0.125cm
大吃兄果蔬脆片袋：17cm×（25+3.75）cm×0.10cm

通信地址：浙江省温州市龙港市芦浦繁荣街95-99号
联系电话：18969776699　　李道杯

浙
一
鲜

温州浙一鲜海产品有限公司专注于中高端海产品的研发、养殖和销售，从源头精挑细选。公司在温州市区设立实体旗舰店及商品储存总仓，配有保鲜库、冷冻库、冷藏车、分拣打包流水线车间等设施；在温州、杭州、台州、宁波、丽水等设分公司，开设品牌专卖店，形成产销一体化，打造在全国有广泛影响力的海产品销售企业。

"浙一鲜"源于"麂翔大黄鱼"品牌，从2007年成立浙江碧海仙山海产品开始，公司创始人致力于深海开发，利用海洋资源为百姓提供更好的美味，坚持以更高更好的标准养出了经国家检测完全优质的仿野生大黄鱼，填补了百姓餐桌高品质大黄鱼的空缺，并被国家选为2016年G20峰会指定食材，成为20个国家领导人品尝的中国美味。

典范产品一：浙一鲜海产品黄鱼礼盒

公司主营南麂岛食材——浙一鲜大黄鱼，每一条都致力于养出野生标准。公司根据黄鱼不同规格分为9款家常经典礼盒。礼盒亮黄色的包装，以海洋波浪为背景，充分展示出以海产品为主的主基调；中心图案围绕"浙一鲜"展开，以渔民撒网、鹤、柳枝、云彩、蟹、海鸥等相互融合组图。

典范产品二：浙一鲜特开发精品大黄鱼礼券卡系列产品

一共分为3个款式。精选万亩深海生态牧场南麂岛出品、2年期以上精品黄鱼。每一份卡券都配合券卡+宣传手册+做法推荐+精品信封，厚重的感觉，就是心动的感觉。

浙一鲜海产品黄鱼礼盒：410mm×290mm×125mm，5~7条，1.8kg

通信地址：浙江省温州市瓯海区南浦路 12 号

联系电话：18067787888　　　王晓东

第贰道蔡

温州万科农业开发有限公司大胆摒弃了合作社既抓生产又抓销售的运营模式，依托合作社成立了温州万科农业开发有限公司，合作社一门心思搞生产，公司集中精力跑市场，形成了"合作社+公司+农户+市场"的运营模式。顺应农产品流通趋势，建设了初加工达到1万级净化车间，开展600km区域内蔬果物流配送业务，发展集生产、加工、配送、销售于一体的大型综合性农业科技产业链条。

更可喜的是2018年10月以及2020年10月，公司产品登上了雪龙号（中国极地考察船），进军"南极餐桌"，陪伴中国科学家开启南极科考之旅。

典范产品：第贰道蔡

品牌名和标语"第贰道蔡"想表达一种生活方式：让微波炉"叮一下"的快捷做菜模式逐渐进入千家万户，改变传统形式上的烧饭做菜，让人们从厨房、油烟等环境中脱离出来，享受更安全、营养、便捷的高品质生活。营养更加完整且不流失，为广大消费者带来了极大的便利。

袋子设计考虑到袋子可作为简易碗使用，免去消费者洗碗之烦恼。将袋子敞开，放入菜品，底部的面就会自然撑开，形成摊平的底面，整个袋子可以竖立，方便消费者烹饪菜品及作为碗、盘使用。

外包装盒：232mm×141mm×100mm
内部 10 个微波烹饪袋：下底 240mm× 高度 192mm× 上底 125mm，单个袋子容量能装 1kg 左右菜品

通信地址：浙江省瑞安市马屿镇外三甲村万科农业
联系电话：13736902999　　　雷大锋

渔
加

瑞安市华盛水产有限公司创建于1993年，是一家专注于水产品加工、食品技术研发的企业。现已发展成为集海洋捕捞、深加工、产品研发、终端销售于一体的农业产业化国家级重点龙头企业。主要产品有干制水产品、冷冻水产品、腌制水产品和休闲调味食品四大类100多个品种，产品远销美国、日本、韩国、欧盟等20多个国家和地区。

华盛水产拥有"渔加1号""渔加2号"两艘海上移动加工船。对刚刚从海上捕捞上来的鲜活小鱼小虾，在现场即时进行收购、清洗、蒸煮、干燥、包装、冷藏。海上加工模式，使捕捞、收购、加工、冷藏实现无缝对接，不仅使公司

水产加工品的产量、质量、效益上了一个新台阶，而且产生了很好的社会效益。产品上市十多年深受消费者喜爱，并持续保持回购的热情。大三元虾皮在2006年获得中国名牌农产品称号。

典范产品：华盛大三元虾皮

选用食品级PET/PE复合材料的包装材质，采用大袋套小袋的设计。针对常见的大包装虾皮消费者拆封后很难一次食用完，会造成产品品质下降和产品浪费的问题，此包装的设计理念为一包食用一次。因其体积小、方便携带，消费者食用很方便，同时也为生产企业创造更多的价值。

包装为15包充氮小包装组合成一个大包装，保鲜少盐提高产品营养品质，包装袋上"熟虾皮"字样由毛笔字书写，标识清晰。

A132

铁枫堂

"铁枫堂"源于1840年，于2010年重建为浙江铁枫堂生物科技股份有限公司，是浙江老字号、中国铁皮石斛道地产区龙头企业。公司秉承"传承、创新、发展、共赢"的经营理念和"孝以待亲、和以待里、信以经商、严以治家"的铁枫堂家训，致力铁皮石斛全产业链的研发与铁皮石斛中药养生文化的推广。

铁枫堂现已发展成为集铁皮石斛品种选育、近野生栽培、枫斗非遗加工、中药饮片、保健食品、食品饮料、日化用品生产开发，中药养生文化旅游为一体，一二三产业融合发展的铁皮石斛全产业链匠心企业。建立了国家中医药管理局铁皮石斛重点研究室、院士专家工作站、教育部重点研究室铁皮石斛中药制剂联合实验室、铁皮枫斗非遗加工技艺传承基地。

典范产品一：铁枫堂铁皮枫斗礼盒

铁枫堂铁皮枫斗用十九道古法非遗枫斗传承匠制技艺加工而成，呈螺旋状。采用的木盒包装，推出9年以来，深得客户喜欢。棕红色木盒包装简约大气，内衬米色绒面干净整洁，内盒选用食品级亚克力透明八角盒烫金点缀铁枫堂标识。

典范产品二：铁枫堂铁皮石斛粉礼盒

道地产区雁荡山近野生铁皮石斛，采收洗净分拣后通过精粹冻干和破壁技术，使铁皮石斛成粉，置于食品级亚克力瓶中密封保存。结合精美印刷与磨砂铁独有特性设计的铁盒包装，充分展现印刷工艺与材料结合之美。

典范产品三：铁枫堂铁皮石斛鲜条

采自每日凌晨的铁皮石斛鲜条洗净后，丝带束之，即采即发，有机、纯天然、原生态。食品级白卡纸盒与简洁大气的配色显示绿色的生机之美。

铁枫堂铁皮枫斗：250g/盒；200g/盒；150g/盒；100g/盒
铁枫堂铁皮石斛粉：50g/瓶×2瓶
铁枫堂铁皮石斛鲜条：250g/盒；100g/盒

通信地址：浙江省乐清市龙西乡北垟村
联系电话：13868724968　　宋敏全

三开文化

杭州三开文化创意有限公司团队由策略、结构设计、平面设计、插画师、摄影师、正稿师等组成，成员来自中国美院、浙大、传媒等知名院校，多年专注于大食品领域。核心成员具备国际4A公司以及世界五百强工作背景。

我们相信每个优秀的产品，都有与生俱来的魅力。通过对消费者心理洞察、产品全新解析、定位、规划、包装，赋予文化、价值，让它充满情感，魅力卓然，直达消费者内心。

典范产品一：飞进有机橙

包装方式为白牛皮纸盖+裸瓦楞底+纸塑内托。所用材质突出纸张肌理，增加设计感的同时突显产品"自然生态"理念及产品价值感，体现其礼品属性。

典范产品二：飞进有机柚

包装方式采用白牛皮纸盖+裸瓦楞底+瓦楞井字格内衬。裸瓦楞纹理增加设计感，白牛皮纸印刷突出纸张肌理，突显"自然生态"理念及产品价值感。

典范产品三：飞进富硒鸡

外包装采用瓦楞裱白牛皮纸一体盒；内衬采用泡沫箱开模塑形，增加整体设计感，突显产品价值。

通信地址：杭州市滨江区秋溢路 228 号三花江虹国际创意园 6e1301
联系电话：15168210798　　李勇

桐乡市绿康菊业有限公司创建于2005年，是一家集基地、加工、销售于一体的杭白菊专业生产企业。公司以客户满意为中心，一直坚持"诚信第一、质量为本、开拓创新、科技领先"的宗旨，致力于新产品的研究与开发。2007年公司引进蒸汽杀青流水线和隧道式烘干设备，改变了传统的加工工艺，使产品质量得到更大提升，广受海内外客户的一致好评。现今，有"凤栖梧桐"牌杭白菊、胎菊等20多个品种，选用公司绿色食品基地精心培育的新鲜菊花为原料，通过高温杀青气流干燥新工艺精制而成，产品以其独特的色、香、味、形而享誉国内外。

典范产品一：凤栖梧桐100g胎菊

包装方式为纸罐+内袋。外包装纸罐主色调为淡绿色，暗寓杭白菊的清凉去火，突显出"自然生态"为本的理念。内包装采用食品用铝膜袋密封，既保护了胎菊的"色、香、味"，又携带方便、冲泡卫生。

典范产品二：凤栖梧桐60g胎菊

包装方式为纸盒+内袋。外包装纸盒主色调采用黄色，彰显"以客为尊"的企业理念。内包装采用食品用铝膜袋保鲜密封，既保护了胎菊的"色、香、味"，又方便保存。

典范产品三：凤栖梧桐50g胎菊

包装方式为纸罐+内袋。外包装纸罐整体色调为黄色，体现伴手礼理念，让好茶与友人共享。内包装采用食品用铝膜袋密封，既保护了胎菊的"色、香、味"，又携带方便、冲泡卫生。

凤栖梧桐 100g 胎菊：19cm×8.5cm
凤栖梧桐 60g 胎菊：29cm×11cm×5cm，2 袋
凤栖梧桐 50g 胎菊：14.5cm×8.5cm

通信地址：浙江省桐乡市乌镇镇翔原村（原大王渡村委会）
联系电话：13806714195　　　陈玲芬

温
州
不
凡

温州不凡食品有限公司位于浙江省旅游风情小镇的"世界矾都"——苍南县矾山镇，是一家专业生产肉燕、肉羹、肉面、鱼丸、发菜丸等非物质文化遗产的食品生产SC认证企业，是温州农业区域公共品牌"瓯越鲜风"授权使用单位，苍南县县域农业品牌"苍农一品"成员单位。公司曾获"放心消费在浙江"示范单位，苍南县"百龙工程"农业龙头企业、苍南县非物质文化遗产体验基地等荣誉。

其中，矿上人家牌肉燕系温州区域农业公共品牌"瓯越鲜风"授权使用商品，温州不凡食品有限公司主打产品，系非物质文化遗产"肉燕制作技艺"代表性传承人陈作胜率队制作。曾获温州市农业博览会金奖、浙江省农业博览会金奖、温州市第一个全国名特优新农产品、中国农业金棉奖。

典范产品：矿上人家牌肉燕系列

包装采用食品级的BOPP/PE材料，符合安全、优质、营养、健康的理念。

包装上的画面展现了家庭亲情，以老奶奶和小孙子在饭桌上的互动场景体现长辈对小辈的关爱，也传递给消费者产品安全、可放心食用的信息。背景的高炉体现了商标的含义——"矿上人家"，也是生产地址"世界矾都"——浙江省苍南县矾山镇的标志。在包装的显要位置突出"安全、优质、营养、健康"优质农产品标志，显眼位置印上"全国名特优新农产品"，并在包装的背面印上追溯码及企业基本信息，体现产品可以让消费者吃得安心、吃得放心。

速冻肉燕：270mm×165mm×30mm

通信地址：浙江省温州市苍南县矾山镇脱水明矾厂旁
联系电话：19858771697　　　张金凤

绿望

杭州绿望农产品有限公司是一家生产销售品牌甲鱼的企业，基地德清县禹越镇百亩漾休闲农庄位于德清县禹越镇夏家村。基地占地面积160余亩，年产商品鳖10万只左右。公司先后被列为德清县生态型标准鱼塘建设示范场、农业产业示范基地、德清县诚信农产品示范基地、德清县农业龙头企业、国家级农业综合开发高新科技示范基地项目水产养殖基地、市甲鱼活水健康养殖技术示范基地、浙江省农业厅优农协会副会长单位等。绿望牌野长中华鳖在养殖中严格执行省级标准采用全生态养殖模式，品质极佳，先后被

认定为无公害农产品、绿色农产品、获农业农村部质量安全中心确认的全国名特优新农产品，2020年7月通过首次有机农产品认证，连续获得浙江省农博会优质农产品金奖。

典范产品：绿望牌野长中华鳖

包装方式为牛皮纸手提袋+内盒。基本元素采用统一的比例和格式。正面印刷醒目的Logo，简洁大方；反面用农业农村部质量安全中心给公司特制的全国名特优新农产品二维码，增加公司产品公信力。公司养殖基地及销售公司地址门店联系方式等都展现在外包装上，清晰明了，便于消费者购买及公司提供售后服务。红色环保袋加内盒包装，既能响应国家环保理念，又能迎合中国人节日礼品的喜庆需求。

通信地址：浙江省杭州市濮家新村 18 幢一层 9 号
联系电话：13336168361　　　陈杜娟

　　桐庐九月良品家庭农场有限公司主攻水稻新品种科技试验和选育的基地，以生产高端优质米和杂粮系列产品为主。农场位于桐庐县百江镇，合作基地579亩，主要以水旱轮作、稻菜间作模式进行种植，与浙江省农业科学院合作，为其产学研科技成果转化科技示范基地，并开展与智慧农业等相关科技领域创新，以点带面助推科技新产品开发。天磁米2019年获浙江省农业博览会金奖，2018年获全国稻米争霸赛二等奖，现稻米正在国家绿色食品认证中。公司创立有"九月人家""百江红"品牌，秉持"天磁泉水一袋米，激活健康一代人"的理念。

典范产品：掌上明珠天磁米

　　包装上印有浙江省农业科学院研制字样，并附有SC认证、资质加工企业、三品一标认证、商品配料表、商品国际条码、商品保质期、蒸煮方法、企业介绍、商品生产特性及商品生产日期。

　　商品外表得体，形状适中，便于携带，有时尚感。两层包装，有效防止商品破损。

掌上明珠天磁米：5kg/袋

通信地址：浙江省杭州市江干区景芳一区 28-3-502

联系电话：13396565588　　　徐樟权

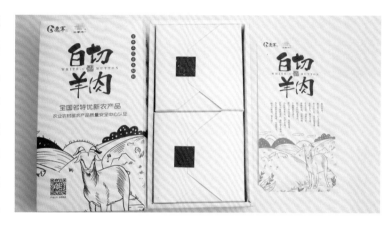

　　龙游惠军山羊生态养殖专业合作社成立于2010年，是衢州市规范合作社，注册"惠军"商标。合作社以为消费者提供高品质的生态养殖的山羊肉为使命，促进和倡导健康的生活方式。合作社坚持全程自然农法，坚决抵制激素催长，不乱用药。合作社生产的明星产品白切羊肉，是选育生态放养小山羊，严格遵循古法工艺，经过多道工序，用清水煮制而成，其肉质特别鲜嫩，没有膻味，只留羊肉特有的香味，让人口齿留香，回味无穷。2019年合作社生产的龙游山羊肉被农业农村部农产品质量安全中心颁布的"全国名特优新农产品名录"收集登录。合作社是衢州农产品区域公共品牌"三衢味"授权使用单位，2019年受邀参加在浙江省人民大会堂举行的"三衢味"发布会，并亮相浙江省人民大会堂宴会厅。2017—2019年，多次参加省农业农村厅组织的浙江省知名农业品牌巡展活动；2014—2017年，连续4年亮相浙江农业博览会金奖产品鉴赏推介会；荣获2017—2018年浙江农业博览会优质奖，2019年浙江农业博览会金奖。

典范产品：惠军白切羊肉礼盒

　　包装盒结构简单大方，便于机械生产，降低生产成本。整体以清新风格为主基调，色彩明快。设计使用双品牌（区域公用品牌和公司自主品牌），以及突出公司产品所获得的荣誉及产品质量追溯码，增加公信力，引起人们购买欲望，促进消费。同时，在生产的时候充分考虑食品卫生安全要求，用食品级高温铝箔袋，配合隔挡的标签，更显档次。

惠军白切羊肉礼盒：1kg

通信地址：浙江省衢州市龙游县幸福路 66 号

联系电话：15057093518　　　朱彬

华言

杭州华言广告有限公司成立于2009年，现为浙江大学中国农业品牌研究中心战略合作伙伴，团队目前共30人左右，核心成员均拥有5年以上专业从业经验。十年来，公司服务了近百个地方政府与企业，参与了近百个品牌的顶层设计与孵化工作，在致力于品牌策略、视觉系统、包装开发、空间导视、印刷品、新媒体等相关设计领域之外，同时提供系统的品牌管理规划、营销策略执行、媒体推广传播、IP打造等全套服务体系。

华言的设计强调图形化设计思维与表达，观照设计系统的相关度和差异度，坚持原创和独立思考以保持设计的鲜活生命力。品牌打造工作则更是紧跟时代脉搏，深掘区域资源价值，力争将区域资源价值最大化，品牌系统传播最广化。

典范产品一：脐橙包装设计

响应国家号召打造农业区域公用品牌，为农产品添加附加值，创造农民增收。礼盒作为节庆时期常用的礼品包装，设计符合脐橙调性的包装，适用脐橙放置的空间组合。外盒采用硬纸板突显礼盒的品质感，颜色上采用橙黄色更好地展示包装效果。内盒由4小盒组成，内盒缝隙空间用海绵材质填充固定，防止脐橙在运输中被挤压。

典范产品二：茶叶包装设计

外包装底盒为木质结构，内盒正装为铁罐。茶叶铁罐结合了马口铁加工的特点、设计茶叶图案的特点、茶叶的形状特点进行结构创新，满足了使用方便、安全等优点。木质外盒与铁罐内盒结合，刚与柔的碰撞更加贴合禅意文化。

典范产品三：木耳包装设计

包装外形为天地盖盒型，采用环保纸板裱特种纸张工艺，增强包装质感。将精选优质木耳分为9个独立小包装，底盒结构由条状硬纸壳隔断小包装，强化产品的固定。木耳本身轻便，包装上采用相对轻薄的材质。

通信地址：浙江省杭州市余杭区良睦路乐富海邦园 16 幢 601 华言广告公司

联系电话：13656659530　　　蔡文峰

热浪

杭州热浪品牌策划有限公司创始于2009年，总部位于美丽西子湖畔的杭州国家级高新区，在创新、设计、休闲、娱乐、时尚、互联网强势发展的环境中，迅速成长为具国际化水平、具创意及影响力的综合性设计公司之一。目前业务包括技术研发、市场研究、产品规划、工业设计、包装设计、品牌策略、营销整合、形象传播等，专注于品牌与产品的全生命周期，为企业提供全流程系统式服务。

自成立以来，公司以严谨前瞻的策略、积极创新的设计和严格有效的管理，在同行业中赢得了良好声誉和肯定。目前公司已为百余家来自不同领域和背景的全球500强企业、国内外知名企业提供了服务，创造了巨大的商业价值。

典范产品一：自然王国蜂蜜

瓶形的设计灵感源于自然蜂巢，六边棱面渐消过渡，柔和的瓶身腰线使其更添灵动与优雅，突显自然健康之感。六边形瓶盖，更易受力打开。瓶身采用TRITAN材质，具有良好的耐高温性，更好地保持蜂蜜口感与延长存储时间。

典范产品二：我的橙

"我的橙"定位"为精致的你严选好橙"，在包装设计中引用了"认证"的概念，只有好品质且大小尺寸合适的橙才能完美放入包装中，既代表对橙子的严选认证，也代表用户对品牌选择的认证。

典范产品三：嵊泗海鲜

这款包装采用了插画的形式，用大黄鱼与大螃蟹的形态直接表现产品形象，饱满而生动，展现自然的活力。以蓝色的深与金色的亮形成鲜明的视觉对比；深蓝寓意深海，具有神秘的魅力；金色表达珍贵，强调自然的馈赠值得珍惜。

通信地址：浙江省杭州市滨江区南环路 4028 号中恒世纪科技园 3B102
联系电话：13806508789　　陈政良

A141

苏州名中医马晋卿，传祖上为武当师祖张三丰得意弟子张松溪的关门弟子，秉承先祖太极文化、和合文化之思想精髓，于1915年在苏州城开设张太和国药号。以货真价值、不图厚利著称。当时苏州名中医张间斋、张栋梁等给穷人看病，在药方上批注"病者贫苦"，病人就可以拿着药方到张太和国药号免费抓药。张太和的中成药，选择非道地药材不可，饮片切割讲究精细、片型色泽俱佳，后因战乱关停。2017年，借互联网东风，杭州市张太和健康科技有限公司成立。公司继承先辈儒家、道家医药养生文化之精髓，在这个中国伟大复兴、中华优秀文化自信回归的伟大时代，公司深度结合现代消费者健康养生需求，整合优势行业资源，创新产品、创新营销模式，秉承"张太和"先人"货真价实、不图厚利"的经营理念，立志将"张太和"打造成互联网时代传统滋补养生优质品牌，为博大精深的中华医药养生文化更好地造福当代消费者而努力奋斗。

典范产品：张太和系列产品

在设计风格上以中国传统元素仙鹤代表品牌调性和IP形象，加上山与云之间的结合，更加体现"大自然、原生态"的理念，给消费者带来自然健康的视觉感受。在工艺上将产品名烫金。铁罐以碗形设计，便于食用。

  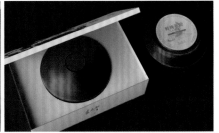

百花蜂蜜：250g/瓶
紫椴花原蜜：250g/瓶
鲜炖花胶：450g/盒

通信地址：浙江省杭州市西湖区转塘街道云栖小镇云梦路2号澹海金座1楼北楼
联系电话：15868807607　　杨潇潇

西施美人

绍兴越江茶业有限公司前身是"永义茶栈"，成立于1917年，是集种植、加工、销售、研发于一体的茶叶专业化公司，浙江大学茶叶研发合作单位、浙江大学茶学系茶文化教育基地。

公司坐落于会稽山脉西麓诸暨市东白湖镇，地处浙江省东白山生态自然保护区，方圆20km群峰如屏，云雾缭绕，无任何工业污染，为出产高品质茶叶提供了优良的生态环境。东白山一带远在晋代就开始产茶，唐朝已负盛名。陆羽在《茶经》中论茶"浙东，以越州上"，而南宋《剡录》盛赞东白山石笕茶为"越产之擅名者"。明隆庆《诸暨续志》载"茶产东白山者佳，今充贡。岁进新茅肆斤"，将东白山茶列入贡品。

越红工夫茶作为中国传统十大红茶之一，传统制作工艺已入选绍兴市非物质文化遗产名录，斯根坤被评为越红工夫茶传统制作技艺非物质文化遗产代表性传承人，越江茶业公司被认定为越红工夫茶传统制作技艺非物质文化遗产传承基地，创立了"西施美人"品牌。

典范产品：西施美人越红工夫茶

西施美人的外包装整体设体现民国主题，展现公司百年的历史沉淀，设计突出主题——西施美人，也是公司注册品牌商标。越红工夫是红茶茶品，也是非物质文化遗产，以茶叶图与茶字点缀。诸暨是西施故里又是越国古都，体现在包装两端，设计视察最佳角度，越州香螺是绿茶茶品，以越字Logo进行点缀，说明越州产地。

整体设计简单大方，透露出典雅、高贵，结合了西施文化与茶文化的韵味。

罐装：13.5cm×7.5cm
盒装：27cm×19.5cm×8.5cm
袋装：13cm×20cm

通信地址：浙江省诸暨市东白湖镇上泉村56号
联系电话：13353301116　　　余科军

A143

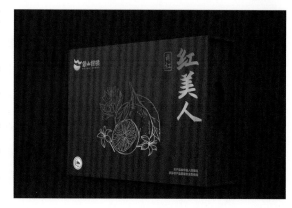

象山甬红果蔬有限公司成立于2014年，现有500亩红美人设施基地，选送的红美人柑橘果品多次荣获省、市、县组织的名优水果（柑橘）擂台赛擂主。公司是全国名特优新（柑橘）全程控制技术中心试验示范基地、农业农村部柑橘产业质量安全风险评估实验室（重庆）试验示范基地、国家现代柑橘产业技术体系华东柑橘综合实验示范基地、浙江省现代农业科技示范基地。2019年11月5日，获得国家绿色食品认证。

典范产品：象山柑橘红美人

整体设计以简约为主，以红色作为主色调，金色辅助色体现红美人的高级感以及送礼的吉祥寓意。手绘插画风格的红美人橘子主要传达手工、原始、自然的感受。

使用纸箱作为外箱承载，内托使用珍珠棉，书形盒使开盖操作更加方便。

通信地址：浙江省象山县晓塘乡晓塘村顾家（原老乡政府旧址）

联系电话：13615740006　　顾莹

百漠

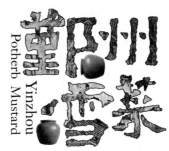

百漠设计（宁波）有限公司由设计师傅翰梁创始于2012年，专注产品形象、品牌形象、包装形象、推广形象等视觉设计咨询。涉及产品、平面、空间、UI等专业设计领域，业务范围覆盖了农业、工业、服务业的组织机构。始终以产品开发、品牌包装、视觉营销为核心，提供品牌战略咨询、品牌识别设计、产品整合开发、品牌包装规划以及营销整合推广等设计策划服务。近年来涉猎乡村振兴的三产产业纵深的农产品开发和品牌包装。早期多件作品入选华人平面设计大赛、国际设计年鉴、中国设计年鉴、我爱设计国际图形大赛、北京城市二维读本展，以及艺术与设计、包装与设计、上海海平面、中国包装设计网等设计界权威杂志网站。

典范产品一：鄞州雪菜礼盒包装

礼盒包装平面元素运用了宁波名胜古迹组成的文字背景，寓意雪菜在古今中外宁波餐桌上占有一定地位，并令人念念不忘。手写体和腌菜缸构成的标志更是突出鄞州雪菜传统工艺的视觉特征，整个包装呈现传统元素的现代设计风格，紧跟时代审美。

典范产品二：咸齑

包装画面绘述了人们腌制咸齑的古法流程（此腌制技艺是浙江省级非物质文化遗产之一），配上咸齑文化的介绍，充满了故事感。以杜绝过度包装为设计原则，采用1张白卡纸一体式折成纸盒，极少甚至无胶水粘贴，印制成本低，简单又环保。

鄞州雪菜礼盒：200g/ 罐 ×6 罐；30g/ 袋 ×20 袋
咸齑 2 瓶装伴手礼：180g/ 瓶 ×2 瓶
咸齑 5 包装伴手礼：80g/ 袋 ×5 袋

通信地址：浙江省宁波市鄞州区科技路 455 号嘉鄞大厦 2305 室
联系电话：13857486612　　　傅翰梁

A145

抱儿钟秀

安徽省抱儿钟秀茶业股份有限公司是一家经营霍山黄茶品牌的茶叶公司，为中国茶叶百强企业、国家高新技术企业、安徽省农业产业化龙头企业、全国茶叶标准化委员会黄茶工作组秘书长单位、安徽省十大扶贫企业。公司于2016年8月正式登陆新三板，成为中国黄茶第一股。公司"抱儿钟秀"品牌先后荣获安徽电商50强、中国黄茶推荐品牌、安徽省名牌产品、安徽省著名商标等荣誉称号。

自创办以来，公司完成生产基地建设、产品开发、销售网络建设工作，率先实现"公司+联合体+基地+茶农"的经营模式，推出霍山黄茶高端产品六大系列100余款产品。线下加盟直营店34家，经销商已突破300家，产品销售覆盖全省16个地市及全国8大重点城市，已在霍山黄茶主产地大别山主峰白马尖脚下的金竹坪村、白云庵村建成万亩核心生产基地和清洁化加工园及茶文化体验中心，公司通过了SC认证及相关系列认证，公司产品获得有机认证。

典范产品一：儿语黄芽茶

包装方式为简单卡盒+内袋。卡盒印有龙井山瀑布手绘插画。独立茶包袋，简单冲泡，适合出差、分享，别具一格。汤色明亮，滋味醇厚，每天一包，让品茶人体会悠然的生活状态。

典范产品二：儿语黄小茶

外包装印有霍山白马尖手绘插画，展现来自海拔1 000m以上的花香型茶的设计理念。独立内包装，密封效果好，缓冲效果好，可保障茶叶在运输过程中不被挤压损坏。

典范产品三：儿语黄大茶

黄金茶园，生态好茶。隐逸于高山，出尘脱俗。从源头保证品质，传统与现代工艺结合，使好茶始终如一。包装环保材质，可回收循环使用。

规格：26cm×26cm×10cm

通信地址：安徽省六安市霍山县经济开发区经三路纬一路交口

联系电话：19966419567　　　叶超

白湖

安徽省白湖农场米业有限公司是安徽省白湖农场集团有限责任公司下属企业，公司拥有优质粮基地14.5万亩，全部通过绿色食品基地认证。公司拥有国内领先的大米加工生产线2条，年产大米能力达8万t，销售大米近4万t，产值近2亿元。

公司通过ISO 9001质量管理体系和ISO 22000食品安全管理体系认证，并通过安全生产标准化二级企业评定，质量、安全管理水平先进。企业是国家放心粮油示范加工企业、2016和2018年度"中国大米加工企业50强"，安徽省现代农业示范区、农业产业化龙头企业、商标品牌示范企业、中国科学技术大学苏州高等研究院富硒稻米示范基地。

"白湖"系列大米被认证为国家绿色食品和有机食品、安徽省名牌产品，产品多次获得国家级展会金奖，畅销全国多个省份和地区，深受消费者喜爱。

典范产品：有机香软米

复合膜六面体真空内包装1kg，方便消费者少量多次食用，保质期长。

最小零售单元为1kg/袋×4袋六面体纸盒包装，设计有手提把手，方便消费者携带、存放。包装正面加贴有机产品防伪标签，保障产品品质，便于消费者鉴别真伪。

储运纸箱，内装4盒最小销售单元，方便储存、装卸、运输。

通信地址：安徽省合肥市庐江县白湖镇白湖农场

联系电话：18155103698　　　张立新

粒香润

六安市裕安区永裕农村水利专业合作社坐落在林寨省级现代农业示范区核心地段，于2012年12月24日成立，是一家大农业综合型服务社会合作化经济组织，注册资本500万元，是六安市唯一的大农业综合体全程服务国家级示范社。经营范围包括农田水利设施管护及服务，粮食种植、烘干、仓储、加工、销售，农业机械化服务，惠民电商平台，农业生产资料销售，农业技术培训，农业机械化培训及综合服务等。

中共永裕合作社党支部携手中国太平集团六安临时党支部、汲河村党支部成立联合党委，以党建"软实力"促进产业发展"硬建设"。手拉手共同打造太平永裕稻虾共作特色产业示范基地2 000亩，规模化绿色生态粮食种植、科技化管理、市场化运行，促进现代农业发展方式转型升级、绿色振兴。

典范产品：粒香润大米

将大米产地自然环境中的元素——大别山、有机土壤、大别山泉、梅山湖泊等，融合到Logo和包装设计的视觉上，体现品牌的文化理念：崇尚原生态健康消费，专注天然耕种，取之于自然用之于自然，将环保健康的绿色生态大米带给消费者。

产品的外包装采用牛皮纸材质，可自然降解，安全无污染。侧边留有一块大米形状的小窗，消费者可透过小窗直接观察到大米实物。内包装采用PE材质透明包装袋，使用真空压缩包装，便于储藏的同时保证大米的养分不会流失，确保产品的新鲜度。

粒香润大米：2.5kg/袋；5kg/袋

通信地址：安徽省六安市裕安区江家店镇华祖村
联系电话：18756448315　　盛彤

万佛山

安徽兰花茶业有限公司创立于2008年，注册资本2 000万元，是一家集茶叶生产、加工、销售、茶文化传播为一体的安徽省农业产业化龙头企业，舒城小兰花茶叶地方标准制定者之一，牵头组建了舒城小兰花茶产业联合体。

公司是中国茶产业联盟成员单位、中国农业国际合作促进会会员、2020年中国茶叶百强品牌企业、安徽省徽茶文化研究会常务理事单位、安徽省放心消费示范单位、六安市茶叶协会会长单位、舒城县茶叶产业协会会长单位，也是安徽省农民创业带头人。公司采用"公司+合作社+基地+农户"的产业化经营模式，下设合作社，现有408户社员，直接带动在册贫困户619户，为脱贫攻坚和新农村建设作出了应有的贡献。

公司在舒城小兰花的核心产区万佛山脉建成了绿色茶叶基地5 000余亩、100亩的良种繁殖基地、标准化的加工基地、一座占地500亩的茶文化中心、一个2 400平方米的茶文化馆，拥有门店、冷库和包装车间。公司采用线上线下的销售模式，年总销售额5 000万元。公司的"万佛山"牌茶被评为安徽著名商标、安徽名牌、安徽老字号。

万佛山牌舒城小兰花茶畅销全国各地，销售额在行业中处于领先水平，为全国百强茶企品牌。近年来，在全国乃至全球举办的大中型茶叶展销会与茶事评比活动中屡屡获奖，2021年中国茶叶品牌价值品估达1.17亿元。

典范产品：舒城小兰花沁园春礼盒装

包装方式为瓦楞纸箱+高强纸板礼盒+马口铁罐+缓冲衬垫。

包装材料为瓦楞纸箱，符合环保原则。拉伸式结构用料少，缓冲性能强，符合包装轻量化原则。包装操作简单、高效，外观漂亮整洁，符合中高档礼品包装定位，可提供较高附加值。

舒城小兰花沁园春礼盒：50g/罐×4罐

通信地址：安徽省六安市舒城县经济开发区鼓楼北街与纬一路交会处

联系电话：13731955998　　　戴玲

A 149

金寨县天堂寨果业有限公司是一个以猕猴桃产业为主的高科技农业产业化企业，服务内容包括猕猴桃种植、收购、仓储、加工、销售。利用国家地理标志产品"金寨猕猴桃"+AAAAA级景区天堂寨自然风光的设计，突出好山好水孕好果，体现生态、绿色等可持续发展理念。

在生产方面，公司承接联合国世界粮食计划署金寨猕猴桃产业扶贫基地，建设猕猴桃果园300亩。带动150户贫困户，公司采用先进的"公司+贫困户+农户"模式，将高科技与果园管理相结合，取得了良好的经济效益和社会效益。

金寨猕猴桃以不施用化学肥料和农药、拒绝使用膨大剂为产品质量要求，完成了3.01万亩绿色食品认证和6 500亩有机种植认证。金寨猕猴桃2014年被认证为国家地理标志保护产品，2015年注册为地理证明商标，2016年被认证为农产品地理标志登记产品。

典范产品：天堂寨猕猴桃

包装设计以浅蓝色为主色调，简单清新。包装结构为手提式，便于携带。外部包装、印刷等均采用环保绿色材料，无毒无味，可回收利用。内部珍珠棉包装，柔软性缓冲性好，导热率低，隔热性优，能有效保护果品，还可二次利用，安全环保。

天堂寨猕猴桃：42cm×32cm×8cm

通信地址：安徽省六安市金寨经济开发区
联系电话：13355690888　　　孙斌

A 150

安徽龙润堂生物科技有限公司坐落在砀山经济开发区内，总占地50亩，总投资1.3亿元，内设有酥梨分拣中心、酥梨深加工车间、冷链仓储物流、电商运营中心，是国内最专业的一家专注于酥梨深加工产业的企业。龙润堂在砀山县酥梨产区拥有3 000亩种植基地，可以保证生产所需的原材料供应。龙润堂与中国中医科学院中医基础理论研究所达成合作，投入1 000余万元设立砀山酥梨产业课题研发基地。龙润堂又先后与中国林业大学、

中国保健品协会等国内知名机构达成合作关系，成功研发出梨膏、梨膏饮料、梨膏棒棒糖等系列产品。

典范产品：龙润堂梨膏

包装方式为纸质外盒+玻璃瓶+木质勺子。外包装纸盒选用可再生、无污染源纸材，采用三层原木纸材设计，具有质量好、耐压性强、防潮性好的特点。玻璃罐装具有安全卫生、阻隔性能良好等优点，可以很好地减少梨膏中营养成分的流失，在保留口感的同时最大限度地延长了梨膏的储存时间。木勺由纯天然木材制作而成，木材天然的色泽和纹理具备原生态的美感，环保安全，对人体健康没有危害，突显了生态养生的理念。

龙润堂外是以清朝皇帝袍服作为原型设计而成。整体色调为宫廷黄色，简洁大气，具有极强的识别性。图中的"海水江崖"纹除了有绵延不断的吉祥含意外，还有"一统江山"和"万世升平"的寓意，传递着天地自然、宽容豁达的东方精神和喜庆祥和的美好祝愿。

规格一：110mm×110mm×110mm，280g/盒
规格二：230mm×90mm×109mm，130g/盒

通信地址：安徽省砀山县经济开发区陇海路403号
联系电话：13965369999　　　陈科猛

定远县界牌集镇刘贯永种植家庭农场成立于2015年，农场位于界牌集镇德胜村，是在传统种植桃树的主产区成立的现代种植农场，自主流转土地面积866亩。种植优质商品桃。农场先后购买农药喷雾机20台，除草机40台，农用拖拉机6台，共投资1 800余万元。农场聘用高级技术管理人员5名，负责桃树新品种引进，栽培新技术试验研究，指导场区和周边桃生产管理。长期雇用生产管理人员16人，负责生产技术和病虫害防治及产品销售市场开发服务；收获期临时雇用采摘包装工300多人。

2019年，主要产品仙桃生产管理水平和产品质量达到绿色食品标准，被中国绿色食品发展中心认定为绿色食品，允许使用绿色食品商标标志，成为当地桃产品的一大亮点和标志，带动了周边群众改进果树种植技术的积极性，现在周边的果树种植面积已达到5万亩以上。做好生产的同时，农场还加强市场开发和产品包装标识改进，小包装、新材料、果品冷藏、冷链运输等新技术极大地保护了果品品质，延长了销售时间和运输距离。

典范产品：鲜果乐园

包装方式为艺术镂空箱盖+精美印刷纸箱+可拉伸卡格或网套。

内包装材料为纸箱和EPE，符合环保原则。拉伸式结构用料少，缓冲性能强，既更好保护水果安全，又符合包装轻量化原则。包装操作便利，一拉即用，提高生产效率。

外包装采用加强型纸板箱，上盖镂空，既美观透气又可直视内部。采用纸箱原色做底色，既古朴大方有自然韵味，又便于回收利用。绿色食品专用标志，彰显产品质量。丝质薄手提带方便搬运，外观漂亮整洁，适合高档水果包装。

规格一：380mm×225mm×196mm
规格二：410mm×320mm×100mm

通信地址：安徽省滁州市定远县界牌集镇德胜村
联系电话：13608646560 　　　　任迎花

孙义顺

黄山市孙义顺茶叶销售有限公司坐落在风景奇伟俏丽的安徽黄山，公司成立于2014年，是以生产、销售为一体的综合性企业，所产安茶色泽黑褐尚润、条索壮实均齐、口感清爽醇厚，备受市场及客户喜爱。制作技艺列为非物质文化遗产名录，孙义顺安茶在北京国际优茶评比活动中多次获得十佳特色产品奖、金奖、银奖等。

孙义顺安茶介于红茶和绿茶之间，属黑茶类。其经摊青、杀青、揉捻、解块、晒坯、足火、提香、夜露、甑蒸、紧条、烘干、打套成件等工艺制成，色泽黑褐尚润、条索壮实均齐、口感清爽醇厚，味中有甜，汤色澄明，带槟榔、箬叶香味。茶品以竹篓箬叶组合包装，绿色环保，能长期储存，越陈越醇。

典范产品：孙义顺安茶

因时因地取材，用当地原生态材料的竹子、箬叶作包装材料，具有独特、唯一性，视觉呈现有别于其他同类品牌，可增强品牌的辨识度、记忆度。竹篓的透气和箬叶的防潮有利于成品安茶后期熟化转换作用，利于储存的同时也使安茶越陈越醇，这是它有别于其他茶类包装只能作为包装的工艺属性。竹篓与箬叶绿色环保，可反复持续利用，这也是塑料、纸质等质地的包装材料代替不了的。外包装材料采用麻布制作、安全、简约、传统，突出环保和使用的可持续性。具有良好的陈列、视觉效果。简洁的包装也进一步反映了当时制茶人的智慧，是安茶往外发展的历史见证。

竹篓：12cm×10cm×7cm；8cm×15cm×10cm

通信地址：安徽省黄山市屯溪区黎阳印象孙义顺安茶
联系电话：18955955505　　刘文茜

阜阳富琨农产品开发有限公司成立于2012年9月，下辖富琨种植专业合作社、琨富生态淡水养殖专业合作社、旺斐家庭农场等实体，是安徽省薯业领军企业、阜阳市农业产业化龙头企业。公司目前主营有红薯粉丝、红薯宽粉、红薯高精淀粉、土豆粉丝、紫薯粉丝、绿豆宽粉六大系列产品，拥有万亩自有种植基地，种植时不使用农药，只施用有机肥，确保种植土壤中不含有任何重金属和农药残留，从源头上保证产品的绿色、健康、有机。富琨粉丝制作匠心独运，用5kg红薯做出0.5kg粉丝，具有晶莹剔透、爽滑可口、弹而不糊等特点。富琨农产品经过7年市场的检验，获得消费者良好的口碑。已获得中国绿色食品标志、安徽省著名商标、消费者最信得过产品、最佳食材供应商等众多荣誉。分别于2018年、2019年代表安徽省最佳绿色食品企业参加中国国际绿色食品展。

典范产品一：红薯淀粉

包装主画面描绘了一位漂亮的女士正手捧红薯轻嗅清香的场景，面前是满满一篮红薯和大片的红薯地。整个画面直接生动地把产品纯天然、无公害、无添加剂的绿色特质体现出来。正面采用椭圆形开窗透明设计，让消费者直观地看到产品实物，拉近与消费者的距离，增强消费者购买欲望。

典范产品二：红薯粉丝

包装主画面描绘了一对父子共收红薯时的大丰收景象。优美的画面展现了产地绿色自然的生态环境，传达出富琨始终如一地为顾客提供纯天然、无公害、无添加剂的绿色食品的理念。将产品原料融入主画面中，增强产品关联度。包装正面采用开窗透明设计，让消费者直观地看到产品实物，拉近与消费者的距离，增强消费者购买欲望。

红薯粉丝：230g/袋

红薯淀粉：300g/袋

通信地址：安徽省阜阳市颍泉区中央豪景

联系电话：15755862999　　连琨

金芝源

"金芝源"，意为"金寨（金氏）、灵芝、源头（渊源）"，蕴含着责任和担当，诠释金寨赤芝——国家地理标志性产品正宗要义。金氏几代人致力于灵芝的种植及原料销售，2014年成立了金寨金芝源生物工程有限公司，注册金芝源品牌。承大别山之福泽，为了保证原料品质，公司建立了灵芝种源选育、栽培基筛选、模拟大别山生态环境栽培仿野生基地。建立的灵芝生态产业园集生态栽培、灵芝文化馆、灵芝产品体验于一体，使消费者零距离了解灵芝、体验灵芝。

金芝源灵芝种植基地选择无毒无害无污染的小块山谷地布点，完全在仿野生的有机环境下栽培和采集。金芝源灵芝孢子粉采用优质改良菌种，出产的灵芝实体粗壮肥厚、自然成熟，喷射的孢子粉粒大而饱满、营养成分充沛，药用价值更高。

典范产品：金芝源破壁灵芝孢子粉颗粒

包装主色调为黄色，显眼出众，给人轻盈、灿烂、辉煌、充满希望的色彩印象。

中间白色带印有大别山主峰暗纹，表示产品产自安徽大别山核心群。灵芝图代表吉祥、平安，表明产品的属性——灵芝孢子粉。

金芝源破壁灵芝孢子粉颗粒：1g/ 包 ×60 包

通信地址：安徽省六安市金寨金梧桐创业园 A-2 二楼

联系电话：13671611888　　金刚

金福元

安徽喜洋洋农业科技有限公司成立于2011年1月，是一家专业从事农业标准化示范种植、农业技术研发及科技服务、农业农特产品经营的现代农业企业。公司现有员工100多人，聘请农业高级技术人员20余人，先后建立了庐江、肥东、砀山3个标准化种植示范基地，面积6 000多亩。公司先后获得"央视上榜品牌""农民信赖的农资经销商""2013放心农资下乡进村信得过单位""流通企业诚信标兵单位"等称号，是安徽省农学会常务理事单位、安徽省连锁经营协会常务理事单位、安徽省新兴产业协会常务理事单位、安徽省政府咨询机构对外交流合作协会现代农业委员会主任会员单位。

典范产品：金福元珍珠香米

包装设计选择平面化的农耕形象图形，直接明了，使消费者具有代入性。在复合袋的上方加装了打孔提扣，便于提带。

带有肌理的背景和纯色色块搭配，自然简约。整体采用草绿色的色调，视觉上较为统一，大面积的透明区域，可以使消费者直接观察到产品的状态。

规格一： 1kg/ 袋

规格二： 2.5kg/ 袋

通信地址：安徽省庐江县郭河镇白果西路 168 号

联系电话：13335658649　　　　乔卫菊

五溪山

　　黄山市黟县五溪山茶厂有限公司是一家拥有地理标志保护、有机产品认证，专注于中高档名优有机茶（黄山毛峰、五溪兰香、祁门红茶、太平猴魁），创新"徽文化+茶文化+有机茶+旅游"思路，集研发、基地、生产、营销、品牌、旅游等相关联产业于一体的省级农业产业化龙头企业、省级民营科技企业、第一批国家有机食品生产示范基地、第一批长三角绿色农产品生产加工供应示范基地，在省股权托管交易中心农业版挂牌。拥有绿色食品、有机食品生产基地，实行OAO-Online And Offline线上线下协同制造（天猫、京东等旗舰店，十几座体验专卖店）的营销模式，拥有多项专利及"大器晚成""金象牙""五溪兰香""五溪山"商标（省著名商标及省名牌产品），荣获多项国际、国内专业荣誉。

典范产品：五溪山系列茶

　　产品整体包装设计以金色为主色调，从色调上给人温暖、幸福的感觉。

　　茶名由著名书画家高建群题写，突显其高端、厚重的品质，深受业界专家好评。

"五溪山"负薪苦读黄山毛峰礼盒：280g/盒
"五溪山"负薪苦读黄山毛峰：250g/袋
"五溪山"乐享人生五溪兰香茶：250g/袋

通信地址：安徽省黄山市黟县城东
联系电话：13705598346　　　　程文胜

森亚石斛

　　安徽森亚生态农林有限公司位于山清水秀、竹柏如海、素有"华夏毛竹第一镇"之称的泾县蔡村镇，主要从事药用石斛等名贵中药材种植、加工和销售。公司立足本地优质生态资源，打造皖南川藏线上首个中医药健康旅游示范基地——森亚石斛养生文化园，占地200多亩，是长江以南最大的米斛种植园，这里有当前中国市场上最名贵的两个石斛品种——铁皮石斛和米斛。公司在市、县两级农业部门的指导下，开展了有机石斛栽培，这种模式种植的石斛胶质饱满、口感好、纤维含量低、营养价值极高，得到了业内专家的充分肯定。安徽中医药大学对森亚石斛进行多糖含量测定，其多糖含量高达36.01%，高出国家药典规定的标准10多个百分点。

　　公司先后被授予了安徽省林业产业化龙头企业、宣城市农业产业化龙头企业、宣城市农村科普示范基地、宣城市守合同重信用企业、宣城市中医药健康旅游示范基地、最美"四带一自"主体、最美扶贫爱心企业等称号。2018年森亚石斛获中国森博会优质奖，2019年，森亚石斛被农业农村部审定为地理标志产品，石斛加工技艺被列为县级非物质文化遗产项目。

典范产品：森亚石斛系列

　　石斛是传统中药材，因此包装结合中式与传统的设计理念。中医讲"天有五行，人有五脏，在天成气，在地成形"，因此包装风格采用"方形+天地盖"的形式，颜色采用中国红、吉祥黄、道家黑的搭配，突显行

业属性，体现传统中医药文化特色。文字采用烫金点缀，象征着富贵、喜庆、平安、健康。包装整体采用"特种纸+硬纸板"和"麻布+硬纸板"的组合以及铜版纸和牛皮纸，高贵不奢华，简洁不简单，大气上档次，美观又环保。内瓶为食品级亚克力瓶，密封性好，产品在保质期内不变坏，还可二次利用，经济环保。

铁皮石斛（枫斗）：40g/盒
米斛枫斗：15g/盒

通信地址：安徽省宣城市泾县蔡村镇河冲村
联系电话：18196581025　　　余小波

涌溪火青

安徽泾县其华涌溪火青茶叶有限公司为安徽省农业产业化龙头企业，成立于2001年，坐落于全国十大名茶之一的"涌溪火青"产地——泾县榔桥镇，境内环境气候优越，且无任何污染，森林覆盖率达85%；茶园常年与山花为邻，白云做伴，是天然的优质绿色食品的基地，是生产、加工、销售"涌溪火青"品牌系列绿茶的专业厂家，是"涌溪火青"注册商标的唯一产权企业，公司拥有3 000余亩绿茶生产基地和精制茶厂，年产成品茶27 000kg。

2020年获第十三届安徽国际茶产业博览会首届长三角名茶评比三星金奖。2019年专家依据品牌价值评估"涌溪火青"品牌为1.19亿元。2013年公司被评为安徽省林业产业化龙头企业；2017年被评为安徽省农业产业化龙头企业，2011年涌溪火青产地以其秀美景色、古村人文和悠久茶文化等元素，被沪、苏、浙、皖旅游部门遴选为长三角城市群茶香文化体验之旅示范点。

典范产品：涌溪火青系列绿茶

包装设计上体现安徽涌溪村独特地理标志保护产品的地域特色和悠久的历史文化特色；简洁美观，实用性强，出差、旅行携带方便；突显茶叶品牌的行业属性。

外包装表面为纳米UV印刷，字体和图案进行激光雕刻和彩印，陈列效果更美观。礼盒内部精密内置特种纸内衬，内配优质马口铁罐，质量轻、体积小、密封保鲜、可重复使用，回收处理也容易，使用方便，对环境污染较小。天地盖的设计经典又不失设计感，茶叶袋使用PE铝箔袋，保护性能优良，可防水、防潮。所有包装材料安全、简约，突出环保理念。

规格一：34cm×25cm×8.5cm
规格二：34cm×27cm×9cm

通信地址：安徽省宣城市泾县榔桥镇共和路86号

联系电话：13966202846　　　石水根

汀溪兰香

安徽兰香茶业有限公司成立于2002年，主要生产、加工、销售汀溪兰香品牌系列绿茶。汀溪兰香产于皖南山区的泾县汀溪，公司2004年被评为全国茶叶标准化生产达标单位，2004年通过绿色食品认证，2005年通过ISO 9001质量体系认证，2009年获得省级守合同重信用企业荣誉称号且同年被授予国家标准化良好行为AAA级企业，2018年进行有机产品认证，现是农业产业化省级龙头企业。

由于产地自然环境优美，制作工艺精良，茶质香高味醇，曾多次获奖。2002年荣获国际名茶评比金奖，2005年被评为安徽省名牌产品、安徽十大名茶，2009年荣获十六届上海国际茶文化节中国名茶金奖且同年在北京徽茶品鉴会上被列为"国礼徽茶"，在2009年农业部举办的中国农产品交易会上再夺金奖，2010年荣获上海世博会金奖。2013年再获中国徽茶十大著名品牌和第七届中国（芜湖）国际博览会茶王称号，2014年获第四届中国国际茶博会金奖，2016年被农业部评选为农产品地理标志保护产品且同年又荣获世界绿茶评比最高金奖，2018年荣获中国（杭州）国际名茶评比金奖，2019年荣获中国徽茶驰名品牌。

典范产品：汀溪兰香茶

包装设计以茶文化为基础，运用了中国传统的吉祥元素鹤、祥云与茶叶的演变为主视觉元素，结合了品牌文化，赋予产品很高的辨识度、记忆度。工艺上采用了烫金压纹等工艺，增加了产品的层次感。整个包装层次分明，质感凸出，品牌识别度高。整体包装轻便环保、易于携带、精美大方。

包装方式为礼品盒+4罐汀溪兰香茶。外包装盒采用可回收的高强纸板制作，盒形简约、实用。内罐为马口铁罐，易于茶叶运输存储又可回收再利用。罐内茶产品用锡箔纸袋装，安全卫生、避光、防异味、防潮。礼品袋采用手提袋形式，设计了两个手提拉绳，方便携带，坚实耐用。

外包装：37cm×30cm×10×cm
内置马口铁罐：9cm×10cm×6cm

通信地址：安徽省宣城市泾县桃花潭东路 351 号
联系电话：13956560115　　　张祥云

铁观音
安溪

福建省惜缘生态农业开发有限公司创建于福建安溪，严格遵循"标准种植、标准生产、标准加工"三位一体的铁观音标准化产销体系，开发出了"涵香醉""囡儿香""茶云季""一泡茶心""野将军"等20余个知名铁观音系列产品，畅销全国，并进入东南亚、欧美等国家和地区，得到了市场与客户的广泛认可。

2013年，公司与福建农林大学安溪茶学院开展产教融合，先后培养学员1 000多人次。2019年校地企共建了全国茶叶领域首家以女性为主体的传习平台——安溪铁观音女茶师非遗传习所，并成功协办了第17届国际无我茶会暨"一带一路"安溪铁观音发展高峰论坛，邀请茶界大师和国际专家学者开展了30多期非遗专题报告学习班，连续培训了30多个国家的国际生，促进了安溪铁观音茶文化传播国际化以及世界茶文化核心理念"和"文化的认同和发展。

公司团队荣获第17届国际无我茶会突出贡献奖、福建省技能大师工作室领衔人、泉州市技能大师、泉州市技能大师工作室领衔人、泉州市巾帼创业创新典型、泉州市三八红旗手等荣誉称号；传习所荣获乡村振兴妇女创业人才孵化基地、工人先锋号等荣誉称号。

包装是安溪铁观音最直观的品牌传播媒体，在安溪铁观音茶文化系统的指引下，以插画或文字形式生动地再现茶会精神、制茶或泡茶工艺等茶文化的传播，倡导绿色设计理念，合理利用材料功能，通过把控产品质量、提高包装生态环保工艺，不断自我革新、创新。

包装设计力求创新探索、简约生态，内外结构合理，重视绿色包装理念和现代印刷工艺。使用材料可回收利用，易于降解，减少资源浪费，降低对环境的污染。通过绿色种植、匠心手作、环保包装等流程向世界茶友展现以安溪铁观音为代表的新时代中国茶人的整体风貌，实现生态环保可持续性发展，坚持人与自然的和谐统一。

通信地址：福建省泉州市安溪县大同路 793-795 号
联系电话：13489269116　　　何环珠

典范产品：安溪铁观音

酡颜色调的包装含蓄、天真，洋溢着青春似火的囡儿（即未出嫁的女孩）情窦初开的羞涩和与恋人初识的倾慕。

人生自在是茶云。智慧的人生，应修炼成茶的身，在生命的汪洋里百折不挠；自在的生活，需效法于云的心，在生命的天空里宠辱不惊。包装设计如同琳函（青碧色的玉制封套），琳琅无瑕，高贵且温润，这是智慧的人生态度。

大盒尺寸：24.5cm×28.5cm×5cm
内盒尺寸：10cm×6cm×3cm

A161

永生茶业

福建省武夷山市永生茶业有限公司始创于1985年，位于武夷山市星村镇星村齐云路，是集武夷岩茶和武夷红茶的生产、加工、销售、科研及茶文化传播于一体的福建省农业产业化重点龙头企业。公司陆续获得国家级农业旅游示范区、国家级科普示范基地、福建省著名商标、福建省名牌、福建省名牌农产品等荣誉和称号。

企业生产的水仙茶蝉联了首届和第二届武夷岩茶茶王赛茶王，2017年玉琼茶获得中茶杯特等奖；2018年金佛茶荣获第十六届中国农产品交易会金奖，金佛茶入选第五届世界佛教论坛指定用茶；2019年金佛茶被评为福建名牌农产品，公司被评为武夷山市第三届十佳诚信茶企。此外，还在几十项茶叶评比中获得金奖和银奖。产品质量优良，商业信誉良好，生产的产品经外贸销往世界各地，并在广东、上海、北京、山东、新疆等省区市建立了自己的直销网络，备受客户青睐。

典范产品一：玉琼茶礼盒装

采用特种纸和金卡，材料供应资源足、容易获取。独立茶泡装，方便冲泡，适合送礼、分享，别具一格。新品种，大师造，具有自主知识产权。

典范产品二：岩骨花香金佛

这是一份精致的茶礼，高贵大气。包装独立设计，具有自主知识产权，武夷山水的设计理念突显产品特色。采用礼盒+泡装的形式，适合送礼，便于分享。独立内包装，密封效果好。

典范产品三：典藏水仙王

复古典雅的设计风格，采用传统的铁质，包装环保，可回收循环使用。品饮典藏水仙王，必须按工夫茶小壶小杯细品慢饮的方式，才能真正品尝到岩茶之巅的韵味。

玉琼茶：20g/袋；100g/盒
岩骨花香金佛：20g/盒；60g/盒；250g/盒
典藏水仙王：25g/盒

通信地址：福建省武夷山市星村镇齐云路 67 号
联系电话：13905994983　　游玉琼

163

龍井岗

柘荣县恒馨老茶农业发展有限公司龍井岗品牌创立于2017年，缘起中国长寿之乡、国家级生态示范县福建柘荣，是一家集种植、加工、销售、科研及白茶事业推广于一体的市级龙企业。

产业园坐落在海拔1 480m的省级AAA风景名胜区东狮山腹地，拥有海拔800~1 200m的有机生态基地，近年相继拓展集约、智能、科技的现代化标准厂区，产品多次荣获茶届权威斗茶大赛金奖。

公司自成立以来坚持采用自然的管理方式，严格遵循国家有机标准，秉承只做健康白茶的理念，为消费者提供放心好白茶。产地不可复制的地理、气候环境，赋予了龙井岗白茶特有的绝妙韵味，山中常年多云、多雾，阳光多处于漫反射状态，有机微量矿物质、氨基酸极为丰富，得天独厚的珍稀自然资源，注定了龍井岗优质白茶的生长之本源。

龍井岗白毫银针茶干白毫密披，挺直如针，色泽银白。茶汤毫香蜜润，晶莹透亮，地域特征显著。茶底匀整鲜嫩，经久耐泡。

典范产品：寿眉茶饼

包装方式为手提袋+盒子+内衬纸。外盒主色调是米色，茶饼内衬纸采用公司品牌颜色"龍井岗"绿，色彩搭配令人舒适。内衬纸上3个标识体现了公司茶园的特点：第一个是公司茶园属于高山茶园，海拔高达1 200m；第二个是茶园属于原始生态老枞白茶；第三个是茶园地处北纬27°白茶种植的黄金地带。主图是一幅茶园基地的手绘图，龙井岗茶园位于太姥山脉主峰东狮山龙井瀑布之上，所以主图就是龙井瀑布和茶园。

龍井岗白毫银针：5g/罐×20罐
寿眉茶饼：350g/个

通信地址：福建省宁德市柘荣县岭边亭村梨坪88号
联系电话：18050019780　　陈红

光照人

漳州光照人茶业有限公司是一家种植、生产有机茶的品牌茶业公司,公司位于漳州市华安县沙建镇岱山,其有机农场占地3 250亩。2002年人工开垦至今,种植有机茶树500亩,以及降香黄檀、金丝楠、相思树、灰木莲、红豆杉、沉香等国家珍贵树种和中草药1 700亩。这里的红土地已经变成肥沃的黑土地,整个动植物生态链已经修复完好且形成良性循环。光照人有机茶叶已经连续十几年获得欧盟、美国、日本、中国等有机认证,2020年8月,光照人有机农场荣获雨林联盟认证。

目前,公司荣获国家级现代有机农业科教示范基地、厦门大学教育实践基地、福建省农业产业化省级重点龙头企业、福建省最具生态贡献企业、福建省著名商标等荣誉称号及资质。公司已从有机农业扩展到食疗大健康行业,并在北京、上海、广州、深圳分别建立了全资子公司。

典范产品一:有机铁观音

包装设计为牛皮纸外盒+内袋。茶汤富有兰花幽香,馥郁持久、鲜爽回甘、生津持久,不仅能带来口感上的享受,还能提神醒脑,同时有机茶以更健康、营养的品质,对人体健康有重要的帮助。

典范产品二:有机红茶

包装设计为牛皮纸外盒+内袋。红茶采摘嫩芽嫩叶制成,茶汤呈亮红艳,甜香浓郁,伴有花果香、甘甜柔和、耐泡持久,久泡不苦,适合大多数人的口感追求,营养物质也更为丰富,常喝有益身体健康。

典范产品三:观音馥礼盒装

包装设计为外盒印有兰花,内盒点缀花朵,内袋上有花团锦簇图案,为包装增添了一种馥郁高贵的美感,起到点睛之笔的作用,同时也是象征其茶汤富含花朵的馥郁芬芳,非常迷人!很适合作为一份珍贵的茶礼送亲朋好友。

有机铁观音:5g/ 袋 ×12 袋
有机红茶:5g/ 袋 ×12 袋

通信地址:福建省厦门市湖里大道 33 联发 30 号厂房西侧 9 层
联系电话:13003900796　　雷龙

品品香

福建品品香茶业有限公司成立于2004年，是一家集茶叶种植、加工、销售、科研、出口及白茶文化推广于一体的农业产业化国家重点龙头企业，公司在福鼎市磻溪镇、管阳镇、贯岭镇主要产茶区建有5 000亩有机茶基地，成立福建品品香现代茶业产业化联合体，以"公司+基地+合作社+农户"的模式，带动农户建立有茶叶基地3.8万亩。通过了ISO 9001质量管理体系、ISO 14001环境管理体系、ISO 45001职业健康安全管理体系、ISO 22000食品安全管理体系及中农有机产品等认证。

公司现有职工400多人，银行信用等级为AA。主营"品品香"和"晒白金"系列白茶产品，产品享誉国内市场。品品香福鼎白茶获得中国名牌农产品、百年世博中国名茶金骆驼奖、福建省名牌农产品等荣誉，2019年品品香白茶在全国市场占有率为10.8%，产品市场占有率位居全国第一位。2020年"品品香""晒白金"品牌价值分别达9.74亿元和2.48亿元。

典范产品一：品品香系列白茶

亲近自然，回归本真。以福鼎大白、大毫为原料，采用白茶传统制作方式，不炒不揉、自然萎凋，最大程度保留茶叶的营养成分，拥有"一年茶，三年药，七年宝"的美誉，越陈越醇、越存越好。汤色橙黄，清澈明亮。包装环保材质，可回收循环使用，客户体验好。

典范产品二：晒白金系列白茶

自然工艺，阳光晾晒；茗分六类，瑞草白茶；时光积淀，历练如金。原料陈放3年、经筛分、风选、色选、静电除杂、人工细捡、匀堆6道精制工序成就梯形小砖标准结构。5g一泡，便于携带，便于煮饮，便于保存，专利保护。是一款能喝出健康、送出真情、留住财富的茶！

品品香系列白茶：5g/ 袋 ×72 袋
晒白金系列白茶：5g/ 袋 ×32 袋

通信地址：福建省福鼎市桐城街道资国村山下 106 号
联系电话：18259399988　　徐宝玲

恒
春
源

福建省恒春源茶业有限公司成立于2004年，是一个集茶叶种植、加工、销售、出口及有机白茶文化推广为一体的农业产业化品牌。主营"恒春源"和"蛙小白"系列等有机白茶产品。从2004年开始以经营有机白茶为核心业务，专注精耕于有机白茶。率先获得"有机白茶"全球五大认证，连续17年出口欧美市场。其五大认证包含中农有机认证、欧盟有机认证、美国有机认证、美国雨林联盟认证及钓鱼台原生态产品标准认证。

恒春源白茶从原材料进厂、生产加工、产品检验、成品出厂建立管理程序，建立一套完善的产品质量可追溯管理制度。天湖山基地地处佳阳乡周山村之巅，俗称乌山尾，海拔838m，茶园面积1 075亩，茶树大部分近70年的树龄，每年180天云雾缭绕，负氧离子10万个/cm³。其茶园单体面积是福鼎最大，被称为"福鼎最美茶山"。

典范产品一：初昔·1731

包装方式为简单卡盒+内袋。成本优势大，供应资源足，容易获取。也是一份精致的伴手礼，简约而不简单。细节突显品质，颇具质感，独立密封袋，密封效果好，可保障茶叶在运输过程中不因受潮而变质。

典范产品二：蛙小白·贡眉

包装方式为烟条形天地盖外盒，内置8小盒烟盒+内袋。携带方便，多种冲泡方式选择。外观年轻时尚，惹人喜爱。一泡一袋，干净卫生，使用方便。

典范产品三：山韵·有机贡眉

包装方式为简单纸盒+内袋。包装简约而不简单，细节突显品质，颇具质感。内袋密封效果好，可保障茶叶在运输过程中不因受潮而变质。

规格：410mm×350mm×90mm

通信地址：福建省福鼎市桐城街道星火路11号

联系电话：17759337999　　　何川

A 166

乾峰冠龍

横峰县大众茶业开发有限公司是一家专业从事茶叶种植、研发、加工、销售、茶文化交流为一体的现代化综合企业。公司成立于2011年9月，注册资本2 000万元。公司茶园基地位于海拔800多米的横峰县新篁槎源村马鞍岭高山上。公司有"乾峰冠龍"注册商标，2018年7月已通过杭州中农质量认证中心的有机认证。

公司历经多年开垦，已种植肉桂、黄观音、雀舌、金牡丹、奇丹、瑞香等优质名贵茶树200余亩，建成玉桂园、奇香园、金雀园和满香园。公司始终坚持"创新精制，健康之饮，品位生活"的理念，运用传统的制茶工艺和现代先进技术精制茶叶，致力于打造安全、健康、绿色的茶产品，努力成为有机茶和茶文化传播领军品牌。

典范产品：乾峰冠龍系列茶

礼盒装包装设计为中国红纸盒+内袋。包装成本不高，原材料容易采购，货源供应充足。内盒小泡袋按5g/袋茶量独立分装，简单易冲，既不浪费茶，又能分装防潮，保证每一袋茶的鲜香滋味不变，适合客户按个人所需用量携带出门旅行、与友人分享。

简装为牛皮纸袋内附铝箔，外加一张产品标贴，没有其他任何修饰，直接装入散茶易拉式封口，没有比这更适合老茶友了，品的是茶，尝的是出尘脱俗的生活。

通信地址：江西省横峰县国道东路 120 号 1000m
联系电话：15879339151 　　　滕长青

A167

江西新农园实业有限公司成立于2010年12月7日，注册资本3 000万元，拥有总资产3 395余万元，是集蛋鸡养殖与销售为一体的现代农业产业化省级龙头企业。公司专注于生产无激素、无抗生素的中国儿童放心鸡蛋，致力于打造中国儿童放心鸡蛋领导品牌。公司旗下拥有叶尔、宝贝蛋、宝贝鸡、蛋小宝、宝妈蛋、娃娃蛋等多个品牌。2018年江西新农园实业有限公司与萍乡市供销社共同成立萍乡市鸿远专业种养合作社。采取"消费社+专业种养合作社+线上商城+线下社区网点+线下产品体验中心（展厅）"的模式，同时依托新农园公司在上海、广州、深圳、杭州、南昌、长沙等地千余家社区服务网点，致力于共同打造全国优质农产品一站式消费平台。

典范产品一：鸡蛋产品

包装材料为纸箱和EPE，缓冲性能强，符合包装轻量化原则。可反复回收利用，是一种环保材料。包装操作简单，全套包材仅有3个部件，符合高效原则。外包装采用0301天地盒盒型或者0427披萨盒盒型，在盒子底部打30个透气孔，依次对应珍珠棉和鸡蛋的透气孔，保障每枚鸡蛋的透气性和新鲜度。内包装采用EPE材质，以弹性减震为设计导向，以减量化为原则，成品与包装盒内尺寸一致。珍珠棉为单层30个花型孔径可对应放置30枚鸡蛋，给出弹性缓冲区，并且保证运输过程中鸡蛋安全。

典范产品二：冰鲜整鸡产品

包装方式为外盒+珍珠棉内盒+珍珠棉顶盖+鸡肉真空包装。包装材料为纸箱和EPE，缓冲性能强，可反复回收利用。包装操作简单，符合高效原则。内包装采用EPE材质，以保温保鲜为设计导向，以减量化为原则，成品与包装盒内尺寸一致。在放入真空包装的鸡肉和其他材料后，还留有余地放置冰袋，保证运输过程中的保温性能，使冰鲜农产品不易变质。

通信地址：江西省萍乡市安源区萍安南大道景盛豪庭宝贝蛋体验中心

联系电话：13307990789　　　卢峰

东营市垦利区瑞翔家禽养殖有限公司总投资4 000余万元，引进荷兰"丰荷玛克、萨诺沃"智能自动化鸡蛋包装系统二套，引进电子工业部远程智能环境控制系统，8栋鸡舍全部实现联网，全自动智能净水设备让鸡喝到清洁无菌水，全自动化智能饲料加工设备严控饲料品质和安全。总存栏产蛋鸡25万只，每年可生产"益生源""甄领鲜"牌无公害鸡蛋4 500余吨，现已是鲁北地区最大的鸡蛋食品生产企业。已经与40家潍坊佳乐家连锁、信誉楼百货、华润五丰等多家大型连锁超市签订供货合同，线上在山东公共品牌"齐鲁畜牧"旗舰店已与天猫、淘宝、京东、京喜、拼多多、物农网签订协议并已经开通上线，日销售量1 000单（40 000枚蛋）。

典范产品一：富硒鲜蛋

包装采用绿白为主色调，体现产品是无公害产品。漫画鸡的效果图，更加生动形象地展现了产品的性质。包装上以文字体现出产品富含硒元素的卖点，更加刺激消费者的购买意愿。包装材料为尺寸合适的纸箱，既保证纸箱的合理利用，又节省了资源，符合现在提倡的环保理念。

典范产品二：无公害鲜鸡蛋

包装采用绿白为主色调，体现产品是无公害产品。更加适合宝宝食用的无公害鸡蛋，妈妈买得更放心，包装上直接体现出来卖点，更加刺激消费者的购买意愿。包装材料为尺寸合适的纸箱，既保证纸箱的合理利用，又节省了资源，符合现在提倡的环保理念。

规格一：305mm×195mm×165mm，30 枚／箱
规格二：275mm×220mm×150mm，40 枚／箱

通信地址：山东省东营市垦利区垦利街道办二十一户村东 1000m

联系电话：13356629089　　　王建祥

山东牧族生态农业科技有限公司位于诸城市石桥子镇枳房村，成立于2016年6月，实收资本1 000万元，占地面积约198 000m²，总建筑面积65 148m²，公司于2016年9月开工建设，项目计划设计投资30 000万元，一期工程投资3 000万元。目前已建成两栋30万羽蛋鸡存栏现代化鸡舍及成套鸡笼设备，莫巴自动化蛋选设备一套，可形成年产鸡蛋5 000t，实现产值4 000万元。截至2017年12月，公司固定资产1 190万元，在建工程653万元，生物资产681万元，产蛋2 500t，实现收入2 047万元。

出口日本级别的可生食鸡蛋、富含硒元素的富硒鲜蛋，孕产妇婴幼儿均可放心食用。从美国、日本、荷兰、意大利原装引进蛋鸡养殖集成设备、全程灭菌设备；智能环控系统、全套MOBO系统，确保每枚鸡蛋更营养、更安全、更健康！使用蛋白硒喂养，五谷杂粮喂养，全程智能灭菌，不使用抗生素、激素，让消费者放心！

"牧族"商标中，"牧"代表产品是属于农牧业的产品；"族"代表从事农牧行业的群体，勤劳、善良，对产品品质不断提升也是这个群体永远追求的目标。

典范产品：牧族系列鸡蛋

包装使用高强度的外箱，同时箱内配置了柔性的珍珠棉来解决鸡蛋易碎和保鲜的问题，尽可能地保证鸡蛋新鲜完整地送达消费者手中。箱子图案设计运用了形象的鸡蛋和可爱小鸡图标，来直接诠释产品的形象，体现了初级农产品的整体形象。

牧族可生食鸡蛋：350mm×290mm×90mm，30 枚／箱
牧族小鲜蛋：287mm×117mm×165mm，30 枚／箱

通信地址：山东省潍坊市诸城市石桥子镇枳房村
联系电话：13589995527　　王海青

海
石
花

枣庄市海石花蜂业有限公司成立于1982年，坐落在被誉为世界吉尼斯之最的"冠世榴园"腹地之中。海石花公司是一家集养蜂及蜂产品深加工科贸为一体的出口型企业，产品出口日本、韩国、加拿大等国家，得到广大消费者的认可，并获得诸多荣誉。海石花蜂王浆荣获第八届中国国际农产品交易会金奖；2010年，海石花牌有机枣花蜜、有机鲜王浆在上海荣获中国国际有机食品博览会金奖；2010年，获山东省明星企业称号，2012年12月14日荣获中国绿色食品

2012上海博览会畅销产品奖，2016年，荣获山东省最受欢迎健康食品称号，2016年，被授予山东省中小企业协会副会长单位称号，2019年海石花牌蜂巢蜜获第34届山东畜牧业博览会优质产品食品类金奖，2019年10月海石花牌洋槐蜂蜜获第34届山东畜牧业博览会优质产品食品类银奖，2019年公司获全国无公害绿色产品认证。

典范产品：海石花系列蜂蜜

海石花的包装设计本着安全卫生、可反复使用减少浪费的原则，包装容器本身是高晶玻璃一次成型，本身耐冲击，一般磕碰不损，安全卫生、有良好的耐腐蚀能力和耐酸蚀能力，可以反复多次使用，减少资源浪费及环境污染。

设计精致且美观，能很好体现蜂蜜的光泽特性，是现在蜂蜜产品包装里上佳的好包装。

标签材质采用合成水胶材料制作而成，无毒无污染，撕掉后也具有不掉胶、不粘手等优点。

规格：12.5cm×25.5cm，500g/瓶

通信地址：山东省枣庄市峄城经济开发区科达东路
联系电话：15318000888　　　周林林

A171

青岛马家沟生态农业有限公司地址位于平度市青岛路西端（青岛马家沟芹菜产业示范园）。公司始建于2016年，注册资本2 000万元，占地面积1 200亩，拥有员工100余人，是一家以生产马家沟芹菜为主的，集科研开发、基地生产和加工销售于一体的现代生态农业开发企业。青岛马家沟生态农业有限公司出品的"马家沟"芹菜分为"平马一号""贡品马芹""玻璃脆""水晶芯""航马一号""航马二号""平马一号"精品版等品种。

正宗马家沟芹菜，色泽黄绿、叶柄空心、嫩脆清香，而且富含多种微量元素，是蔬菜中的上等佳品。"航马一号"色泽较普通马家沟芹菜绿，呈深绿色，口感更加清脆。"航马二号"外梗呈黄绿色，口感鲜嫩。马家沟芹菜经过窖藏储存，让芹菜的大部分营养回流到茎部和根部，营养价值和品质得到极大提升。

典范产品一：贡品马芹

包装设计高档、典雅，蓝色为基调色具有很强的视觉冲击力。特种纸张做原料，易运、利贮、保鲜，可回收，易降解。内容产品色泽黄绿，梗直空心，特有的马家沟芹菜清香弥漫于小小的天地方寸之间，1 000g的人性化容量设计，食美品鲜。

典范产品二：玻璃脆

抽匣式设计华丽高贵，增加了美感，体现了产品特性——玉在枢中待善价，此产品特点是脆如玉，观有透明玉感，食之香、脆；掉到地上摔八瓣正是此品特征的真实写照。抽匣式设计便利于产品的保鲜储藏。

典范产品三：航马一号

抽匣式设计典雅，雍容华贵，大气美观。航空育种芹菜，产品嫩绿，口感清香，独一无二。

贡品马芹：52cm×25cm×7cm，1kg/盒
玻璃脆：40cm×16cm×5cm，450g/盒
航马一号：35cm×23cm×6cm，500g/盒

通信地址：山东省青岛市平度市人民路217号（中国芹菜博物馆）
联系电话：15306393701　　崔忠卫

晓阳春

青岛晓阳工贸有限公司成立于1998年，注册资本1 125万元，在职职工300余人，是一家集茶叶研发、种植、加工、销售和茶文化研究于一体的青岛市农业龙头企业。公司下设晓阳茶场、晓阳春茶业培训学校、茶叶合作社、御茗山房及"茗香谷"有机茶基地、茶馆、茶叶专卖店。现有茶园1 000亩，有机茶园100亩，无公害茶园200亩。公司重视产品质量安全，产品相继通过了HACCP、AA级绿色食品、有机食品认证及SC认证。公司先后被评为中国优秀茶叶企业、中国茶叶学会茶叶科技示范基地、中国茶叶学会科普教育基地、国家农业旅游示范点、山东省农业产业化重点龙头企业。公司非常重视产品品牌建设，"晓阳春"品牌先后获得了山东省著名商标、山东名牌、中国驰名商标称号，品牌价值评估2.67亿元。

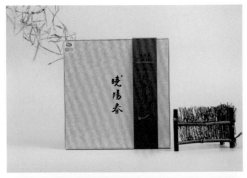

典范产品一：东海龙须茶

采用4小盒、每盒10小袋包装，便于携带，便于冲泡。铁盒包装便于运输，不易损坏。包装简单，采用环保材料。携带方便，利于宣传、陈列、展销。

典范产品二：翠龙珠茶

采用瓷罐包装，每罐10包。选用景德镇厂家定制瓷器，瓷罐可供客户观赏或者重复利用。瓷罐密封性好，便于名贵茶叶的储存，防潮、阻氧、避光、保持香味，不易变质。

典范产品三：啤酒花茶

啤酒花茶采用玻璃管装，每管10包，每次冲泡1包，便于存放，便于饮用。包装整体设计简洁明快、清新淡雅。适宜旅行、商务，便于携带。玻璃器皿密封好，便于储存。有青岛地方标志，体现地方特色。独立包装，性价比高。

晓阳春·东海龙须茶：330mm×330mm×98mm
晓阳春·翠龙珠茶：352mm×210mm×135mm
晓阳春·啤酒花茶：50mm×51mm×205mm

通信地址：山东省青岛市崂山区王哥庄街道晓阳春茶厂
联系电话：15515305177　　　刘航

A173

青岛维农茶叶专业合作社成立于2004年11月，经过多年的发展，现拥有社员78人、专业技术人员8人、管理人员6人，总资产280余万元。合作社主要从事茶叶等的新品种引进、技术指导、茶叶收购与销售工作。

维农茶叶专业合作社是集种植、生产、加工、销售于一体的大型现代化茶场，形成"专业合作社+基地+种植户"的现代茶业产业发展模式，形成茶业标准化、专业化、产业化的高标准发展思路。合作社茶树基地面积为37亩，引进了十余套加工设备，年产量可达到20t，并配备了先进的茶叶冷藏保鲜库，确保了一年四季的茶叶品质。合作社是青岛市重要的绿茶生产基地。

产品先后获得青岛市农业新品种展评会金奖、第五届"中茶杯"名优茶评比一等奖、第六届"中茶杯"名优茶评比优质奖、第九届国际茶研讨会暨第三届"崂山国际茶文化节"名优茶评比银奖，是青岛市十大名茶之一。

典范产品一：东崂雪毫绿茶

包装形式为瓷罐+便携单泡内袋+外盒+布艺手提袋。瓷罐为企业独家定制款，还申请了外观专利。瓷罐不但能防潮，还让茶叶原味持久保持清香，提高茶叶的档次，让茶文化和陶瓷文化完美结合。

典范产品二：朴素红颜红茶、茗寄春天绿茶

包装形式为竹盖内桶+便携单泡内袋+外盒+手提袋。茗寄春天绿茶包装主色调采用嫩绿色，代表春天的春茶春色。朴素红颜红茶包装主色调采用红色，代表红茶的红汤红润。包装整体环保、简约、精致，也突显茶叶内在品质。

规格：260mm×230mm×150mm，5g/袋×20袋

通信地址：山东省青岛市城阳区惜福镇维农茶叶
联系电话：13573835057　　傅山英

通信地址：山东省青岛市城阳区惜福镇维农茶叶
联系电话：13573835057　　傅山英

175

青岛岫峪樱桃专业合作社位于青岛市城阳区夏庄街道东部的岫峪山区、崂山水库上游，辖区内有8个行政村，共1 500余户3 800余人，总面积2.2万亩，经济林面积占6 000余亩，其中，种植优质岫峪樱桃5 000余亩。岫峪的樱桃颜色鲜红、甘甜味美、营养丰富，备受广大游客的青睐，素有齐鲁樱桃第一谷之美称。但是由于受地理位置的限制，所产樱桃往往运不出去，并且价格较低；同时，受水源地保护的限制，岫峪山区的工业发展一直较为缓慢，集体和群众增收是多年来的一道难题。近年来，合作社通过实施品牌战略，于2003年成功举办首届青岛岫峪樱桃山会，通过樱桃山会的举办既解决了樱桃销售难问题，增加了经济效益，为集体和群众增收开辟了新路，又改善了岫峪山区的生产生活环境，有效地带动了农村经济的发展，提高了"岫峪"品牌的知名度。

典范产品：岫峪樱桃

确保樱桃和消费者的安全是岫峪包装设计最根本的出发点，包装材料选择了可降解纸壳，既保证包装的食品安全性，又保障包装盒的抗压、抗拉、抗挤、抗磨性能，确保商品在任何情况下都完好无损。

包装图案直接采用了当地山水风景照片和樱桃的真实照片，直观展现生产地域的优美环境。包装正面印有农产品地理标志，突出了产品的认证。

开窗式的包装可以方便消费者更直观地看到产品，手提式的包装盒方便顾客携带。

规格：21.5cm×10.5cm×10cm，1kg/盒

通信地址：山东省青岛市城阳区夏庄街道岫峪社区中心
联系电话：13792823227　　孙丕正

西艾尔

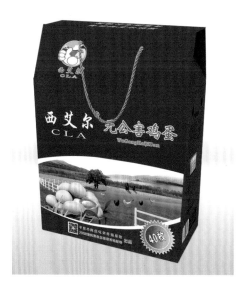

平度市陈氏兄弟养殖基地坐落于青岛平度市蓼兰镇陈家顶村，现有蛋鸡30余万只，创立了西艾尔鸡蛋CLA品牌，现在山东省内100多家大型连锁超市设有专柜，连续4年销售额过亿元。2013年鸡蛋期货上市以来，公司通过期货套期保值、期货+保险等方式，提前锁定利润，化解价格大幅下滑给养殖业带来的风险。2017年进行了全国首单政策性农产品（鸡蛋）"保险+期货"业务并获得青岛市金融创新一等奖。2015年开始，公司以鸡蛋为切入点，每周一次配送新鲜鸡蛋入户。经过几年积累，发展会员1万多户，与客户建立信任，并通过这一渠道，把新鲜的蔬菜、水果、肉食等农副产品配送到会员家中，打通从田间到餐桌的"最后一公里"。带动周边300多户农民养殖种植，共同致富。中央电视台《致富经》栏目2020年7月14日以《养鸡卖蛋 胆大招新》为题，对基地进行了半个小时的专题报道。

典范产品一：西艾尔CLA鲜享鸡蛋

采用吸塑壳+标签包装，简单、大方，方便快速配送到消费者手中，实现"当天生产的鸡蛋24小时到您家"，使消费者享受到最新鲜的鸡蛋。

典范产品二：西艾尔CLA无公害鸡蛋

采用手提纸箱+蛋托包装。外观设计大气，便于携带。所采用的材料安全、环保，可回收利用。

典范产品三：西艾尔CLA富硒鸡蛋

采用手提纸箱+蛋托包装，内装60枚鸡蛋，外观设计大气，便于携带。所采用的材料安全、环保，可回收利用。

西艾尔 CLA 鲜享鸡蛋：12 枚／箱
西艾尔 CLA 无公害鸡蛋：40 枚／箱
西艾尔 CLA 富硒鲜鸡蛋：60 枚／箱

通信地址：山东省青岛市平度市蓼兰镇陈家顶村
联系电话：13708956318　　　陈西林

灵气所钟，山水临朐。在风景秀丽的临朐城脚下有一家专门从事蜂产品研发、销售的山东求真食品有限公司。山东求真食品有限公司设有沂山联合养蜂基地，现基地有养蜂场200多个，公司有工艺人员50人，蜂蜜年生产加工能力超6 000t，王浆年加工能力超500t。

公司注册资本500万元，有符合要求的生产车间，并有与生产能力相匹配的检验研发一处，有优良的设备和精密的检测对产品进行层层把关，按照HACCP要求建立标准化的生产和溯源体系，通过"公司+基地+农户"的产业化发展达到公司与蜂农和客户的三方共赢。

典范产品一：玻璃瓶装系列蜂蜜

玻璃瓶材料环保，密封性强。外观小巧精致，玲珑剔透，透明感强，能使消费者直观清晰地观察蜂蜜外观、流动性等性质。

典范产品二：青瓷罐装系列蜂蜜

青瓷罐材料环保，外观典雅。罐盖为莲花形，莲的高洁象征生产者唯实求真、只做真蜂蜜的决心。包装带有不锈钢勺、玻璃杯，方便消费者食用。

典范产品三：瓦罐装系列蜂蜜

瓦罐材料环保，密封性好，避免蜂蜜与潮湿空气接触发酵。不受腐蚀，避免蜂蜜受外界污染。外观古典朴素，还可以回收作为茶叶罐使用，防潮防蛀。

通信地址：山东省潍坊市临朐县东城街道兴安路 998 号
联系电话：13608956222　　张法忠

田野牧蜂

　　山东蜜源经贸有限公司一直致力于生产原生态的蜂产品，这些年，公司已在国内建立起八大优质蜜源基地，拥有蜂群数量1万余箱，建立了养蜂源头——取蜜——过滤——灌装——检测分析全程可追溯的体系，已成为标准化、规范化、科技化的蜂产品企业，创立了"田野牧蜂"品牌。公司是中国养蜂学会理事会员单位，在农业农村部行业产品摸底检测中均属于优等，公司的新疆阿勒泰成熟蜜基地在2018年正式获批中国养蜂学会中国首家成熟蜜基地示范试点，2019年获得全国蜂业优秀成熟蜜基地荣誉。

　　凭借优质的蜂产品，田野牧蜂在国际上屡获殊荣，如第46届国际蜂业大会唯一品牌奖、第14届亚洲蜂业大会荣获国际蜂蜜金奖。2019年获得中国蜂业国际影响力金奖。

典范产品：田野牧蜂系列蜂蜜

　　标签材质采用合成水胶材料制作而成，无毒无污染，撕掉后也具有不掉胶、不粘手等优点。画面设计采用抽象色块风格，充满朝气的色彩加上小朋友手绘的童趣图案充满了原野花香的气息，每一款产品的图案都是带着故事性又和产品本身有关联。吃完蜂蜜，瓶子也可用于插花摆放，非常有美感，获得了众多客户的喜爱。

田野牧蜂系列蜂蜜：6cm×8cm×10cm，365g/瓶

通信地址：山东省济南市历下区山大路47号数码港大厦B502室
联系电话：13854169216　　　苏昌鹏

　　卢氏县香盛轩核桃专业合作社成立于2009年9月，是集核桃良种苗木繁育、种植、科技研发、加工及销售、康养休闲文化发展为一体的国家级示范合作社。社员112人，其中具有农林类相关职称者13人，建成核桃良种采穗圃135亩、育苗基地650亩、绿色食品生产基地1 860亩、核桃科技扶贫示范园2 000亩，建设核桃博物馆、核桃研发中心、核桃培训中心等综合设施6 191.8m²。合作社以"发展核桃产业，助力脱贫攻坚"为导向，多年来在着力发展绿色核桃产业同时，注重新技术、新品种、新设施引进、应用，通过绿色农业特色种植，生产培育卢氏特色农作物，发展特色农业经济，在生产中应用、推广，提升绿色产品质量，实现以短养长、多向创收局面，实现一二三产融合发展。通过土地流转、劳务用工、技能培训、电商购销4种带贫方式，累计带动农户1 325户（其中贫困户362户），实现社员年均增收6 500元、贫困户人均增收4 200元。合作社生产的香盛轩老树核桃于2018年3月通过中国绿色食品中心认证，2019年获得第二十届中国绿色食品博览会金奖，2020年获得河南省知名农产品品牌，先后被评为国家林下经济示范基地、国家级示范社、河南省林业产业化重点龙头企业、河南省劳模助力脱贫攻坚示范基地。

通信地址：河南省三门峡市卢氏县城关镇和平路北段

联系电话：13030357628　　　赵双奎

典范产品一：香盛轩老树核桃

包装方式为礼盒+内袋。外包装的颜色与内袋的颜色一致，与核桃相近的颜色突出自然与健康的感觉。包装印有核桃园林插画，体现每一颗核桃都源自人工筛选、好核桃百里挑一的理念。

典范产品二：香盛轩烤核桃

包装方式为礼盒+内袋。整体颜色以淡黄色为主，给人暖暖的感觉。内包装材质安全、密封防潮，内置自封条，储存携带都很方便。被一团火包围的两颗手绘核桃突出了烤核桃的特点——经过高温烘烤，更酥、更脆、更香！

典范产品三：有机核桃油

礼盒装色调以核桃油相近的淡黄色为主，彰显有机核桃油的尊贵品质和高营养价值。避光瓶设计防止核桃油氧化变质。手提袋设计，方便消费者携带。

香盛轩老树核桃：1 250g/ 箱
香盛轩烤核桃：1.0kg/ 箱
香盛轩核桃油：500mL/ 箱

卢
翘
红

卢氏县杨献民茶业有限公司成立于2017年5月，位于卢氏县范里镇三门村，是一家集茶叶生产、加工、研发、销售、种植于一体的农业产业化重点龙头企业，自建有年生产能力200t的连翘茶加工厂，为三门峡献民林业开发有限公司的全资子公司。公司自有承包70年的51万亩宜林地，天然野生连翘资源面积达19万余亩，为茶厂建设原材料的来源奠定了良好基础。

野生连翘芽茶原料来自卢氏伏牛山深处的天然野生连翘，品质优良。

蒲公英茶采用春夏季繁茂肥硕的野生蒲公英嫩叶为原料，经过精湛的制茶工艺精制而成。茶团均匀，味道清芬，绿茶色泽碧绿，红茶汤色红艳明亮，滋味甘鲜醇厚。

典范产品：卢翘红系列产品

商标"卢翘红"代表卢氏县良好的生态环境造就了纯天然野生的优质中药材。按高、中、低端和流通款来设计符合不同消费群体的包装，并以不同主色调区分——有适合百姓日常消费的流通产品，又有可做送礼佳品的高档包装。包装材料环保轻便、不易受潮，既适合物流运输又能保护产品质量。包装设计上还结合文化典故，透出深厚的中国茶文化色彩。

岐伯著书（连翘芽绿茶）：8g/袋×15袋/盒×2盒
卢敖洞天金尊蓝（连翘芽红茶）：12g/罐×20罐
蒲公英茶：60g/罐

A 180

洛宁超越

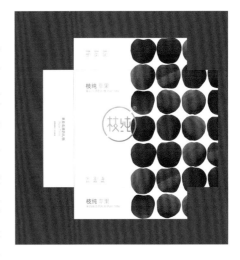

　　洛宁超越农业有限公司隶属陕西海升集团，成立于2014年12月，位于洛宁县上戈镇里石头村，注册资本2 476万元，目前是河南省规模最大并且与国际接轨的苹果生产、销售企业，被政府授予洛阳市农业产业化重点龙头企业称号。公司经过近6年的建设发展，目前在洛阳市洛宁县拥有5 000亩高标准矮砧密植苹果示范园、58亩冷链物流园、2 000亩优质无毒苹果种苗繁育基地，主要从事苹果种植、分选包装和冷藏销售以及优质苹果种苗、脱毒砧木的生产销售工作。公司秉承"做好人　做好企业　做好产品"的经营理念，致力于与供应商、客户、员工建立合作伙伴关系，以规模、技术、效率的不断提升，为客户创造价值，实现员工和企业的共同成长。公司先后荣获省级星创天地、洛阳市农业产业化龙头企业、洛阳市水果（苹果）标准园、洛阳市诚信民营企业、市级企业研发中心、工程技术中心、洛阳市农业产业化十佳扶贫龙头企业、县长质量奖等多项荣誉。

典范产品：洛宁超越苹果

简洁的包装形式与产品不添加、不套袋、不打蜡的卖点遥相呼应。

绿色的设计主色调与大自然的纯粹相辅相成，抽象线条勾勒出来的人、果园、蝴蝶、鲜花等元素，体现出清谷田园品牌和谐生态的种植理念，让人们可以在维护生态的和谐前提下，用科技赋能果园，最终开花结果，即"科技赋能自然"。内有卡格结构，仅限于盛装75~85mm果径果实，既起到了保护产品的作用又保证了产品一致性。手提袋设计简洁大气，方便产品搬运携带。

规格一：367mm×367mm×100mm，9枚／箱
规格二：400mm×300mm×90mm，12枚／箱
规格三：480mm×310mm×333mm，20kg／箱

通信地址：河南省洛阳市洛宁县上戈镇里石头村
联系电话：15686108268　　　　杨永锋

灵宝市永辉果业有限责任公司是一个集果品生产、销售、贮藏于一体的股份制企业，是河南省农业产业化重点龙头企业。作为河南省首批获得"三品一标"示范基地认证的永辉公司，2019年再次获得改革开放40周年果品行业先进单位荣誉称号，荣登2019年中国果品供应链品牌企业榜。公司注册商标"岭宝"牌精品苹果享誉全国，并远销俄罗斯、哈萨克斯坦等国外市场。先后荣获2016年中国果业龙头企业百强品牌、中国名牌农产品、第八届中国国际农产品交易会金奖等荣誉。2018年"岭宝"被中国果品流通协会和浙江大学中国农业品牌研究中心联合评估具有1.23亿元的商业价值。2019年，岭宝牌苹果再次被第二十届中国绿色食品博览会组委会评选为金奖产品。

河南灵宝地处黄土高原优质苹果生产带东端，这里气候温和、四季分明、土层深厚、土质肥沃、昼夜温差大、光照充足、紫外线强、降水量适中，是全国两大苹果最佳适生区之一。独特的地理位置孕育了岭宝牌苹果系列产品独特的口感，酸甜适中，口感香甜。

典范产品：岭宝苹果系列

产品包装的设计理念主要出发点是能够更好地体现灵宝苹果独特的自然资源优势和良好的品质特色，同时更注重绿色、环保、健康、安全等元素，兼顾产品内涵和外部设计，给人以高端、大气的视觉冲击力。

包装采用优质环保的原纸材料，通过合理的外观设计，采用压线工艺，使纸箱快速成型，大幅降低了报废率，减少了原材料浪费。由于纸制品易于腐烂，既可以回收，又可以提高重复利用率，还可以减少空气污染，利于有效保护生态环境。

通信地址：河南省灵宝市高科技示范园南门东 500m

联系电话：18639783899　　　常启超

古舍文化

郑州古舍文化传播有限公司成立于2013年6月，前身是成立于2011年的古舍创意工作室，是一家新锐智业服务机构。公司成立以来专注农业品牌的规划建设、产品包装设计创新方向。公司业务方向有品牌战略与规划、品牌形象与管理、品牌策划与设计、产品战略与策划、新品创新与开发、包装创意与设计、传播沟通执行等，立志为农业企业品牌的崛起提供全方位的智力支持。

古舍文化始终以为客户创造商业价值为目的，以产品终端消费者动销为原点，围绕"重构产品自然动销"为理论基础，为客户提供从用户价值认知、消费场景创新，到商业价值传播一站式创新策略与创意设计服务。

典范产品一：金豆子集团系列产品

金豆子集团是专注于生产销售黄豆芽、绿豆芽、芽苗菜生鲜产品的集团化企业。古舍文化提出了"小豆芽，大市场"的企业长期战略，和"好豆芽，金豆子"的精准市场定位。以符号性的豆芽形象作为其品牌Logo，整体设计以代表健康的绿色为主色调，符号化鲜明，识别度明显。

典范产品二：中国馒头多福多

中国馒头多福多，专注健康主食。古舍文化从品牌定位、品牌形象、包装规划设计创意，注入多福多"中国结"文化原力，并将"TOFOTO"作为其英文品牌名称，构建其品牌形象及产品形象的独特性、文化性、识别性。包装整体透亮，彰显"中国好馒头"的色香亮白的品质。

典范产品三：麦佳集团

依托麦佳集团独特的区位优势，背靠优质的原料产地，古舍文化从品牌战略顶层规划、企业文化构建、产品开发包装战略规划和执行助力麦佳集团逐步发展，形成了以农业现代化为根基，以农产精深加工为核心，以商超连锁新零售为重点的一二三产三足鼎立、协同并进的麦佳产业新模式。

通信地址：河南省郑州市 CBD 商务内环 21 号楼
联系电话：18638260921　　田鑫

世苹苹果

灵宝市高山天然果品有限责任公司，成立于2009年7月，注册资本2 000万元，申请了"世苹"商标。公司经营场所位于灵宝市区东南25km的寺河山腹地，地处国家优势苹果产业带，生态环境良好，远离工业区，水质优良，空气清新，无工业三废污染，自然条件得天独厚。海拔1 100~1 200m，气候温和、光照充足、土壤肥沃、昼夜温差大，素有"亚洲第一高山果园"的美誉，是苹果生长的最佳适生区。

公司目前现有的苹果生产基地分别在寺河乡东村园艺场、南洼以及焦村镇312省道沿线，全部地处全国优质苹果生产区域。公司拥有寺河山苹果生产基地2 100亩，焦村苹果生产基地1 500亩，育苗基地300亩，冷链储藏基地占地35亩，库容8 000t，苹果直销门店6个，网络销售店2个。

典范产品一：世苹礼盒

以红色为主题元素，突显出红红火火的氛围，无论在哪个角度看，都能展现世苹苹果的大气。配以灵宝苹果、寺河山苹果商标，展现出世苹苹果地理优势。

典范产品二：灵宝苹果礼盒

是以灵宝苹果商标为主题元素的一款礼盒。灵宝苹果的造型及箱子底部的大山纹路设计，告诉大家礼盒中的产品是种植于山区的苹果，卡通苹果公子和天然富硒的果标，告诉大家这里苹果既有营养又好吃。

典范产品三：灵宝金苹果礼盒

是综合灵宝地区地标、经济、特色而设计的一款苹果包装，以老子头像、函谷关城楼、苹果整体显示了灵宝地区的地理标志。以黄金色为主体，彰显出灵宝物华天宝、人杰地灵。

世苹苹果礼盒：12枚／盒
灵宝苹果礼盒：15枚／盒

通信地址：河南省三门峡市灵宝市城东产业集聚区
联系电话：18439817883　　　侯艳飞

二仙坡

三门峡二仙坡绿色果业有限公司是集绿色有机果品生产、苗木组培繁育、冷链物流运输、农业科技培训、生态观光旅游、林下种植养殖为一体的综合型农业企业，是农业产业化国家重点龙头企业、万企帮万村先进民营企业。二仙坡果品基地位于豫西浅山丘陵区，现已种植果品12 000亩。基地海拔较高，光照充足，雨量适中，昼夜温差大，无环境污染，处于中国苹果优势产业带核心区，是经过检测认定的国家AA级绿色苹果生产区。基地先后被认定为国家绿色果品生产基地、国家有机苹果标准化示范基地、全国水土保持科技示范园。

典范产品一：15枚80#包装

包装为天地盖形式，内单层15枚80#精品苹果。包装盒以红色为基色，配以白色竖条，加以"和合"二仙图案，给人清新典雅感觉。

典范产品二：12枚85#包装

包装采用上下天地盖形式，内装12枚85#精品苹果。包装盒图案以红色为主，二仙坡品牌以黑色做以点缀，中间以"和合"二仙图案居中，突出和谐、和美寓意。

典范产品三：9枚90#包装

包装以木质纤维板材为主，采取上下开启形式，内置9枚90#精品苹果，中间以突出品牌"二仙坡"，下部暗影以和合二仙为辅，配以同图案外用手提袋，显示出其高档品质。

15 枚 80# 包装：3.5kg/ 箱
12 枚 85# 包装：3.2kg/ 箱
9 枚 90# 包装：3.5kg/ 箱

通信地址：河南省三门峡市陕州区禹王路中段东侧
联系电话：13273097771　　　苏松林

河南羚锐正山堂养生茶股份有限公司由羚锐集团和正山堂茶业成立，是知名上市企业羚锐制药的子公司。公司立足信阳丰富的茶叶资源，引进金骏眉红茶制作技艺，致力于信阳红茶产业的开发和推广，同时积极探索融合茶文化和中医药养生文化，创新开发了人参蛹虫草信阳红茶、人参桂圆信阳红茶等系列创新茶饮。

公司坚持高标准遴选远离道路和民居的生态茶园作为定点合作基地，目前与浉河区、商城县、新县等地多家单位建立了稳固的合作关系，通过协同科研单位技术指导、定期检测、定点采收加工，有效地保证了茶叶质量安全。

典范产品一：人参蛹虫草信阳红茶

包装材质绿色环保，方便分解和再利用。马口铁罐有更好的气密性，能够很好地隔绝空气，防止茶叶变质和茶香的挥发。氧气透过率低的马口铁罐能更加有效地保持内盛物的温度、湿度，也更坚硬，能够在茶叶在运输过程中起到很好的保护作用。

典范产品二：人参桂圆信阳红茶

包装图案环保、精美，在符合消费者审美的同时又能很有效地宣传茶叶和公司品牌。

规格一：101mm×65mm，50g/罐
规格二：101mm×75mm，100g/罐

通信地址：河南省信阳市羊山新区新二十四大街 59 号
联系电话：13273972003　　　孔泉

A186

湖北团黄贡茶有限公司成立于2006年，注册资本600万元，是集茶叶种植、加工、销售及茶文化研发于一体的民营企业。公司园区占地面积12 800m²，现有生产车间面积2 000m²，无公害标准化生产车间1 000m²，拥有英山县杨柳湾翻身湾茶叶生产基地，自有茶园5 000余亩。公司是国家科技部项目兴县示范企业、湖北省非物质文化遗产"团黄贡茶传统制作技艺"传承企业、湖北省茶叶加工标准化示范企业、湖北省农业产业化重点龙头企业、华中农业大学茶学教学科研基地、英山云雾茶第一方阵企业，所注册商标"团黄"是湖北省著名商标，并已获得绿色食品认证。公司目前生产的产品有团黄贡茶、团黄牌英山云雾茶、团黄衍生茶（红茶、青砖茶、青茶）、茶叶深加工产品（茶枕、茶酒、茶饼）、花茶（桑叶茶、菊米茶、银杏茶）等大别山特产。

典范产品：英山云雾茶

整体设计以突显英山云雾茶为主，简约的线条画勾勒出国家地理标志保护产品英山云雾茶的简约美。采用这种设计成本优势大，便于携带又不失美感，简约大方。

采用外硬纸盒+内铁盒+手提袋的包装形式，整体乳白色底色搭配英山云雾茶简约风格元素，彰显英山云雾茶特点。

规格一：17.5cm×8cm×19cm，200g/盒
规格二：35cm×24cm×8cm，400g/盒

通信地址：湖北省黄冈市英山县杨柳湾镇翻身湾村
联系电话：13597565110　　徐柏云

湖北采花茶业有限公司是一家集茶叶科研、生产、销售为一体的大型现代化农产品加工企业，总部位于素有中国名茶之乡之称的五峰土家族自治县，公司现注册资本7 000万元。公司先后荣获农业产业化国家重点龙头企业、全国农产品加工业示范企业、中国茶产业联盟常务理事单位、湖北省支柱产业细分领域隐形冠军企业、湖北省优秀民营企业、湖北省民营企业百强、中国特色旅游商品金奖等荣誉称号。公司以"引领鄂茶产业发展，带动茶农增收致富"为己任，先后在五峰县内整合并改扩建了10家初具规模的茶叶企业，形成了一条完善的产业扶贫链条。

宜昌宜红精选五峰宜红生态茶园鲜嫩原料，以五峰宜红传统工艺配以现代技术制作而成。五峰毛尖特级选用五峰境内优质茶叶基地的优良茶叶精制而成。

典范产品一：宜昌宜红随手礼小礼盒

简约纸盒+内袋包装，成本优势大，供应资源足，容易获取。独立茶包袋，简单冲泡，适合出差、分享，别具一格。

典范产品二：五峰毛尖铁直角罐

这是一份别致的茶礼，简约而不简单。精致细节突显品质，颇具质感，独立内包装，密封效果好，缓冲效果好，可保障茶叶在运输过程中不被挤压损坏。

宜昌宜红随手礼小礼盒：3.8g/ 袋 ×14 袋
五峰毛尖铁直角罐：200g/ 罐

通信地址：湖北省宜昌市五峰土家族自治县渔洋关镇采花茶业科技园

联系电话：18995887805 刘毅

清溪沟贡茶

宜昌清溪沟贡茶有限公司位于长江三峡东端北岸，是一家集茶叶种植、生产、加工、销售、研发、茶文化推广为一体的茶叶企业，下辖宜昌雾源茶叶专业合作社、宜昌香龙山茶叶专业合作社，在雾渡河镇马卧泥村拥有标准化茶园2 000余亩，全力打造全域绿色食品，在黄花镇香龙山村拥有有机茶基地508亩，生产高端有机茶。公司自主品牌"清溪沟贡茶"以其精湛工艺和优异品质，荣获宜昌五大名优绿茶、宜昌宜红铜奖等荣誉。公司获湖北省农业产业化、林业产业化重点龙头企业，科技创新示范企业等荣誉称号。承古习今，清溪沟贡茶坚持自然、健康的生态理念，始终专注茶叶事业，为消费者提供高品质的茶品，全身心打造中国茶叶放心品牌。

典范产品一：君子澜·宜昌毛尖

采用牛皮纸包装，三边封袋，其底边是由水平折叠薄膜而形成的。其表面光洁，韧性好，不易破裂。绿色字体，黄褐色打底，整体简单大方，古朴气息扑面而来。

典范产品二：美人娇·宜昌宜红

采用牛皮纸包装，三边封袋，内里采用锡箔材料，整体环保性强，成本低，耐磨损。色彩简洁，造型古朴自然，透出高贵、典雅、香甜的感觉。

典范产品三：凤池·白茶

采用牛皮纸作为包装材料，其有较好的机械强度，不易破碎，能承受挤压。外包装以浅黄色为底色，透出高贵的气质，正面有高山云雾飞鹤图，体现高山自然之景。背面有对白茶的具体介绍，使整个包装更加完整紧凑。

君子澜·宜昌毛尖：250g/ 袋
美人娇·宜昌宜红：100g/ 袋
凤池·白茶：60g/ 袋

通信地址：湖北省宜昌市夷陵区三峡国际旅游茶城 A1
联系电话：13407163373　　　　曾祥宇

A189

湘丰茶业集团有限公司位于湖南省长沙县，成立于2005年12月，注册资本6 935万元。湘丰茶业2019年排中国茶行业综合实力百强企业第五位，是农业产业化国家重点龙头企业、中国驰名商标企业、国家级茶叶标准化示范企业、国家高新技术企业、国家绿色工厂、中国美丽田园景观企业、省市重点上市后备企业、银行信用AAA级企业、工商信用AAA级企业、纳税信用A级企业、出口信用A级企业、良好社会责任示范企业。

公司主要开展茶苗繁育、茶叶种植、茶叶加工、茶叶销售（内外贸）、茶叶装备研发制造销售、科技推广、茶文化传播、茶业旅游等业务。

典范产品一：湘波绿系列茶

采用开合式小礼盒，由10个小卡盒内袋装小泡茶，方便携带、分享，包装精致，成本低且环保。

典范产品二：一品湘丰·篓装天尖茶

采用原生态竹篾篓包装，极富民俗特色。原茶为纯手工压制，干茶条索紧结、色泽乌黑润，内质香气纯正、汤色橙黄明亮、滋味醇厚、叶底匀齐尚嫩，品质稳定耐储存。

湘波绿·绿茶伴手礼：8g/ 盒 ×10 盒
湘波绿·为人民服务毛尖茶礼：25g/ 包 ×10 包
一品湘丰·篓装天尖茶：1kg/ 篓

通信地址：湖南省长沙市长沙县天华北路 139 号
联系电话：13975148709　　　蒋峰

A 190

宜昌大象印务有限公司属萧氏茶业集团有限公司投资的全资子公司，是一家集设计、彩印、包装装潢为一体的现代化印刷企业。公司人才优势明显，硬件设备优良。地处三峡大坝所在地、世界水电之都——宜昌。交通便利、环境优美，工艺完整、专业一流。

公司引进国内外先进的印刷生产设备，其性能配置和生产技术水平在国内同行业处于领先水平。拥有德国海德堡、超级小森丽色龙、烫金机、模切机等全套印刷设备。严格的质量控制体系、先进设备的引进，使企业向高端、高新、高质、高科技领域发展进军，为企业实现个性化生产和差异化竞争奠定了坚实的基础，更为企业在更短的周期内给客户提供独具特色、精美别致的产品提供了有力的保障。

典范产品一：萧氏春芽

常规翻书盒，230g白卡四色印刷，裱2.5mm双灰板，内配可降解塑料小罐。简单环保，冲泡方便。绿色小清新设计风格，明亮干净，回归纯真。

典范产品二：生态茶

简单书盒，120g特种纸裱2.0双灰板，配特种纸四色印刷腰带，内置独立小袋，以更简洁的方式呈现，同时也降低了包装成本。冲泡方便，适合出行携带。绿色生态设计风格，让人心情舒畅，仿佛置身仙境。

典范产品三：皇乌眉

天地盖样式，230g白卡印刷，海绵软包，内裱2.5mm双灰板，内置独立小盒。冲泡简单，携带方便。颜色采用明黄，搭配传统纹饰；文字采用印章风格，使整个产品展现出大气高端的宫廷风味，低调而不失奢华。

萧氏春芽礼盒：60g/罐×3罐
生态茶礼盒：4g/袋×30袋
皇乌眉礼盒：5g/袋×15袋

通信地址：湖北省宜昌市夷陵区发展大道萧氏工业园4-110
联系电话：18671774534　　刘维

饮博士宜红

宜都市安明有机富锌茶业有限公司创立于2003年12月，是集茶叶种植、生产加工、科研于一体的国家高新技术企业，也是湖北省农业产业化重点龙头企业、中国茶叶行业百强企业。

公司占地35亩，拥有加工厂房9 500m²，拥有自动化绿茶生产线两条、红茶生产线一条、出口精制茶生产线一条、各种制茶设备400多台（套）、职工47人。坚持走"龙头企业+基地+合作社"的发展之路，自有绿色示范基地1 000亩，网络辐射茶叶基地40 000余亩，主要产品有饮博士天然富锌茶、饮博士宜红茶，产品多次获得中国茶叶学会"中茶杯"金奖、湖北省名牌产品等荣誉。饮博士商标是湖北省著名商标，产品畅销北京、上海、广州等全国20多个大中城市。公司获得茶叶自营出口权，饮博士牌茶产品将走出中国走向世界，带动更多茶农增收致富，为乡村振兴战略贡献一分力量。

饮博士宜红原料产自湖北宜都市潘家湾土家族乡茶园，这里土质疏松肥沃、病虫害少等，常饮此茶能补充人体所需要的多种氨基酸、维生素等，同时具有健胃、降脂、降压的作用，是大自然奉献的健康饮品。

典范产品：饮博士宜红

外包装材料采用生态环保轻便的工业纸板并可回收利用，内包装采用食品级塑料袋，安全轻便、成本低。

饮博士宜红：75g/袋×4袋

通信地址：湖北省宜都市潘家湾乡潘家湾村
联系电话：13886706272　　　覃长敏

金雷茶业

湖北金雷茶业股份有限公司成立于2009年10月，是一家集科研、种植、加工、销售、茶文化推广、旅游于一体的现代民营企业。公司拥有生态茶园基地8 000余亩，并成功打造生态样板基地3 060亩，全面应用良种丰产栽培、测土配方施肥、病虫害绿色防控等标准化生产种植技术，产品涵盖绿茶、白茶、红茶、黄金茶四大系列20多个品种，通过了绿色食品认证，遍销国内20多个省市，深受广大消费者青睐，年产值达亿元。多年来，公司坚守初心，不断创新，匠心打造英山云雾茶标杆，先后荣获湖北省农业产业化重点龙头企业、湖北省林业产业化重点龙头企业、湖北省省级扶贫龙头企业、湖北省守合同重信用企业等诸多称号，公司产品先后获得第三届国饮杯评比特等奖、第十一届中茶杯评比特等奖、第二届中国·武汉绿色产品交易会金奖等荣誉。

典范产品：雷店牌系列云雾茶

包装为铁盒+内袋+手提礼品袋。设计简单而又精致，细节突显品质，颇具质感。铁盒里面以铝箔袋作为内包装，密封效果好、储存时间长，保证品质，使消费者更放心。

英山云雾茶：33.5cm×22cm×9cm
韵红颜吉峰茶：30cm×12cm×7.5cm
春知己白茶：33cm×22cm×13.5cm

通信地址：湖北省黄冈市英山县雷家店镇金雷大道 8 号
联系电话：18827180925　　　杜攀

长康

湖南省长康实业有限责任公司位于中国湖南省岳阳市湘阴县高新技术工业园，创办于1985年，2018年获认农业产业化国家重点龙头企业，总资产26亿元。"长康"牌29类、30类产品和"兰岭"牌茶叶先后获中国驰名商标，以及中国有机食品和绿色食品认证。长康牌芝麻油、绿态压榨菜籽油、长康食醋先后获袁隆平特别奖和产品奖金。产品远销欧美和"一带一路"沿线国家。

公司在环洞庭湖、鄱阳湖生态农业圈建有油菜、芝麻、大米、茶叶绿色食品原料种植基地22.5万亩，是全国绿色食品示范企业、全国放心粮油示范企业、湖南省绿色食品示范基地、全国芝麻油加工10强企业。

典范产品一：长康100%黑芝麻油

伴手礼盒以深红色为基调，彰显喜庆传统。标签设计采用黑色底与烫金工艺，重点塑造"100%"为视觉核心元素，突出对消费者的品质承诺。整体风格经典时尚，表现了对绿色高品质的追求与品牌态度。

典范产品二：长康绿态初榨香菜籽油

包装设计对接国际高端精品视角，以时尚、经典、品质为设计调性。采用绿色品牌专用绿为底色，配以黄色的菜籽花海图片，回应人们对美好绿色生活的品质诉求。

典范产品三：长康特级金标生抽原酿酱油

包装设计采用中黄与黑色相结合，运用烫黑金、印金等印刷工艺，色彩明快且对比度强，排版简约、时尚，彰显了长康对高品质的追求与品牌态度。

长康百分百黑芝麻油：500mL/瓶；360mL/瓶；200mL/瓶
长康绿态初榨香菜籽油：5L/瓶；2L/瓶
长康特级金标生抽原酿酱油：500mL/瓶；1.8L/瓶

通信地址：湖南省岳阳市湘阴县工业园区工业大道长康集团
联系电话：13574019007　　　杜志刚

永州五色米种养专业合作社成立于2011年，主营特色稻米（五色米），从种植、储存、加工到销售，采取"公司+合作社+基地+订单农业+电子商务平台（线上线下销售）"模式，依靠科技延伸了产业链，提升了价值链，畅通了供销链。企业有科研专家7人组建了研发团队，并与永州职业技术学院、湖南生命科学研究院合作，产学研融合发展。2018年获国家绿色食品认证，2019年被批准

为国家放心粮油示范工程、示范加工企业、市农业产业化龙头企业和省级重点扶贫龙头合作社，2020年荣获湖南省产融合作制造业重点企业、湖南省美味食品奖等荣誉。

典范产品：五色米

包装方式为纸盒+可降解内盒。

包装材料为纸箱和EPE，符合环保原则。内盒缓冲性能强，符合包装轻量化原则。包装操作简单，全套包材仅有3个部件，一折叠即用，符合高效原则。外观漂亮整洁，符合中高档礼盒包装定位。

外包装采用开门式盒型，盒子底面折叠和顶面有卡扣槽。纸盒采用B楞型双瓦楞材质。内盒把每一袋五色米固定归位，减少了五色米在运输中的破损。

五色米：360mm×85mm×300mm

通信地址：湖南省永州市冷水滩区华源府第4栋

联系电话：18774679903　　邓瑶玲

顾君茶油

湖南顾君茶油有限公司创建于2016年，是一家集优质油茶种植、产销、科研于一体的现代化、规模型民营企业。公司油茶种植基地位于"全国油茶之乡"湖南祁阳，种植立项5万亩，建有优质油茶加工生产线，所生产的顾君茶油系列产品采用国际领先低温物理冷榨技术，保留更多油茶营养成分。近年来公司先后获得祁阳县油茶标准化生产示范基地、永州市农业产业化龙头企业、湖南省绿色食品生产基地、中国好粮油行动示范基地和全国放心粮油示范基地等荣誉称号。

典范产品一：顾君茶油尊享礼盒

包装方式为书形翻盖纸箱+EPE珍珠棉内衬+纸质手提袋。包装材料为纸箱和EPE珍珠棉，符合环保原则。内衬按需定制，缓冲性能强，符合包装轻量化原则。包装操作简单，符合高效原则。外观朴实大方，文化元素浓厚，符合高档油脂包装定位，有助于提高产品附加值。

典范产品二：顾君茶油单支礼盒

包装方式为书形翻盖纸箱+EPE珍珠棉内衬+纸质手提袋。包装材料为纸箱和EPE珍珠棉，符合环保原则。内衬按需定制，缓冲性能强，符合包装轻量化原则。包装操作简单，符合高效原则。外观高贵大气，文化元素浓厚，符合高档油脂包装定位，有助于提高产品附加值。

顾君茶油尊享礼盒：500mL/瓶×2瓶
顾君茶油单支礼盒：500mL/瓶

通信地址：湖南省永州市祁阳县八宝镇田岭村4组

联系电话：15576605855　　　佘晓峰

A 196

福瑞印刷

湖南福瑞印刷有限公司成立于1992年，是上市公司汕头东风印刷股份有限公司的全资子公司，注册资本15 000万元，是中南地区最早从事中高端包装印刷和服务的大型印刷企业。公司占地面积超8万m²，在职职工700多人，拥有从瑞士、德国、日本、美国等地区进口代表世界领先水平的生产线40多台（套），悉心构筑技术领先的生产制造系统。凭借近30年丰厚积累，公司经营已涵盖设计、制版、胶印、凹印、烫金、模切、复合、丝印、UV印刷等专业领域，年设计产能超过100万大箱。目前公司主要服务于湖南中烟、甘肃中烟、福建中烟、河北中烟、菲莫国际等国内外一流烟草企业，并积极拓展在高端精品盒、酒盒、药品盒、茶叶盒等非烟草领域的市场空间。近年来，公司大力开展绿色印刷的应用研究，在无苯印刷和降低溶剂残留、UV印刷环保化改造、水性油墨应用、不可降解覆膜纸替代等方面均达到行业先进水平。

典范产品一：保靖黄金茶包装

保靖黄金茶在业界素有"一两黄金一两茶"的美誉，是神秘大湘西首个农产品地理标志产品，是湖南茶叶走向世界的一张靓丽名片。材质采用可自然降解镭射横纹光柱纸和UV油墨印刷，内里裱贴特种纹理纸张，无毒无害，均符合环保要求。

典范产品二：百尼茶庵包装

百尼茶庵（野茶王）产自湘西武陵雪峰山脉，是当地野生茶树群落无性繁育的珍稀野茗，产品富有浓郁的地域特色和稀有特征。包装材质采用镭射光柱纸加UV印刷，颜色深沉饱满，光泽靓丽。运用逆向上光工艺进行表面磨砂处理，质感细腻逼真。

典范产品三：怡清源包装

包装形式采用古典和现代风格相结合的设计思路，在材质应用上以镭射光柱纸印刷，视觉感官上呈现牛皮纸质的材质效果，着重突出怡清源的古朴庄重之美，就像一本装帧精美的古籍在静待消费者的开启。

通信地址：湖南省长沙经济技术开发区星沙大道18号
联系电话：13549653688   李皓

湘嗡嗡

湖南湘嗡嗡农牧有限公司成立于2018年1月10日，是一家集蜜蜂养殖、蜂产品加工生产、研发、销售于一体的绿色农牧企业。湘嗡嗡采取"公司+585名残疾养蜂户+技术指导+分红+代购代销一条龙"的营运模式发展。现有员工人数29人，其中硕士毕业生2名、本科毕业生6人、大专毕业生4人、养蜂20年以上的蜂农6名，在广州设有电商部、市场部。

湘嗡嗡坚持只做原生态、零添加和无浓缩的自然成熟蜂蜜，产品设计人性化，自有中蜂群1 000群、意蜂群1 900群，合作基地意蜂群10 000多群。湘嗡嗡土蜂蜜系列产品年取蜜量达到300t，蜂王浆1 500kg、蜂花粉5t、蜂胶100kg的规模。与郴州市石盖塘各村签订蜜源保护与利用面积超20 000亩，带动农户和残疾户585户。

典范产品一：深山野花蜜

以"高质感、细致、原生态"为设计理念，瓶身黑白烫金的Logo犹如深山中悬挂树枝的蜂巢一般引人注目。玻璃瓶让黄色的蜂蜜整体晶莹剔透，瓶身下摆斜面平整，一只手拿捏开盖恰到好处。

典范产品二：便携装条状蜜

外盒原创手绘设计突出"独一无二"，槐花枝头原生态蜂巢流出金黄欲滴的蜂蜜让人渴望无限，画中蜂王代表着蜂产品的最高品质。内有20条小包装便携条状蜜，深受当代年轻人群、商务人群和旅游人群欢迎。

典范产品三：洋槐蜜

使用可挤压瓶减少每次开盖取蜜的麻烦，便携性让每天来一杯蜂蜜水无法阻挡。此瓶不占空间，可放在随手包内，与蜂蜜一起来一场说走就走的旅行。

湘嗡嗡深山野花蜜：400g/ 瓶
湘嗡嗡便携装条状蜜：12g/ 条 ×20 条
湘嗡嗡洋槐蜜：50mL/ 瓶

通信地址：湖南省郴州市北湖区石盖塘街道五星村

联系电话：17358828699　　　黄回香

湖南米米梦工场科技股份有限公司成立于2016年4月，注册资本2 000万元，是怀化市农业产业化龙头企业、湖南省放心粮油生产示范企业，是一家以全谷物胚芽类营养食品的研发、生产为主业的省级优秀高新技术企业，是唯一参与湖南好粮油"发芽糙米"标准制定的企业单位。

公司以南京农业大学、江苏省粮食研究设计院为技术依托，项目主生产线全套引进国际上先进的瑞士布勒公司大米进口设备，可年产高γ-氨基丁酸发芽糙米1.0万t、优质大米3.0万t，达产年可实现产值6.0亿元。

公司自建有稳定的优质水稻生产基地，选址于武陵山区西晃山山脉海拔较高的山坡梯田，山泉水灌溉，水土丰润，生态种植。"米米梦工场"系列产品已被中国绿色食品发展中心认证为绿色食品，获中国长寿之乡养生名优产品称号。

公司以优秀的企业文化和独特的经营理念构筑了与客户、员工及行业同人合作的平台，形成了"以市场为先导，以科技为动力"的核心竞争优势。公司正致力于建设具有高度技术创新能力，高效运行机制，可持续高速发展的企业集团公司。

富硒精白米选用"湘米工程"推荐的优质水稻品种生产，其颗粒细长，色泽晶莹，气味醇香，新鲜可口，加之西晃山区独特的自然环境，土壤含硒、铁、锌等对人体有益的微量元素，故其产品营养丰富，口味俱佳。经科学家们大量的实验研究和流行病学调查证明，硒元素缺乏与40余种疾病有关。特别是对于防治癌症，心血管疾病，某些地方病（如克山病、大骨节病等），改善糖尿病人的代谢调节，提高人体免疫力，延缓衰老和拮抗重金属等有明显效果。被研究学者誉为抗癌之王、心肌保护元素因子、抗体平衡元素、重金属解毒剂等。

稻米的营养与保健成分主要集中在米的表皮和胚芽之中，但多数消费者并不知道，精米虽然口感好、外观佳，但糙米碾白所去掉的米皮中含有丰富的营养成分和保健成分，精米仅以淀粉为主要成分，营养价值远不如糙米。在加工过程中，如何最大限度地保留稻米的表皮和胚芽而生产出营养保健米，已成为科学家们一直研究的课题。

通信地址：湖南省麻阳苗族自治县长寿产业园6号楼
联系电话：15526142240 覃明

典范产品：米米梦工厂系列产品

　　商标前缀"米米"，使公司的产业属性一目了然；同时"米米"二字在湖南省及国内众多区域亦有"财富"内涵，寓意公司必将兴旺发达。后缀"梦工场"，寓意公司创始人是一群有梦想、有情怀的"全谷物胚芽营养食品"产业开拓者，他们必将带领整个团队将"米米"建设成国内胚芽食品标杆企业，实现"米米梦，国人健康之梦"！

精装发芽糙米：0.5kg/盒；1.0kg/盒
简装发芽糙米：0.45kg/袋
礼品装富硒米：1.0kg/盒
富硒米：5.0kg/袋
"苗乡壹号"富硒米：5.0kg/袋

冰糖橙

黔阳

洪江市农业农村局是主管全市农业和农村经济发展的市人民政府工作部门，主要负责农业生产与资源管理、农业科技推广、农产品质量安全、农业行政执法等工作。其工作职能主要有加强农业产业政策研究，引导农业产业结构调整和农业资源的合理配置；研究提出促进农业产业化服务体系建设意见，经批准后组织实施；加强农业行政执法与监督，维护农业生产资料市场秩序，切实保护农业生产资料生产者、经营者和消费者的利益。

洪江市（原黔阳县）位于湖南省西部的雪峰山区，有"世界神秘绿洲""没有污染的神奇土地""物种的变优天堂"之称。洪江市是全国优质柑橘基地重点县（市）、全国四大柑橘产业带之一（即湘西—鄂西柑橘产业带）、国家优势柑橘冰糖橙基地，同时也是杂交水稻、冰糖橙、大红甜橙、金秋梨等发源地，2017年黔阳冰糖橙荣获中国百强农产品区域公用品牌称号，市委、市政府为打造黔阳牌系列优质农产品，决定对达到要求的优质农产品进行统一包装。

典范产品：黔阳冰糖橙

包装方式为纸箱+塑料托盘+剥橙器。

包装材料为纸箱+塑料托盘，符合环保原则。五层B瓦楞纸，缓冲性能强，符合包装轻量化原则。包装操作简单，符合高效原则。外观简洁漂亮，符合中高档农产品包装定位，可为农产品提供较高附加值。

外包装采用手提袋型，纸盒采用五层B楞型双瓦楞材质。

内包装用塑料托盘，防水汽。单层整整齐齐12颗果子，看起来美观、整洁。

规格一：380mm×300mm×70mm，12枚/箱
规格二：325mm×235mm×80mm，24枚/箱
规格三：390mm×290mm×90mm，12枚/箱

通信地址：湖南省怀化市洪江市黔城镇雪峰大道
联系电话：18074536057　　　　杨再生

洪江市禹甜科技有限公司成立于2016年11月，注册资本500万元。公司基于国内外强大的销售网络体系，专业从事湖南怀化乡土特色的农副产品技术开发、基地改良、品牌孵化、品牌营销推广、实体连锁经营、新媒体及网络销售渠道建设，是一家极具发展潜力的新型经济实体企业，累计投资达1 500万元。

通过产业品牌运营，"黔阳晶"在省内外农特产行业及终端消费者中建立了极高的品牌影响力和美誉度。公司注册了"黔阳晶"商标为母品牌，还有"山水黔阳""微安购""甜小小""雨甜山果""湘美人""长寿莲""长寿姜""柿事如意""柿长来了"等20多个品类的子品牌，子母品牌多元化发展、多渠道销售。2018年袁隆平院士为品牌题字"黔阳晶——农民脱贫致富的好帮手"。

典范产品一：山水黔阳通用版纸箱

包装材料为纸箱和珍珠棉，符合环保原则。拉伸式结构用料少，缓冲性能强，符合包装轻量化原则。包装操作简单，适用性强，全套包材仅有4个部件，符合高效原则。外观漂亮整洁，符合中高档水果包装定位，可为水果提供较高附加值。

典范产品二：付氏豆腐乳包装

包装材料为纸箱+玻璃瓶+泡沫托盘，符合环保原则。缓冲性能强，符合包装轻量化原则。包装操作简单，符合高效原则。外观漂亮整洁，符合中高档农副产品包装定位，可为农副产品提供较高附加值。

典范产品三：甜小小冰糖橙包装

包装材料为纸箱+食用级塑料内膜，符合环保原则。五层B瓦楞纸，缓冲性能强，符合包装轻量化原则。包装操作简单，符合高效原则。外观漂亮整洁，符合中高档农副产品包装定位，可为农副产品提供较高附加值。

通信地址：湖南省怀化市洪江市黔城镇冰心路黔阳晶

联系电话：17674510111   屈禹甜

　　株洲市湘东仙竹米业有限责任公司成立于2000年，是国家农业综合开发项目实施单位，是株洲地区集种植、收购、储藏、加工、销售为一体的大型粮食加工龙头企业，是国家粮食局、中国农业发展银行联合发文明确的重点支持粮食农业产业化龙头企业，是省粮食和物资储备局认定的疫情应急粮油加工企业。公司生产的仙竹翠玉大米和仙竹一号大米均已通过绿色食品认证。公司注册资本2 200万元，现有员工197人，占地面积3.8万m²，有效仓容8.5万t，拥有现代化加工生产线2条，大米年加工能力10万t，其中高档精米加工能力3万t，并建有完备的质量管理体系，通过了ISO 9001国际质量体系认证。

　　仙竹翠玉、仙竹一号是集绿色生态和高档优质于一体的稻米精品。选用优质稻为种源；全程不使用化学肥料、化学农药和任何化学添加剂；采用先进设备和工艺精细加工而成。仙竹翠玉产品细长似银针，色泽晶

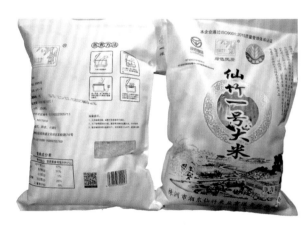

莹剔透，气味清香纯正，口感松软适中，营养丰富全面，粒粒精华，品质上乘。仙竹一号颗粒细小，色泽晶莹，气味芳香，口感适宜，营养丰富。

典范产品：仙竹系列大米

　　仙竹大米采用布袋或纸塑袋包装。布袋美观大方，容易印刷图案和广告，能够反复使用，损耗率低，节省成本。纸塑袋无毒无害，环保，遇高温不软化变形，遇严寒不脆断破裂，抗氧化性较强，色泽稳定。

规格一：47cm×32cm，5kg/袋
规格二：41cm×26cm，5kg/袋

通信地址：湖南省株洲市攸县联星街道文化社区富粮路74号
联系电话：13974102055　　丁巧霞

攸县海蓉水稻种植专业合作社成立于2018年，主要业务是水稻、大豆的种植及销售。大豆生产基地位于湖南省攸县石羊塘镇黄家垅村，属亚热带季风气候区，基地远离城郊和工业园区，无"三废"污染现象及潜在的源污染，土壤肥沃，肥力较高，适宜发展大豆生产。合作社积极参与攸县"一县一特"大豆产业，创建稳定的本地优质大豆种植基地，为攸县香干提供优质大豆原料。

合作社组织管理严格，管理制度健全，职责分工明确，并制定了科学的绿色食品生产技术操作规程和质量安全管控规范，生产上实行统一管理，严格执行绿色食品各项技术标准，农药、肥料等农业投入品管理科学安全，同时按要求建立了生产档案制度，详细记载各项农事活动，生产记录及时、全面、准确，以备查阅或质量性追溯。合作社自成立以来，无农产品质量安全事故和不良诚信记录。

典范产品：顶塘秋黄大豆

包装方式为内部覆膜彩印编织袋。

选用环保无毒，无污染源OPP塑料编织袋，结实耐用，不脱丝、不断丝，质量好，安全性高，符合国家安全食品包装要求。机械强度、对折强度、气密度、防潮阻隔性都优于普通塑料袋，内部覆膜，防潮、防漏、透气性好。包装操作简单，全套包材仅有2个部件，一拉即用，符合高效原则。外观漂亮整洁，符合中高档黄豆包装定位，可为大豆提供较高附加值。

顶塘秋黄大豆：900mm×620mm，50kg/袋

通信地址：湖南省株洲市攸县石羊塘镇黄家垅村

联系电话：18153828330　　　陈海蓉

株洲市圣仙水果种植专业合作社坐落于风景优美的攸洲国家森林公园境内的鸾山镇新漕村，基地位于森林公园景区核心，毗邻国家AAA级景点白龙洞和仙人桥。这里四面环山，海拔420~900m，环境优美，空气清新，自然环境无污染，气候条件优良，交通便利，游人众多，区位优势得天独厚，是发展水果种植和接待游客旅游观光的理想之地，更是游客休闲度假的"世外桃源"。

合作社于2015年1月成立，2016年5月申请注册并办理了合作社营业执照，注册资本200万元，经营范围是水果种植和果品销售及果树种苗繁育，为果农提供水果种植技术咨询和技能培训。2017年8月成功申请注册了"献花岩"水果商标，2019年合作社生产的锦绣黄桃获得了北京世界园艺博览会优质果品大赛优秀奖，同年还获得了市级示范合作社称号。黄桃绿色产品认证申请正在进行之中。

典范产品：献花岩鸾山锦绣黄桃

包装方式为带孔纸箱+可拉伸EPE泡沫网套+隔层板。

包装材料为纸箱和EPE，符合环保原则。拉伸式结构用料少，缓冲性能强，符合包装轻量化原则。包装操作简单，全套包材仅4个部件，一拉即用，符合高效原则。外观漂亮整洁，符合中高档水果包装定位，可为水果提高较高附加值。

外包装采用开盖式盒型，在盒子两侧分别打4个圆形透气孔，直径2cm。纸盒采用B楞型双瓦楞材质，表面覆膜。

每一颗黄桃都用EPE泡沫网套，减少在运输中水果之间的摩擦和碰撞。盒内用三层隔板分层隔阻，更进一步减少了黄桃的运输中的破损。

规格一：27cm×16.5cm×18cm，2.5kg/箱
规格二：34.5cm×16.5cm×25cm，5kg/箱
规格三：39cm×29cm×10.5cm，12枚/箱

通信地址：湖南省株洲市攸县鸾山镇新漕社区
联系电话：13272108888　　　洪建国

湾头洲脐橙

衡东长兴柑桔种植专业合作社成立于2016年1月，注册资本150万元，公司产品的种植面积达2 000亩，是一家集柑橘和脐橙的生产、储存、运输、销售、技术服务于一体的农业专业合作社。

主要产品"湾头洲脐橙"富含蛋白质、天然糖、维生素、胡萝卜素、钙、铁、磷等多种营养成分，集"香、甜、脆、嫩、艳"于一身，历史上曾被状元彭浚进贡至皇上，20世纪也出口欧洲。近年来参加过多次省部级博览会，享誉全国。2019年9月，又被国家评为A级绿色食品。

湾头洲脐橙生长在山清水秀、富含有机质的河流冲积沙土集聚的优质土壤中，周围没有任何工厂矿山和其他污染。全程严格按照绿色食品规范生产，全生长期施用充分发酵的生态有机肥，并采用人工防除杂草、干性灌溉，主要采用黄色粘虫板和频谱诱蛾灯物理防虫，不使用除草剂、甜蜜剂和早熟剂，尤其不使用禁限用农药。采摘后也不浸喷防腐剂，不打蜡。果实颜色鲜艳、肉质脆嫩、水分适中、糖分较高、清爽香甜、回味悠长。一直以来，深得消费者信赖和喜爱，被人们亲切地誉为"状元果"。

该产品不单是营养可口的美味水果，更是具有乌发养颜、润肤美肤、爽口润喉、润肺止咳、分解脂肪、降低胆固醇、降低有色金属和放射性物质对人体的影响、预防心脑血管硬化、促进血液循环、促进新陈代谢、恢复体力、增加体能、延年益寿等诸多功效。

典范产品：湾头洲脐橙

主色调采用基地代表色绿色和产品本色橙色，代表了衡东长兴柑桔专业种植合作社基地的特点——生态产品、无公害。

规格：5kg/箱；10kg/箱

通信地址：湖南省衡阳市衡东县杨林镇湾头洲村2组
联系电话：18152744219　　　彭根新

张家界乡滋味农产品开发有限公司是一家基于互联网+农业+精准扶贫的新锐农产品生产企业,自2018年创办以来,始终坚持"农业兴乡、共同发展"的农业产业化道路,坚持"以品质为基础创品牌"的经营理念,走创新和差异化竞争的发展路线,取得了非常好的成果。同时,公司积极落实国家精准扶贫政策要求,解决了农产品过去"有基地、无销路""有销路、无标准产品"的问题,带动了6 000户贫困户增收。2018年,公司法人黄萍被评为湖南省最美扶贫人物;2018年3月,公司被张家界市政府评为全市电商先进企业;2019年,公司被评为2019年度农业产业化市级龙头企业;2020年3月,公司被评为2019年桑植县最美巾帼扶贫车间。2020年4月,自主建立了印象桑植线上商城。2020年7月,公司被评为湖南省巾帼脱贫示范基地。公司在2020年成为湖南省消费扶贫联盟成员单位。

典范产品一:风花雪月组合装

设计简洁大方,蓝白配色经典时尚,烫金激凸工艺呈现白茶主题,在传统经典烟条盒型基础上加了中缝设计的小创意。将桑植白茶的风花雪月四个等级的产品,设计成一个系列4个烟条盒,可单条销售,可组合销售,灵活多变的组合方式让产品更具生命力和销售力,满足不同客群的定制要求。

典范产品二:罐装口粮茶系列

使用桑植白茶统一的设计元素。100g的大容量,适用于日常口粮茶及轻手礼。环保纸罐设计,小巧轻便,便于携带。紧压白茶片,一片一泡,干净,易泡,便于分享。

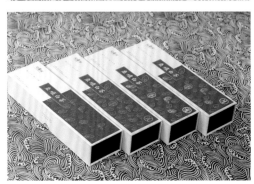

风花雪月组合装:32cm×9cm×6cm,75g/盒×4盒
罐装口粮茶系列:8cm×20cm,100g/罐

通信地址:湖南省张家界市桑植县澧源镇桑植故事一期电子商务中心二楼203
联系电话:13787962288   黄萍

西莲茶业

张家界西莲茶业有限责任公司成立于2006年7月，注册资本300万元，是一家集茶叶种植、收购、加工、销售于一体的市级龙头企业。公司成立十余年来，坚持以质量安全为本，产品先后荣获2012年中国（上海）国际茶叶博览会中国名茶金奖、中国中部（湖南）国际农博会金奖。在各级领导支持及全体员工拼搏下，茶叶基地达3 000多亩，公司产品远销日本、韩国等国家。同时，结合"精准扶贫"以"公司+基地+农户"的产业发展模式，带动了周边2个村268多户农民增收500余万元。

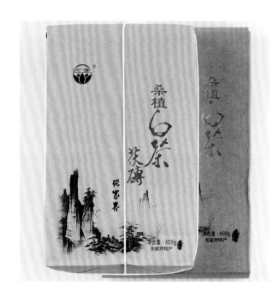

典范产品一：桑植白茶饼

外包装以白色为主，给人以美的享受和清新的感觉。

典范产品二：桑植白茶茯砖

桑植白茶茯砖外形像砖，方便储存和运输。包装设计上以张家界为背景，突出了茶叶的产地特色。

桑植白茶饼：357g/ 个
桑植白茶茯砖：400g/ 个

通信地址：湖南省张家界市桑植县人潮溪镇三鹤园村
联系电话：18974418316　　　祝春娥

千壶客

湖南长沙千壶客酒业有限公司成立于1999年，注册资本500万元，厂房面积5 000m²，是一家主要以生产糯米系列酒（甜酒、米酒）、花果酒、营养酒等农副产品加工企业。公司实现销售收入3 965万元，利润491万元。公司通过近20年的探索，建立了新型的生态经营生产合作模式，以公司统一引领"供应商基地+专业合作社+种粮大户"进行绿色种植，与本地规模企业及种植大户长期签订供应合同，建立了一套完整的绿色质量管理体系，真正地实现了从统一指导绿色规模种植到专业生产加工，至销售的良性循环生态产业链。目前千壶客产品销售网点已遍及国内十多个省市，进驻了沃尔玛、麦德隆、大润发、步步高等国际国内大型商超400多家，美宜佳、芙蓉兴盛连锁批发门店30 000多家，产品出口进驻中国香港、俄罗斯商超200多家。通过多年的技术研发，公司获得了长沙市科技小巨人企业证书，草本咖啡酒制造已荣获国家发明专利，16°咖啡酒在2017年度湘鄂赣渝闽桂滇酒类行业优质产品荣获金质奖，千壶客上等米酒获华中华南八省金奖。千壶客甜酒产品系列已荣获国家绿色食品认证，公司纳入了国家"扶贫车间"，累计解决了上百名农民工就业问题。公司为长沙市农业产业化重点龙头企业、长沙市企业技术中心。

典范产品一：350g原味甜酒包装

采用食品级PP材质小碗装的设计，无色透明，便于消费者对产品直观了解，方便轻巧。针对大罐装甜酒消费者很难一次性坚持食用完，会造成产品的浪费，此包装的设计理念为一杯一次，体积小，方便携带。包装可回收再利用。

通信地址：湖南省长沙市宁乡市历经铺乡金沙路 18 号

联系电话：13974922709　　　　宋泽明

典范产品二：600g原味甜酒包装

广口瓶口的设计便于消费者开启和饮用，也便于生产灌装。包装瓶消费者饮用后可作他用。透明玻璃包装，可以让消费者更直观看到产品中饭粒晶莹透亮、洁白如玉，给消费者良好的视觉效果。包装可回收再利用。

典范产品三：糯米酒包装

独特的瓶身曲线别具一格，透明玻璃材质消费者直观地看到微黄清亮的糯米酒，给消费者良好的视觉效果。包装可回收再利用。

千壶客原味甜酒：350g/瓶
千壶客原味甜酒：600g/瓶
千壶客糯米酒：850mL/瓶

长沙沩山炎羽茶业有限公司成立于2003年，位于宁乡市AAAA级风景名胜区——沩山，引领宁乡沩山乡炎羽茶叶专业合作社等生产基地，与湖南省茶叶研究所签订了长期技术合作，自有茶园基地面积1 431亩（其中有机茶园302.7亩），租赁3 000余亩。公司2014年首次通过了ISO 22000食品安全管理体系、ISO 9001质量管理体系、ISO 14001环境管理体系认证；2016年，公司通过麦咨达食品安全体系认证，公司品牌"炎羽"商标获得"湖南省著名商标"称号；

2018年，公司产品通过了北京中绿华夏有机产品认证，产品获得农业部"三品一标"认证登记，公司获得湖南省农业产业化龙头企业等称号。公司通过自主研发，已获7项新型实用专利授权并应用于公司的制茶工序；公司注重品牌建设，已建立了完整的品质管理体系；通过农产品追溯体系建设，实现产品"身份证"管理。公司以"实现农业产业化经营、带动茶农增收致富"为宗旨，生产高品质、高标准的沩山毛尖，强调利用本地资源和可持续发展的技术措施，紧密连接企业与农村、农民，为增加区域经济活力、改善生态环境、扩大沩山毛尖品牌地区影响力、带动周边农民致富等提供助力。

典范产品：炎羽毛尖

包装方式为密封、开窗、自立式软包装复合袋。采用自立式设计，顶部有密封条，背部有可视开窗。印有"炎羽"商标、农产品管理标识二维码、中国物品编码中心条形码。

包装材料为软包装复合袋，对天然材料使用少，资源能源消耗少，且包装材料轻巧、占重量小，包装内无效空间少，节省包装材料。包装满足品多样化保护要求，顶部密封条设计提高商品保质期，可多次循环使用。包装废弃材料的回收处理运输方便，废料处理方法较多，可回收后再生处理。包装操作简单，一拉即用，可立放于桌面柜台，外观整洁漂亮，符合中高档日常及办公茶叶包装定位，为茶叶提供较高附加值。

炎羽毛尖：45mm×185mm×280mm，200g/盒

通信地址：湖南省宁乡市沩山乡沩山村沩山社区寺山组

联系电话：13974830438　　　姜配良

A209

湖南楚沩香农牧股份有限公司是集宁乡花猪繁育、屠宰、鲜肉品和肉制品深加工及销售于一体的省级农业产业化龙头企业，公司拥有大龙生态、立业养殖场和永兴产业园三个大型标准化养殖场和在建的欣荣产业园，年可出栏宁乡花猪50 000头以上。诚信经营、创造价值、共享成功是公司的经营理念和宗旨。

典范产品：楚沩香宁乡花猪

包装材料均为食品级，符合环保原则。

气调包装能够通过调整包装内的气体种类和比例，达到不用或少用化学防腐剂，也能有较延长产品保质期的目的，且可保持较好的食品风味。气调包装充气后包装饱满美观，可克服真空软包装缩瘪难看和易机械损伤的缺点。

气调包装盒及气调包装膜采用食品级PP、PA/PET复合而成，公司通过ISO 9001质量管理体系、ISO 22000食品安全管理体系和ISO 14000国际环境管理标准认证。成品可回收，均符合食品安全国家标准GB 4806.6—2016、GB 4806.7—2016要求，并拥有实验室可进行理化及微生物检测，保证产品安全。

TQ 系列托盒容量：720mL，320g
LID1050（膜）：375mm×1 600mm

通信地址：湖南省长沙市宁乡大道东方现代城
联系电话：18607317389　　　周薇

　　湖南湘山生物科技有限公司创建于2015年，位于涟源市桥头河镇农业综合产业园。公司总投资2 000万元，主营茶油、灵芝、桐油、菜籽油的加工、研发、销售及其他农林产品的开发，是湖南省高新技术企业、中国农业科学院油料作物研究所和涟源市人民政府科技合作协议中的科技成果转化单位，拥有专利8项。2018年聘请中国农业科学院油料作物研究所、中南林业科学院的多位油料专家成立科技创新团队，并得到省科技厅和省组织部认可。

　　公司注册商标"湘山"是湖南省著名商标，"湘山"系列纯菜籽油、纯茶籽油通过国家绿色食品认证，"湘山"系列产品荣获湖南省农博会农产品金奖，"湘山"纯茶籽油荣获中国国际粮油产品及设备技术展示交易会金奖、第十六届中国国际农产品交易会金奖。

典范产品一：湘山纯菜籽油

　　包装材料PET耐油、无毒、无味，符合环保原则。反拉式提手结构用料少，美观，贮藏方便，符合包装轻量化原则。包装操作简单，全套包材仅有3个部件，一扣即合，符合高效原则。

典范产品二：湘山纯茶籽油

　　内包装材料为深褐色玻璃瓶，无毒、无味、耐热、耐压、耐清洗、可回收利用。外包装为原木纸材，美观大方，可塑性高，回收利用率高，符合环保原则。玻璃瓶原料丰富且普遍，价格低，可多次周转使用，符合包装经济化原则。包装操作简单，全套包材仅有4个部件，一扣即用，符合高效原则。

湘山纯菜籽油：5L/桶
湘山纯茶籽油：500mL/瓶

通信地址：湖南省涟源市桥头河镇珠璜村
联系电话：15367628521　　　陈述红

A 211

江华六月香果业股份有限公司成立于2005年。公司选育特色优良品种瑶山雪梨，在湖南省江华瑶族自治县连片带动产业种植3万余亩。公司自营瑶山雪梨种植基地先后被确定为湖南省优秀绿色食品示范基地、科普教育基地、国家标准化种植示范基地等。公司以"打造特色农产，确保绿色安全"的理念，科学化管理、标准化生产，以专业的队伍、严谨的制度，示范带动瑶山雪梨产业不断壮大、健康发展，有力推动了农业增效、农民增收、贫困户脱贫致富，生态环境改善。

典范产品：瑶山雪梨

包装方式为带孔纸箱+珍珠棉托盘。

包装材料纸箱和珍珠棉，符合环保原则。包装操作简单，全套包材仅有两个部件，直接放入即可，符合高效原则。外观漂亮整洁，符合中高档水果包装定位，可为水果提供较高附加值。

外包装采用开门式盒型，在盒子两个侧面分别打一个横线透气孔，长度8cm，既可以透气，也方便手提。纸盒采用BC楞型双瓦楞材质。

每一颗梨都放入固定孔洞，间距适中，减少在运输中水果之间的摩擦和碰撞，进一步减少了梨在运输中的破坏和损伤。采用3×4的12孔型材，双层设计，适合果径75~90mm的水果。与固定尺寸相比，达到同样效果的包材减少原料使用50%以上。

规格一：390mm×300mm×210mm，24枚/箱
规格二：370mm×300mm×110mm，8枚/箱

通信地址：湖南省永州市江华瑶族自治县沱江镇金牛大道南侧
联系电话：18107461910　　　汪健

A212

英妹子

湖南英妹子茶业科技有限公司位于湖南省古丈县，成立于2010年，公司的前身"德明茶铺"由李文典先生创立于1890年，至今已历经四代人的工艺传承和努力创新。公司是集茶叶种植、加工、销售、科研、乡村旅游于一体的湖南省农业产业化龙头企业。公司获得"湖南老字号"企业、中国食品农产品出口安全示范园、中国生态原产地产品保护示范基地、湖南省现代农业特色产业园省级示范园、湖南省茶叶助农增收十强企业、湖南省茶叶十佳旅游休闲示范基地、湖南省引进国外智力成果示范推广基地、湖南省野生茶品改选育示范推广基地、湖南省绿色食品示范基地等荣誉或称号，公司的产品连续五年获得了欧盟有机认证、中绿华夏有机认证、美国有机认证。公司坚守着百年工艺原味传承的信念，怀揣着"喝健康的茶，健康地喝茶"的初心，秉承着"一泡一包装，一杯一溯源"的品质理念，追逐着"要让英妹子走进千家万户，让千家万户畅享英妹子"的梦想。

典范产品：英妹子茶

手提袋外形时尚简单，与整体的包装风格相呼应。以覆膜牛皮纸为主要材料，便于运输装卸和仓储。

包装设计以湘西苗族、土家族服饰的主色卡普兰为底色，两边以苗族花边图案为点缀，透出少数民族神秘、典雅的气质。

铝箔袋隔绝性好，保护性强，不透气体和水汽，可防止内装物吸潮、氧化，不易受细菌及昆虫的侵害。

手提袋：25cm×36cm×8cm
条盒：33.5cm×11.8cm×7cm
卡盒：7.8cm×10.3cm×6cm
铝箔袋：5.4cm×10cm×2cm

通信地址：湖南省湘西州古丈县古阳镇红星小区
联系电话：13739022228　　　舒玲霞

花垣县开心家庭农场位于花垣县麻栗场镇新桥村，于2014年11月登记注册，流转土地158.7亩，以早熟梨种植为主。农场目前已与浙江省果树研究所、湖北省果茶研究所、湘西州农业农村局经作站合作，建立了武陵山片区落叶果树新品种试验与示范基地，为当地及周边地区优质小水果的种植和发展创造了良好的条件。

农场积极推行品牌战略，走高端农产品发展路线，2017年注册了"苗岭佳园"商标，并于2018年4月通过了中国绿色食品发展中心的绿色食品认证，成为湘西州首家获得水果绿色食品认证的家庭农场。

农场在自身发展的同时，响应精准扶贫的号召，主动承担社会责任，带动19户71人（其中建档立卡户5户18人），帮助就业，增加了农户收入，并按上级主管部门的统一安排，对贫困户8户22人进行委托帮扶，连续5年每年每人实现保底收益1 120元，为全县2020年的整体脱贫贡献一分力量。

典范产品：苗岭佳园富硒梨

包装方式为带孔纸箱+可拉伸珍珠棉网套+纸方格跟中间隔板。

包装材料为纸箱和EPE，符合环保原则。包装传统，操作简单。外观简洁漂亮，符合中高档水果包装定位。信息涵盖量大，让消费者一目了然，且突出产业扶贫成果。

苗岭佳园富硒梨：34mm×26mm×19mm，24枚／箱

通信地址：湖南省湘西州花垣县麻栗场镇新桥村 4 组
联系电话：15874325738　　　　彭志全

A 214

永顺县大丰生态农业开发有限公司成立于2017年，是一家集莓茶研发、种植、加工、销售于一体的创新型企业，以莓茶产业为主线，依托万民乡的千亩种植基地，在湘西永顺知名景区芙蓉镇打造"种、产、销、游"模式的三产融合创新科技园，走生态农业、生态观光、茶文化体验、户外活动等的综合性项目之路，促进"乡村振兴"健康发展，形成产业融合持续发展的新格局。公司自成立以来，在生产经营中坚持信誉至上、质

量第一的原则，同时利用永顺得天独厚的自然环境和悠久的莓茶种植历史，打造出永顺富硒有机莓茶系列产品，获得了广大消费者的赞誉，取得了较好的经济效益和社会信誉，并荣获中国·315诚信企业、湘西州农业产业化龙头企业、湖南省绿色食品协会副会长单位称号，取得发明专利2项、外观专利3项。旗下合作社荣获莓茶省级示范社称号，公司生产的永顺莓茶为中国土司学高层论坛指定用茶，获第二十一届中国中部（湖南）农业博览会产品金奖、第二十届中国绿色食品博览会金奖、2020湖南文化旅游商品大赛金奖。

典范产品一：顺天应时

包装方式为纸箱+纸板+特种纸+PET/AL/PE。包装材料为白卡纸和纸板，符合环保原则。拉伸式结构用料少，缓冲性能强，符合包装轻量化原则。包装操作简单，符合高效原则。外观漂亮整洁，符合中高档莓茶包装定位，可为莓茶提供较高附加值。

典范产品二：一帆风顺

包装方式为纸箱+纸板包装+特种纸+PET/AL/PE。包装材料为纸箱和PE，符合环保原则。拉伸式结构用料少，缓冲性能强，符合包装轻量化原则。包装操作简单，全套包材仅有4个部件，符合高效原则。外观漂亮整洁，符合中高档茶叶包装定位，可为茶叶提供较高附加值。

顺天应时：360mm×95mm×230mm，40g/盒×4盒
一帆风顺：220mm×105mm×65mm，2g/袋×20袋

通信地址：湖南省湘西州永顺县万民乡
联系电话：18874303404　　　王少甫

松柏米业

湘西松柏米业有限责任公司成立于2015年3月，公司下辖5个农民专业合作社、4个家庭农场。种植面积12 800余亩，注册有"松柏""五连洞""醉溪州""老谷种"等商标，获超声波黄曲霉素提取装置等2项专利和实用新型专利10项、计算机软件著作权10项。先后荣获2015年度、2016年度、2017年度中国中部（湖南）农业博览会金奖；2018年第十九届中国绿色食品博览会金奖；第二十一届中国中部（湖南）农业博览会袁隆平特别奖。合作社被评为国家级农民合作社示范社、百强农民合作社、湖南省绿色食品示范基地。松柏大米获得绿色食品认证、农产品地理标志登记证书、有机产品认证。公司坚持走绿色产业发展之路，积极发展无公害有机农业，坚持"诚信为本、质量为优、服务为先"的核心价值观，以"农业产业提质、农民增收致富，助力健康中国"为使命，努力回报社会，实现社会、生态、经济共赢。

典范产品一：松柏香米/松柏贡米

包装方式为密封纸箱+礼盒。外包装采用开门式盒型。内包装为礼盒，可放0.5kg真空包装大米8袋，减少在运输中大米之间的摩擦和碰撞。包装材料为纸箱，符合环保原则。纸箱密封性强，符合食品包装要求。包装操作简单，全套包材仅有2个部件，产品直接装入礼盒后再放入外包装纸盒，符合高效原则。外观漂亮整洁，符合中高档大米包装定位，可为大米提供较高附加值。

典范产品二：松柏大米

包装方式为密封纸箱+真空包装袋。外包装采用开门式盒型。产品加工后直接真空包装后即可放入外包装盒，减少在运输中大米之间的摩擦和碰撞。包装材料为纸箱，符合环保原则。纸箱密封性强，符合食品包装要求。包装操作简单，全套包材仅有1个部件，产品包装后直接装外包装纸盒，符合高效原则。外观漂亮整洁，符合中高档大米包装定位，可为大米提供较高附加值。

5kg装：40cm×6cm×13cm
25kg装：36cm×27cm×34cm
25kg礼盒装：40cm×34cm×30cm

通信地址：湖南省湘西州永顺县松柏镇花桥村四组
联系电话：18874383683　　　马桂花

A 216

湖南润农生态茶油有限公司是一家集油茶林保护、种植、茶油加工与销售、茶油健康功效深度研发、生态旅游于一体的全产业链生态农业企业，致力于为千家万户提供油脂健康全面解决方案。公司自2009年创立以来，在茶油领域深耕践行十年有余，始终坚定不移地以"健康中国"战略为己任，将茶油全系列健康产品带到千万家庭。公司秉承"信仰恪守良知，品质润泽生活"的核心价值观，通过持续投入与经营，不仅获得了绿色食品认证、双有机产品认证证书、出口食品备案证等，还当选为湖南省油茶产业协会副会长单位、常德市油茶产业协会会长单位，先后获得湖南省林业产业龙头企业、湖南省绿色食品示范基地、高新技术企业、常德十大优秀龙头企业等称号。旗下高端茶油品牌"灵犀茶油"始终坚持只做60℃真冷榨纯茶油，荣获"湖南茶油"公共商标。

典范产品一：灵犀茶油礼盒

内包装为玻璃瓶，流线优雅的高挑瓶身，兼顾实用性和美观性，以山茶花元素作为视觉核心，形成产品记忆点。采用特级天然软木塞作为封口，天然无化学污染，密封性良好，健康卫生。底部内托固定瓶身，减少运输中玻璃瓶的摩擦和碰撞。

典范产品二：灵犀茶油马口铁罐

马口铁罐的食品贮存稳定度十分出色，具有不透光性、良好的坚固性和密封性，完全隔绝环境因素，避免油品劣变。方便运输，避免运输过程中造成渗漏等质量问题。Logo的设计结合了山茶花元素，整体排版简洁大气，符合山茶油作为国宝油的高端定位。

灵犀茶油礼盒：135mm×100mm×345mm，600mL
灵犀茶油马口铁罐：116mm×63mm×210mm，1.3L

通信地址：湖南省常德市津市市嘉山工业新区
联系电话：17700724744　　　滕从妮

艺必达

深圳市艺必达精品包装有限公司成立于2001年，通过近20年的实践发展，现已成为国内印刷包装界的知名企业，公司占地面积12 000m²，有整套世界先进的印刷及后道加工设备，公司汇聚了各类专业策划、设计与研发的技术人才和一支精干训练有素的员工队伍，拥有雄厚的技术力量和一流的生产能力。总经理陆志强先生曾获得深圳特区印刷包装业20年杰出成就奖。目前公司是集研发、设计、生产于一体的多元化生产企业，产品门类繁多，满足了不同行业的客户需求。

典范产品一：汉中仙毫包装

汉中仙毫产自陕西省汉中秦巴山区，是中国西北地区著名的茶业名品。山水画意境的白描图案，突显出淡而有味的深远意境，在天青色的掩映下，叶片更显灵动。"汉中仙毫"四个有魏碑笔法的大字，简约大气，不拘一格，成功地体现了深远祥和的文化气质。

典范产品二：木峨生普茶包装

包装设计构思突出木峨茶纯天然性，是原生态、无公害的绿色产品。以蓝色为基调，象征天空和大自然。盒型结构简单，材质高端，达到食品级标准。内盒宝蓝色绸缎雍容典雅，尽显木峨生普茶稀缺天然的独特魅力。

典范产品三：云南下关沱茶包装

包装设计中体现出厚重的文化沉淀。六角形抽拉式包装盒，做工复杂，环保要求高。

通信地址：广东省深圳市龙岗区坂田亚洲工业园4栋

联系电话：13534194081　　　郭锋

千庭

　　广东千庭茶业投资有限公司是农业创新型企业。公司重新定义单丛，将单丛标准化；以新农人标准率先推出标准单丛茶系列；建单丛茶文化庄园、创新商业模式、以工夫茶文化推动单丛品类发展；开启全新S2B2C分销商业模式，以创意化的品牌定位、标准化的产品系列、社交化的服务体系构建互联网+单丛茶的生态产业链，为单丛茶行业注入一道新活力，创中国单丛茶领导品牌。千庭以S2B2C分销模式，以茶庄园为依托，招募全国合伙人，目前城市合伙人破300家，覆盖28个市。千庭茶旅产业园是广东省现代化产业园重点项目，庄园是潮州市探索农庄经济试点单位，产品获高山有机认证证书，在各大活动获奖无数。在工夫茶构建方面，千庭得到各省市区政府的肯定和认可，在各国际茶博会潮州馆承担官方接待，茶艺师团队多次出席活动传承工夫茶文化。

通信地址：广东省潮州市湘桥区明园路北关千庭大厦

联系电话：15322710009　　　谢垒

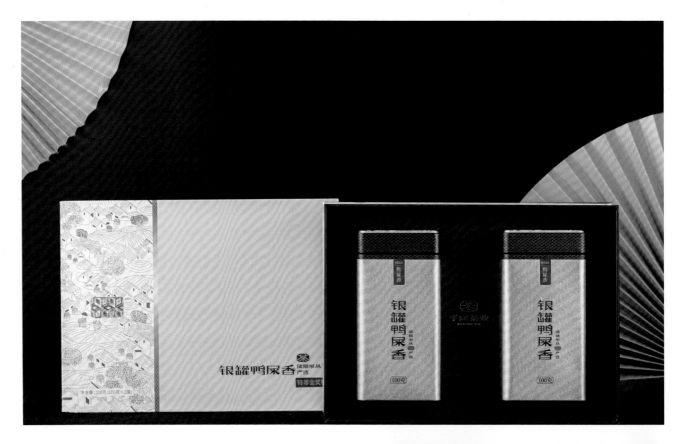

典范产品：千庭系列茶

　　千庭产品融入潮汕文化及工夫茶文化。厝角头是潮汕古建筑经典形象，以该元素用线条绘制点缀罐盖细节，具有代表性。手绘庄园景观采用浮雕凹凸工艺，纹理细腻，打造强烈的立体感和独特的触摸感。整体设计上铁罐与外包装礼盒调性统一，罐身与罐盖两种鲜明色彩的碰撞打破视觉上的单一性。材质上采用铁罐的材质是经食品安全与环保考虑，确保储存密封性，实用性强又具环保理念，传递人—茶—家理念，将美好生活方式传递到千万家庭。

　　产品用材经过多次筛选多次打样而定，在充分考虑茶叶储存的基础上融合环保设计的理念，选用的食品级铁罐包装，具有优异的阻隔性、阻气性、防潮性、遮光性、保香性，加之其密封可靠，能较好地保护产品，且具有绿色环保、循环使用的效果。当铁罐存在自然环境中，可自然地氧化恢复至氧化铁状态，回归自然，属于环境无害型。

银罐鸭屎香：100g/罐×2罐

千庭单丛：100g/罐×2罐；500g/罐

A 219

茶里

CHALI茶里创立于2013年8月，总部在广州，是中国高端茶饮品牌，也是专业的茶服务提供商。目前CHALI茶里已经完成两轮融资，引入了广东文投、京东千树资本、盈信资本等国内知名风投机构，当前估值6亿元人民币。CHALI茶里的创新模式取得了显著成绩和社会的广泛认可，已拥有千万级粉丝，日销量超80万包，接近平均每秒售出9包，累计销量超5亿包！

CHALI茶里掌握茶叶制造、拼配分级、精加工的核心技术，核心产品是高端原叶袋泡茶。CHALI茶里目前已拥有完善的优质原料供应体系，并联合中国农业科学院茶叶研究所建立CHALI茶里CFDS审评体系，共建茶里实验室，探索建立国内袋泡茶行业标准。

通过全渠道营销，CHALI茶里的产品已遍布天猫京东等线上平台，以及麦德龙等大型商超和7-11、OK、全家全球连锁便利店等，并于2016年开设第一家线下旗舰门店后，至今在全国拥12家门店。已形成良好的品牌认知和影响力，成为中国茶行业新零售标杆。

CHALI茶里品牌标识包括：图形、字体、理念。

标识图形部分为展开的东方折扇，代表东方美学，精致典雅。整体又如日出朝阳，光芒四射富有朝气。CHALI名称采用全大写连写方式，字体采用简约的粗体画笔，突出品牌识别度，又不失时尚大气。CHALI茶里的品牌理念，折扇英文名为"fan"与标语"Be a tea fan"的"fan"（粉丝）一语双关，表达了对茶痴迷、对生活美学的高度追求。

CHALI茶里产品种类繁多，各类产品包装都经过精心设计，茶包采用玉米纤维，可回收、可降解，在保证品牌以良好形象展示的同时，CHALI茶里也承担了相应的社会责任。

茶包形状为立体三角，可降解，环保；内部空间大，适合原叶茶透明茶包；原料品质清晰可见。

通信地址：广东省广州市海珠区北岛创意园 B 区 6 栋 105 单元
联系电话：18665583520　　　林川

典范产品一：每日茶

套装礼盒内包含21份精致茶包，采用CHALI经典玉米纤维立体三角包，随泡随喝，享受优雅生活。

典范产品二：蜜桃乌龙罐装茶

外包装采用生态铁罐，密封良好且保鲜易储存，烫金品牌字样搭配日式手绘图案，使设计呈现温暖而精致的感觉。铁罐内置镀铝散装68g蜜桃乌龙茶，包装轻巧便捷，适合多人分享。

典范产品三：桂花乌龙茶

桂花花朵金黄，乌龙砂绿油润，内盒分装为3g一袋的立体三角包，采用可降解、环保的材质制成，大叶原茶透过茶包清晰可见。CHALI四款经典花茶作为一个系列产品推出。

每日茶：67.5g/ 盒
蜜桃乌龙罐装茶：68g/ 罐
桂花乌龙茶：3g/ 包 ×18 包

黄沙鳖

浦北县寨圩镇粤桂龟鳖养殖专业合作社是一家以优质水产品黄沙鳖苗种繁育、商品鳖养殖为主的农民专业合作社。位于广西浦北县北部交通要地寨圩镇；合作社现有社员150人，养殖面积350亩，年繁殖、培育鳖苗40多万只、优质商品鳖100多t，年产值1 000万元。合作社于2013年获广西农民专业合作社示范社称号。2014年，合作社龙塘养殖基地及黄沙鳖产品获农业部无公害农产品产地、产品认证，同年选送参评黄沙鳖获中国—东盟博览会"宏昭杯"全国龟鳖评比大赛第一名。2016年，合作社龙塘、益泰养殖基地同时获农业部水产健康养殖示范场称号。合作社现已成为浦北县黄沙鳖养殖的龙头合作社，所生产的生态黄沙鳖已逐渐广为人知，成为市场的俏品。

典范产品一：祺峰慧乾牌黄沙鳖（鲜活产品）

外包装为可折叠式手提纸质礼盒箱型，在盒子顶面利用纸箱折叠手提。内包装为透明PP编织袋。整体包装以节约、简单、高效为原则，符合环保原则。折叠式结构用料少，缓冲性能强，便携，符合包装轻量化原则。包装操作简单，全套包材仅有2个部件，一开即用，符合高效原则。外观漂亮整洁，符合高档水产品包装定位，可为水产品提供较高附加值。

典范产品二：祺峰慧乾牌黄沙鳖（宰好产品）

包装方式为泡沫箱+食品级粗圆点纹路真空袋。

泡沫箱配以冰袋用速冻锁鲜的方式保持黄沙鳖原有的鲜味，方便运输保鲜。以食品级粗圆点纹路真空袋对产品直接进行包装，安全卫生。

通信地址：广西壮族自治区钦州市浦北县寨圩镇永新街

联系电话：13877761239　　　　宁汝

桂林聚龙潭生态渔业有限公司成立于2012年，是广西区水产畜牧的重点龙头企业、区农民专业合作社示范社、桂林市农业产业化重点龙头企业。公司坚持五化标准：流程化、生态化、标准化、产业化、品牌化。以此为导向，从渔业保种、繁育、山泉水生态养殖、鱼品质升级处理、科普教育、休闲渔业等环节，全程严格遵循无公害、生态标准化、溯源流程执行，顺利实现了基地到餐桌的良性对接。

聚龙潭积极参与国家渔业产业扶贫战略，与桂林周边灵川、全州、龙胜、恭城等地的多家合作社组成广西山泉生态鱼农业产业化联合体，带动贫困户（农户）发展，助力乡村振兴，建设美丽新农村，带动农户350户，平均每户增收5 000元。

聚龙潭携手桂林银行、香江百货、海大集团等企业，共同努力为消费者创造一个健康安全的渔业饮食环境。公司计划未来三年从现有5家直营体验店扩展到30家直营店及品牌授权店。

典范产品：长江壹号山泉生态鱼

包装方式为PVC提手+塑料袋+水+氧气。

品牌标识清晰明显，可视性强，方便携带，密封性好，PVC提手完全胜任对承重的要求。活鱼的可视性强，鲜鱼在充氧袋中可轻松存活3天，能满足消费者对生鲜的要求。

长江壹号山泉生态鱼：60cm×25cm×20cm

通信地址：广西壮族自治区桂林市叠彩区青城苑 15 栋 4 号

联系电话：13978334473　　　　刘恒坚

A222

八桂凌云

广西八桂凌云茶业有限公司创建于2012年2月，注册资本1 000万元，是国家高新技术企业，集茶园基地建设、茶文化传播和茶叶科研、生产、加工、销售于一体。

广西壮族自治区是全国少数民族人口最多的地区，这里居住着壮、汉、苗、瑶等少数民族，至今仍保留着壮族的传统，三月三唱山歌、抛绣球、铜鼓、壮锦是壮族人民的文化体现。

八桂凌云牌智尊金毫红茶是广西八桂凌云茶业有限公司的拳头产品，连续9年通过有机认证，获中茶杯特等奖、国际名茶评比金奖等荣誉。八桂凌云金毫红茶芽叶肥壮，金毫显露，色泽红艳，香气高醇持久，滋味甜和鲜爽，汤色红亮，深受消费者青睐。

典范产品：八桂凌云智尊金毫红茶

注册商标"八桂凌云"采用壮族的传统文化元素，以茶壶为原型，植入铜鼓、祥云的图案，体现了八桂凌云的茶文化。产品的主图是壮族茶农在集市交易的场景，茶叶丰收的喜悦。

产品包装印有国家地理标志、有机产品标识，包装材料采用再生纸张印制，可回收利用，可降解，不污染环境，节约能源。

八桂凌云智尊金毫红茶：50cm×33.6cm×48cm

通信地址：广西壮族自治区百色市凌云县泗城镇茶乡大道中
联系电话：15577690800　　　　杨艳

麦鲜渔

陆川县王沙水产养殖有限公司坐落于玉林市陆川县沙坡镇王沙水库旁，于2015年11月注册成立，主要以水产养殖为主，水库面积600多亩，年产20万kg鲜鱼。2019年获得国家级水产健康养殖示范场荣誉称号，产品获得无公害农产品认证。

王沙水库水质优良，周边生态环境保护完好，公司利用当地优质的生态环境，创造"麦芽养草鱼"的养殖模式，注册"麦鲜渔"商标，产品畅销两广。放养在水库中的草鱼专门喂食发芽的麦子，这些吃麦芽长大的草鱼不仅营养丰富而且口感好。根据检测，鱼肉中的粗蛋白质、粗脂肪、氨基酸等含量均远高于普通淡水鱼。而且草鱼自小养在大面积的水库中，鱼的活动量大，肉质紧实，其脂肪含量也相对较低。鱼肉入口鲜香，完全不带一丝腥味，肉质细致幼嫩，口感特别好。

典范产品：麦鲜渔活鱼充氧包装袋

活鱼充氧包装袋以无色、无毒、透明的高强聚乙烯或聚酯材料制作，具有良好的密封作用，产品外包装上印刷有全国可追溯二维码，保证生态鱼品质。

麦鲜渔活鱼充氧包装袋：80cm×30cm

通信地址：广西壮族自治区玉林市陆川县沙坡镇王沙水库
联系电话：18378789990　　　张荏洪

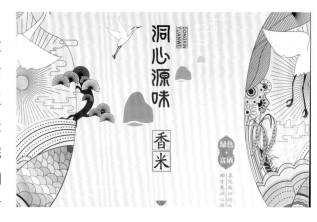

陆川县金田源农业开发有限公司是集种植、生产、推广、服务、加工、仓储、销售为一体的农业组织，致力于绿色、富硒、生态有机农产品的产业化经营。目前在洞心村建设了30多亩的水稻生产设施中心和千亩种植示范基地，以创新的"可追溯会员制"广泛连接合作众多贫困户和种植户，产业覆盖水稻种植面积近万亩，完成大米从土地到餐桌的全产业链体系建设，所产的"洞心源味"香米通过了国家绿色认证和富硒认证，获得广西名优富硒米、广西农业品牌产品等称号，是玉林市农业重点龙头企业、广西现代特色农业示范区，并获得陆川最美致富带头人、广西"万企帮万村"先进民营企业、全区扶贫攻坚先进集体等荣誉。

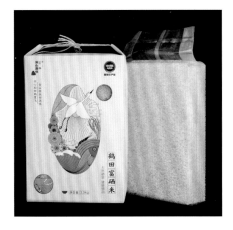

典范产品一：鹤田富硒米

包装材料为手提纸袋和PA+PE真空袋，符合环保原则。牛皮纸袋用料少且环保，符合包装轻量化原则。包装操作简单，全套包材仅有2个部件，封好真空包装把米放入纸袋扎好纸绳即可，符合高效原则。外观漂亮整洁，符合中高档大米包装定位，可为大米提供较高附加值。

典范产品二：洞心源味香米

包装材料为彩印纸盒和PA+PE真空袋，符合环保原则。纸质内衬可以固定米砖，减震防碰，有效保护米砖。外观漂亮整洁，符合中高档大米包装定位，可为大米提供较高附加值。

通信地址：广西壮族自治区玉林市陆川县温泉镇长安路1号

联系电话：15678509527　　　　吕雄宇

百冠

田东县平马镇百冠果蔬农民专业合作社是一家主要从事芒果种植和销售的现代农民专业合作经济组织，是国家级农民专业合作社示范社、全国农村创业创新园区基地，是广西壮族自治区人民政府授予的现代特色芒果种植示范区，也是田东县芒果产业扶贫基地。合作社生产基地共3 050亩，坚持"绿色发展，生态和谐，食品安全"的生产方针，实行芒果标准化生产，构建了源头可追溯、流向可跟踪、信息可查询、责任可追究的农产品质量安全追溯体系，通过了无公害农产品和绿色食品认证。主要通过芒果

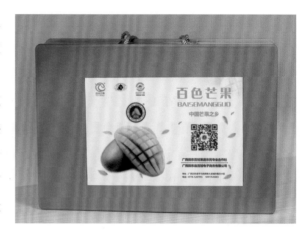

产业发展累计带动175户以"合作社+农户基地+互联网+"的经营模式脱贫致富。

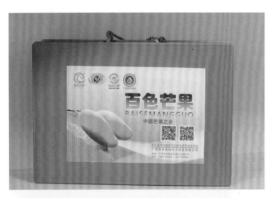

一直以来，合作社秉承"科技兴农，产业报国，循环经济，持续发展"的经营理念，在县委县政府县直相关部门的大力支持下，进一步致力于新品种、新技术和新成果的推广和应用示范，产学研相结合，依托广西壮族自治区亚热带作物研究所、国家现代农业产业技术体系广西芒果创新团队，打造自治区和国家级园艺作物标准化生产基地，构建百色市农业核心示范区。

典范产品：芒果等亚热带水果

包装方式为带孔塑胶盒+可拉伸珍珠棉垫片+可拉伸珍珠棉卡格。

包装材料为塑胶盒和EPE，符合环保原则。拉伸式结构用料少，缓冲性能强，符合包装轻量化原则。包装操作简单，全套包材仅有4个部件，一开即用，符合高效原则。外观漂亮整洁，符合中高档水果包装定位，可为水果提供较高附加值。

金煌芒果：20cm×15cm
台农一号：26cm×10cm

通信地址：广西壮族自治区百色市田东县平马镇翡翠园生活小区 7 栋 2 单元
联系电话：13647763933　　颜金色

重庆市黔中道紫苏种植专业合作社成立于2009年，从事紫苏种植、加工、销售，食用植物油生产、销售与进出口贸易。合作社是基于物种安全、原地域、天然农业方向，为改变生产底端群体的经济地位，联合农民并以彭水苏麻这一种质资源作为载体而创建，集产供销一体化服务于三农的合作组织。现有员工12人，发展社员337余名，基地建设从300亩壮大到当前的间作4 000余亩，涉及彭水县10余乡镇20多个行政村，带动农户2 400余家，套作面积2万余亩，亩均增收从2010年400余元增长到2019年2 000余元。目前组建了一支来自西南大学、重庆中药研究院、重庆医科大学、广州中医药大学、中国中医科学院等专家教授的研发团队。目前已经启动紫苏全产业链生产线建设，已经建成年产紫苏油30t生产线一条。

典范产品一：彭水苏麻籽实（小坚果）

包装材料为纸箱和亚麻布袋，符合环保原则。外包装采用瓦楞纸箱。内包装采用亚麻布袋和无纺布双层保护，适度阻止外部空气水分渗透和内部水分散发。布袋结构简单，对小坚果具有一定透气性，缓冲性能强，符合包装轻量化原则。包装操作简单，结绳密闭，解绳可用，符合高效原则。

典范产品二：紫苏籽油

包装材料为纸箱和玻璃，符合环保原则。外包装采用瓦楞纸箱。内包装采用铜版纸盒和玻璃瓶双层保护，珍珠泡沫托底和瓶颈保护，缓减运输过程中碰撞力对易碎玻璃瓶的破坏。棕色玻璃瓶，对多不饱和脂肪酸具有很好的保护作用，也符合包装保护性安全原则。操作简单，拧盖密闭，解盖可用，滴管用量精准，符合高效简易原则。丝印信息在瓶身，减少贴标材料和工作量，符合包装轻量化原则。携带方便，外观简洁大方。

彭水苏麻籽实（小坚果）：2kg/袋
紫苏籽油：50mL/瓶

通信地址：重庆市彭水县汉葭街道芦渡湖村2组
联系电话：18223495515　　　高海林

旺
发

重庆市旺发茶叶有限公司坐落于美丽的生态硒城、长寿之乡——重庆市江津区，主要从事良种富硒茶苗培育、茶叶采摘、生产、加工、销售及茶园基地建设。

公司前身是创立于1990年的重庆市旺发茶厂。经过近30年发展，现拥有员工200余人、茶叶基地4 000余亩、知名茶叶产品10余种，已成长为重庆市农业产业化龙头企业。

公司秉承"推动富硒茶叶发展、增进民生健康福祉"的宗旨，着力提升生产经营水平，连年得到业内高度认可。公司十分重视产品质量和技术研发，为推动产品创新和技术升级，常年聘请西南大学茶学博士、茶学教授作为工厂技术顾问。经过多年精心培育，已成功打造了"四面绿针""玉泉芽""春湘夜月"等多个名优茶叶产品。

典范产品：四面绿针

把江津四面山瀑布飞流直下最后汇入大江的概念融入图形中，简洁平面化的绘图风格与品牌名称相得益彰。把四面山的标志性景点——望乡台瀑布以版画的形式与猫山的凉亭、茶树、茶山、祥云融合，以抽象化的形式体现"一江世界，一记好茶"的意境。体现地域特色的同时也阐述企业理念。

四面绿针：100g/ 盒

通信地址：重庆市江津区滨江路西段 19 号四面绿针门市
联系电话：13808327296　　　周小雨

234

重庆吴滩农业服务有限公司是一家集种植、加工、销售于一体的重庆市农业产业化市级龙头企业、重庆市优秀农业产业化龙头企业、重庆市农产品加工示范企业。公司始创于2001年，注册资本600万元，现有职工58人，其中高、中级技术人员11人，一直专业致力于花椒、花椒油、麻辣调料等农副产品精深加工业务。

"彬哥"江津青花椒是依托聂荣臻元帅故乡——重庆市江津区吴滩镇绿色花椒基地（中国花椒之乡），选江津青花椒为原料，经烘烤、筛选、色选，最后包装而成。成品色泽青黝，粒粒清香，颗颗辛麻，具有加热不变色等特点，是家庭各种烧菜、炒菜及餐饮、食品加工的一道调味品。该产品经中国绿色食品发展中心认证为绿色食品，2013年被评为重庆名牌农产品，2015年11月在第十六届中国绿色食品博览会上荣获金奖。

典范产品：彬哥江津青花椒

包装设计上，融入了江津花椒的元素，通过江津"一江津彩"区域公用商标及产品标注，让该产品包装脱颖而出。采用PE食品袋包装，安全放心。在包装上也标注提示"保持环境卫生"。

通信地址：重庆市江津区吴滩镇郎家村
联系电话：17783809736　　　杨洋

A229

重庆市黔江区仙峡农业发展有限公司于2015年1月登记注册，注册资本1 000万元，是集种植、生产、加工、销售于一体的以粮食生产加工为主，并从事休闲农业和乡村旅游开发、特色农产品销售、农产品电商运营的农业企业。公司始终坚持把带动农户致富奔小康作为公司的长远战略目标来实施。坚持与重庆农业科学院、西南大学等科研机构合作，公司通过3年的努力，目前在马喇镇杉树村、龙溪村建起了优质水稻核心示范基地500亩，公司注册的"马喇湖"商标被授予国家农产品地理标志，带动黔江区两万亩贡米种植。现"马喇湖"贡米已被农业农村部收入全国名特优新农产品名录，获得国家农业农村部颁发的国家农产品地理标识认证。2018年通过国家绿色食品认证，并获得2019年度全国绿色食品金奖；2019年被评为重庆市名牌农产品；已获得重庆市公用品牌"巴味渝珍"、黔江区公用品牌"山韵黔江""农投良品·新华社民族品牌工程"授权。

典范产品一：袋装贡米

设计灵感来自大自然——蓝天绿野、新鲜空气与每天的第一道曙光。画面以黄色为主基调，表现了韵味十足的秋天气息。插画设计巧妙生动、内容丰富，连绵起伏的山峰、飞雀和探出的一株梅花，搭配日出的景观，给予消费者可视的丰收景象，使人身临其境，感受大自然的馈赠。内配有真空包装，既保证了产品质量又延长了使用时间，满足消费者追求健康饮食的需求。

典范产品二：礼盒装贡米

包装主色调使用大气的红色——中国红，人们常将之用来表达敬意或祝贺。包装插画中的太阳、云朵和树木等元素，灵活诠释了原产地优质的生态环境，传达自然、健康、活力的理念。内置独立小盒，简洁庄重、使用便捷。

袋装贡米：250mm×100mm×500mm，5kg/ 袋
礼盒装贡米：430mm×60mm×180mm，2kg/ 盒

通信地址：重庆市黔江区新华大道西段 258 号
联系电话：15923050500　　　马禹

重庆市美亨柚子种植股份合作社位于重庆市巴南区接龙镇自力村，成立于2011年底，现有社员210户、基地5 000余亩。以"合作社+科研+基地+农户"的发展模式，推崇"淳朴农耕，天然为本"的思想，以"良心和匠心"为使命，绿色种柚、科技兴柚、健康品柚、文化赏柚。合作社坚持与中国农业科学院柑桔研究所（西南大学柑桔研究所）的战略合作和技术合作，不断提升"接龍蜜柚"的品质，积极培育新的品种，开发新的产品。

合作社的蜜柚先后获得国家农产品地理标志登记保护、国家绿色食品A级认证、重庆市名牌产品称号，入选全国名特优新农产品目录。合作社荣获2018年国家农民合作社示范社称号。

典范产品：接龍蜜柚

包装以"接龍蜜柚健康蜜友——来自巴南的自然馈赠"为设计理念。画面远景是位于五布河河畔青山绿水间的美亨公社柚园，一片结满了蜜柚的果树，村民们在抽梢疏花、采摘柚子；前景是村民双手捧着沉甸甸的接龍蜜柚，带着亲切自信的笑容，用"匠心"给大家献上一个健康优质的柚子。

产品的包装在设计、生产方面，充分体现绿色环保、安全健康、推崇"淳朴农耕，天然为本"的思想理念，包装色彩、图文内涵丰富，美观大方，标识清晰规范。

此款包装为纸盒装，内装2个蜜柚鲜果，包装整体颜色以绿色为主，体现绿色环保、安全健康的理念。

接龍蜜柚：2个/盒

通信地址：重庆市巴南区接龙镇自力村生子孔组 637 号

联系电话：13308334168　　陈开容

A231

重庆市江津区环湖农业开发有限公司位于重庆市江津区夏坝镇大坪村，种植面积320亩，已建成富硒、绿色、有机生态农业基地，主要经营生态农业观光、水果种植、水产品养殖和特色农产品销售。种植方式全部按照国家无公害、绿色食品、有机食品标准生产管理，基地种植的品种有太阳橙卡拉卡拉红肉脐橙、华红脐橙、清见柑橘、不知火柑橘、塔罗科血橙、东魁杨梅等。水产养

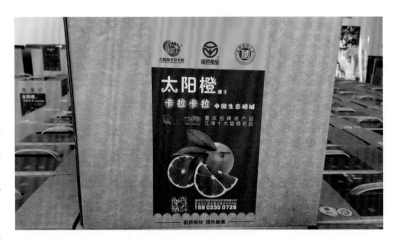

殖有中华鳖、黄颡鱼以及其他水产品。主要农产品太阳橙卡拉卡拉红肉脐橙口感舒爽、营养富硒。水产品中华鳖是难得的富硒养生农产品。公司农产品于2017年农产品获得国家绿色食品认证，2017年获得全国首批柑橘类富硒认证，2017年获得重庆（江津）十大富硒名品、江津区十大创意包装称号，2018年获得重庆市名牌农产品称号。2018年，公司水产品获得无公害认证；2018年，基地的水产品养殖场被评为农业农村部水产健康养殖基地，还获评为重庆市新型职业农民孵化基地、江津区农村科普示范基地。2019年，获得国家有机转换认证，被评为江津区富硒产业示范基地、江津区绿色食品示范基地。产品参选2019年度中国国际绿色、有机博览会，获评金奖，获重庆市名牌农产品称号。2019年，获全国农产品全程质量控制体系（CAQS-GAP）证书。

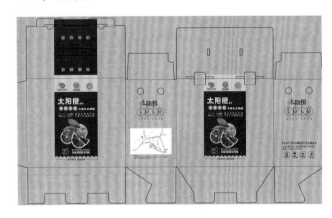

典范产品：太阳橙卡拉卡拉红肉脐橙

包装简约规范，产品内容醒目，选用材料环保，美观大方，携带便利，产品标识丰富。采用环保瓦楞纸板和环保油墨印刷。

太阳橙卡拉卡拉红肉脐橙：310mm×160mm×270mm，5kg/箱

通信地址：重庆市江津区夏坝镇大坪村
联系电话：15902300729　　贺君丽

A232

重庆市涪陵榨菜集团股份有限公司是一家以榨菜为根本，立足于佐餐开味菜领域快速发展的国有控股食品加工企业，现有注册资本7.89亿元。集团现有9家子公司、8家生产厂、1个数字化生产车间、15条自动化生产线、30万t原料发酵窖池，年生产榨菜、泡菜能力20万t。2019年公司实现利税总额超10亿元，资产规模超30亿元，目前市值超300亿元，是中国酱脆菜行业唯一一家上市公司，是中国农产品深加工50强、农业产业化国家重点龙头企业、重庆市100户重点工业企业。同时，公司还拥有国家级中国榨菜加工技术研发专业中心、酱腌菜行业省（部）级技术中心、市级博士后科研工作站，技术研发实力行业领先。

典范产品：乌江涪陵榨菜

包装方式为塑料袋+纸箱。

外包装采用瓦楞纸箱装箱。内包装采用PET、铝箔、PA、PE复合的包装材质，可阻止外部空气、水分和阳光渗透。

包装材料为PET、铝箔、PA、PE复合的包装材质和纸箱，符合环保原则。包装袋结构简单，对空气具有良好的阻隔性，保证产品在16个月内不脱色。方便携带，符合包装轻量化原则。生产和食用方便，符合高效原则。外观靓丽简洁大方。

乌江涪陵榨菜：80g/袋

通信地址：重庆市涪陵区江北街道办事处二渡村一组

联系电话：13594570807　　何京府

A233

重庆市二圣茶业有限公司成立于1976年，是一家集茶叶生产、文化传播、乡村旅游于一体的综合型企业，是重庆市农业产业化重点龙头企业、中国茶业行业百强企业、国家茶叶加工技术专业研发中心。控股的重茶集团是农业产业化国家重点龙头企业。

公司创建了4 000亩标准化示范茶园及国内领先水平的名优茶生产线，具有示范性和带动性，通过"公司+基地+专业合作社+农户"发展模式及一系列惠农措施，带动农民种茶1万余亩，帮助农民增收致富。同时通过"茶+互联网"模式，全面提升产品销售和品牌影响力，公司利用自身资源和区域优势，大力开展茶旅融合，修建茶文化体验园，开办了渝茶馆、茶艺学校、实践教育基地等业务板块，成为公司经济增长点，助推产业发展、乡村振兴。

典范产品：巴南银针

整体以高级灰作为产品包装的主色调，营造一种品质感——方正大方、高级时尚，为送礼首选。该款产品设定的目标人群主要为送礼客群——每年春天，通过这盒茶叶，把一份暖暖的春意带给挚爱的亲朋好友。包装简洁，取饮简单，自饮或送礼皆可，性价比高。

通信地址：重庆市巴南区龙洲大道 1 号

联系电话：13032334007　　　余群

包黑子

重庆市包黑子食品有限公司成立于2000年4月，公司占地面积150亩，注册资本4 081.64万元，年加工竹笋能力达3万t。公司是重庆市农业产业化、重庆市林业产业化、重庆市农业综合开发市级重点龙头企业。公司产品已实现多样化，如调味笋、清水笋、笋丝、笋干、火锅笋、罐头笋等，其中清水笋、火锅笋、清水笋衣已获得绿色食品认证，2018年再次被评为重庆名牌农产品。公司获发明专利授权27项。

典范产品：包黑子系列产品

包黑子包装材料采用能达到绿色包装要求的材料，用BOPA/水煮PE材料，包装袋上印制相关标识及Logo，减少标贴使用。外包装箱采用无污染降解的牛皮纸板作做成，使用封口胶辅助。标识印制在外包装箱上，不再另贴，简洁明了。

清水笋：395mm×248mm×160mm，12kg/箱
火锅笋：276mm×212mm×122mm，5kg/箱

通信地址：重庆市荣昌区昌元街道螺罐村六组
联系电话：18983911208　　刘宗塘

重庆三磊田甜农业开发有限公司成立于2010年，注册资本1.4亿元。公司位于重庆市东南风景优美、资源丰富的武陵山腹地——黔江区，是一家专业从事以优质猕猴桃种植为主，兼具脆红李等高端水果研发、推广、冷链物流、销售和深加工的现代农业企业。公司是重庆市农业产业化市级龙头企业、重庆市农业综合开发重点龙头企业、重庆市市级现代农业示范园区、重庆市乡村振兴综合实验示范试点、重庆市农产品出口示范基地、全国农产品质量控制技术体系（CAQS-GAP）试点生产经营主体，全国"万企帮万村"精准扶贫行动先进民营企业。"黔江猕猴桃"取得了农产品地理标志证书和中国地理标志证明商标，中国果品流通协会分别授予黔江"中国猕猴桃之乡"和"中国脆红李之乡"的称号。

典范产品一：黔江猕猴桃绿肉系列

包装包含翠香、翠玉等品种。果肉深绿色，味香甜，芳香味极浓，品质佳，适口性好，质地细而多汁。黑色的子核呈太阳放射状向四周散射。包装充分体现了绿心系列猕猴桃的特点，给人一种清新且融入自然的感觉。在设计风格上以中国传统元素仙鹤为品牌调性和IP形象，加上山与云之间的结合，更加体现自然、原生态的理念，给消费者带来的视觉感受是自然健康的。

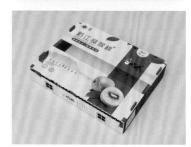

典范产品二：黔江猕猴桃红心系列

包装包含红阳、红昇等品种。鲜果横剖面沿果心有红色线条呈放射状分布，似太阳光芒四射，色彩鲜美。其果肉细腻、清香爽口，口感香甜。富含天然维生素E和17种游离氨基酸及多种矿物质成分，被誉为"绿色美容师"。包装设计融入红心系列猕猴桃的特点，主题颜色为红色，象征着红红火火。

红心猕猴桃：2.5kg/ 箱
黄心猕猴桃：3.5kg/ 箱
绿心猕猴桃：2.5kg/ 箱

通信地址：重庆市黔江区中塘镇兴泉社区
联系电话：18223014889　　　龚磊

重庆秦橙农业开发有限公司位于重庆市荣昌区清流镇马草村，是以生态农业开发、农业旅游观光、休闲度假服务、柑橘零售采摘、树木苗木批发，以及电子商务营销等多元化经营的一家现代化农业开发公司，固定资产投资总额1 200万元。公司在整合3个合作社、1个联合社、1家电子商务公司、1家科技公司、1个家庭农场的基础上综合运营。建有柑橘生产基地面积1 200余亩，基地内道路、灌溉、生产、包装、物联网等基础设施完善。联合社现有基地规模5 100亩，拥有社员2 000余户。

公司成员单位注册有"清流河"和"秦橙"商标。公司生产的品塔罗科血橙、沃柑和W.默科特等晚熟柑橘产品获得绿色食品认证，其中塔罗科血橙产品获得重庆市名优柑橘评比银奖和"山峡杯"优质晚熟血橙类银奖。

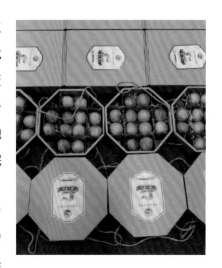

典范产品：秦橙

包装材料达到绿色包装要求，用易降解无污染的牛皮瓦楞纸板为基础材料，支撑白皮飞机纸箱。箱体采用抗压力学设计，箱内再用无污染降解的牛皮纸屑条作缓冲物。整个箱体采用自叠方式成型，不用封口胶等辅料。

用可降解不干胶纸制作成的Logo商标及绿色食品标识等贴于纸箱外部，不直接贴到果品上，尽量保持箱内果品洁净。

长方体包装：385mm×285mm×185mm，6kg/箱
八棱柱体包装：150mm×180mm，3kg/箱

通信地址：重庆市荣昌区清流镇马草村8社
联系电话：18983132192　　　　秦兆华

忠橙

忠县果业发展中心是重庆市忠县农业农村委举办和管理的全民所有制事业单位，创立了"忠橙"品牌。主要职责为拟定果品产业发展规划、年度计划和措施并组织实施；指导果业结构调整，资源的合理配置和新品种引进；负责果品质量安全、果树种子检验工作；负责全县果树种苗生产；负责果业科技知识的教育培训工作；指导和协调全县果业服务体系建设和社会化服务工作；协调服务果品生产、橙汁及副产物生产、加工储藏、流通、出口等环节的工作，指导果业经营体制和运行机制改革创新；为国家农业科技园区建设、项目策划、科技成果转化等提供指导、协调以及日常事务服务；为全县柑橘全产业链科技研发、科技合作交流、科技成果转化、科技企业孵化和科技示范推广提供支撑、保障和服务。

典范产品一：忠县忠橙商务装

包装样式为对口箱，内包装为散装不隔板。包装画面设计重点突出"忠小橙"IP形象与"甜甜生活，忠橙相伴"的品牌口号。商务装主要用于线下销售和终端零售，是"忠橙"系列的主打包装。

典范产品二：忠县忠橙礼品装

包装样式为天地盒，规格根据品种果径不同略有差异，内部包装有瓦楞纸隔板，防止果品碰撞造成损伤。礼品装设计精美，选取产品均为特级果，主要用于社交场合礼品赠送。

典范产品三：忠县忠橙电商装

包装样式为对口箱，有3kg和5kg两种规格。电商装主要用于网络销售，在包装设计上增加产品实物图，充分展现果品优势，吸引消费者购买。内包装的瓦楞纸隔板有固定、减震、防摔功效，防止物流运输过程中造成果品损坏，保证果品新鲜送达。

商务装：尺寸 320mm×190mm×260mm，5kg/箱
礼品装：尺寸 400mm×300mm×105mm，12 个/箱
电商装：尺寸 400mm×300mm×200mm，3kg/箱；5kg/箱

通信地址：重庆市忠县忠州街道香山 2 路 14 号附 17 号
联系电话：13594826222　　马建强

A238

巫山脆李

巫山县果品产业发展中心是隶属重庆市巫山县农业农村委二级单位，主要职责为拟定果品产业发展规划和年度计划，管理果品产业项目，指导产业结构调整，协调指导果业服务体系建设，果品经营主体建设；承担果品科研、技术推广、新品种培育、引进；承担果品品质资源保护与开发利用工作，参与果品质量安全管理和果树种子、苗木检验检疫；提供果品生产、加工、储藏、流通等环节的技术指导和信息咨询服务；承担干果生产管护、果品经济信息整理分析研判等工作。

巫山脆李是一张代表着重庆巫山的金名片，是三峡库区好生态孕育出来的"生态宝贝"，更是巫山百姓增收致富的"金果果"。巫山脆李肉质紧密，汁多味香，质地脆嫩，富含多种氨基酸和维生素，抗氧化物质含量高，有养颜美容、润滑肌肤的功效，被誉为"可以吃的美容品"，先后获得中华名果、全国名特优新农产品、国家区域优势公用品牌、中国气候好产品等荣誉。

2019年，巫山脆李品牌价值达16.28亿元，居全国李品类第一，是名副其实的"中国南方脆李第一品牌"。2020年，脆李种植面积达28万亩，预计产量达10万t，产值15亿元。

典范产品：巫山脆李

巫山脆李的包装标识以符号化、场景化形式将"孩童趣味摘李"与"山水生长环境"完美融合，两者浑然一体，既寓意品牌故事，又体现生长环境，予观者无限遐想。以绿色为主色调，代表自然、生命与活力，契合巫山脆李的产品和地域特点。

1kg 装：338mm×238mm×150mm
2.5kg 装：353mm×218mm×200mm
3kg 装：338mm×238mm×215mm

通信地址：重庆市巫山县平湖西路 402 号
联系电话：15086735796　　　罗青贻

重庆市璞琢农业开发有限责任公司成立于2015年11月，注册资本为1 000万元。公司是一家以羊肚菌种植和羊肚菌新品种研究、开发为主，辅以羊肚菌烘干和销售为一体的现代农业企业。

通过公司全体人员的不懈努力，公司已建成渝东南片区最大的羊肚菌种植示范基地。2016年，荣获武陵山片区最受欢迎健康食品奖；2017年，被表彰为区级优秀产业大户，同年被评为区级羊肚菌产业协会会长单位；2018年被表彰为区级优秀民营企业；2017—2019年，被评为区级优秀农业龙头企业。公司还入选黔江羊肚菌产业技术协会会长单位，被评为国家级的黔江土家阳鹊星创天地。

2018年公司在黔江区建成羊肚菌种植基地1 100余亩，分别位于黔江区金溪镇长春村、黔江区水田乡水田居委、金洞乡金洞村，杉岭乡杉岭村。建成钢架大棚3 000余个，菌种生产厂房超6 000m^2，建成羊肚菌烘干生产线2 400m^2，建成物联网系统1套。作为一家以技术和产品为核心竞争力的企业，为保证产品品质，公司结合种植、加工、包装为一体，实现了流水线生产。

典范产品一：土家阳鹊羊肚菌250g礼盒装

包装采用外盒跟内盒搭配的方式。内盒保证产品的密封效果；外盒采用"镂空"的盒子展现出羊肚菌菌帽的网状，给人立体感。

典范产品二：土家阳鹊羊肚菌30g装

包装袋中间设有透视窗，可以让消费者看见袋内产品实物。包装袋正反面印上羊肚菌花纹，体现产品特色。

典范产品三：土家阳鹊羊肚菌150g礼盒装

包装采用外盒跟内盒搭配的方式。内盒保证产品的密封效果；外盒印上羊肚菌暗纹，采用黄色为主色调使货架展示更为显眼。

250g 礼盒装：350mm×215mm×100mm
150g 礼盒装：250mm×220mm×90mm

通信地址：重庆市黔江正阳工业园区食品产业园四期五号楼

联系电话：15334623520　　曾凡平

明剑白茶

芦山县明剑白茶种植农民专业合作社成立于2012年6月，协会吸纳种植户187户，其中建档立卡贫困户24户，残疾人31户。

合作社种植、收购、加工、销售成员生产的茶叶；组织采购、供应成员所需的生产资料；组织收购、引进茶叶新技术、新品种，开展技术培训、技术交流和咨询服务。

旗下有3家子公司分别是芦山县明剑白茶茶叶加工厂、芦山县草米溪家庭农场、芦山县明剑白茶种植协会。

企业先后荣获党建扶贫两项示范单位、2017年残疾人扶贫资金"股权量化"试点企业、四川省2017年残疾人扶贫资金"股权量化"试点企业、四川省残疾人"双创"示范基地等殊荣。

芦山白茶用叶少，出汁多，茶汤琥珀色，在夏季隔夜不馊。茶汤不含咖啡因，无兴奋作用，不影响睡眠。可溶性糖含量高达8.5%，饮用时清香回甜。

典范产品一：白茶罐装礼盒

白茶礼盒，以"白"字为主，产品包装整体基调都为白色。采用陶瓷双罐，两罐一盒。陶瓷罐为中国瓷都德化生产，以高岭土为原材料的罐体古朴雅致，有出众的油脂感和细腻感，罐形饱满、线条流畅。木纹罐盖真实自然，以干净的无纺布固定。

典范产品二：四季袋泡茶

内盒4个，外盒一个，手提袋一个。4个内盒，尺寸相同、花色不同，由一年的四个节气命名，组成一幅优美山水田园图。盒上有透明开窗，配上提拉绸带，尽显个性。独立小包装，可随取随用，一次足量，让消费者无须考虑茶叶的放置量。内袋采用丝绵制成的薄纱布，安全、环保。

白茶罐装礼盒：200g/罐×2罐
四级袋泡茶：12包/盒×4盒

通信地址：四川省雅安市芦山县大川镇快乐村
联系电话：18981642819　　胡明剑

涪城芦笋

绵阳市恒奥农业开发有限公司是以"生态种植"为特色，集科研、生产、加工、销售、咨询、服务、技术培训为一体的蔬菜种植公司，产品以芦笋为主，远销韩国、日本及东南亚国家。公司投资1 000万元，以丰谷镇拱桥村、齐心村为核心，现有666亩芦笋种植示范基地，是丰谷镇生态循环种养示范区的重要组成部分。2013年，公司投入140万元建立芦笋冷冻库400m²。公司基地采用避雨栽培模式，安装水肥一体化灌溉设施；绿色防控，全程质量控制可追溯；运用标准化、数字化，保障产品品质。2014年公司"涪城芦笋"被认证为绿色食品，是"涪城芦笋"农产品地理标志授权使用单位。

典范产品一：涪城芦笋礼品盒精包装

包装设计充分考虑产品特性，以外纸袋加内4小盒分装产品。外纸袋和内小盒都印有认证标识，清晰明了。包装图案背景以淡绿远山衬托，突显芦笋产品写真；配以深灰色文字介绍，展示产品独特品质特性。包装上印有醒目的产品名称"涪城芦笋"，与产品获得农产品地理标志和绿色食品认证证书名称一致，颜色采用玫红色和绿色，整体设计主题明确。

外包装采用纸质材料，可回收，内包装考虑消费者保存、食用方便，使用小盒装，可放冰箱保鲜，减少污染。

典范产品二：涪城芦笋快递用保鲜保温箱

采用泡沫箱包装，保温保鲜，成本低，便于大量运输。设计胶贴标签，以绵阳标志性建筑越王楼作背景，印有农产品地理标志和绿色食品标识。

礼品盒精包装：300mm×110mm×320mm，2kg/盒
快递用保鲜保温箱：
600mm×350mm×350mm，30kg/箱；
340mm×220mm×180mm，1.5kg/箱

通信地址：四川省绵阳市涪城区丰谷镇齐心村
联系电话：13628110678   朱占林

昊将菌

什邡昊阳农业发展有限公司成立于2015年9月，注册资本3 000万元人民币，至今投资已过8 000万元人民币。注册地址位于什邡市湔氏镇太乐村10组，现有职工50余人。

公司经营范围为农业技术开发、咨询、交流、推广服务，农作物种植、销售，菌类繁育、生产、销售，农副产品销售，食品制造等。

公司荣获市级重点龙头企业称号，通过德阳市企业技术中心认定、国家高新技术企业认定。公司创立了"昊将菌"品牌。

典范产品一：益生菌果冻

包装图案选自公司自主研发的新品种蕊耳。产品为添加对人体有益的益生菌活性物制成的果冻，味道甜甜的，含有丰富胶质。

典范产品二：黄背木耳手提礼盒

采用外盒和内包搭配。内包保证产品的密封效果，外盒印上采耳时的图片，给人一种身临其境的感觉。

黄背木耳：500g/ 盒
益生菌果冻：15g/ 条 ×15 条

通信地址：四川省什邡市湔氏镇太乐村 10 组
联系电话：15281498886　　曾瑶

石棉县晟丰农业发展有限责任公司成立于2020年1月17日，于2020年2月正式营业，系石棉县国有独资企业。公司经营范围为农业项目投资、资产管理，农产品电子商务与物流配送，农产品加工，食品、农产品销售等。旗下有4家子公司：石棉县沃丰生态农业有限责任公司、石棉县粮丰粮油有限责任公司、石棉县惠丰粮油有限责任公司、石棉县速丰物流有限责任公司。石棉县晟丰农业发展有限责任公司和沃丰生态农业有限责任公司现已经通过四川省扶贫开发局审核，成为四川省第二批扶贫龙头企业。

石棉枇杷具有投产早、丰产、病虫害少和耐储运等优良特性，果实大，卵圆形或长卵圆形，果皮橙黄色，有果粉，没有或果锈极少，皮薄、极易剥皮；果肉厚，汁多、细嫩、风味浓郁。

品初恋·石棉枇杷礼盒装由"品初恋"品牌出发，以彝族男女娃娃人物为切入点，提出"思慕无形，甜蜜五星"和"我偏爱你，薄皮下的甜蜜"的标语。忆初念·石棉枇杷膏由"忆初念"品牌出发，以自然、养生、恋爱为切入点，提出"我甜蜜，你美丽"的标语。忆初念·石棉枇杷膏，已经授权申报扶贫产品，获得了"四川扶贫"集体商标授权证书。

通信地址：四川省雅安市石棉县向阳中街 347 号

联系电话：15281282476　　　　肖浩殊

典范产品一：忆初念·石棉枇杷膏（12生肖）

包装采用条状设计，主要针对年轻群体和办公室群体消费者，赋予枇杷膏活泼灵动的12生肖形象。

典范产品二：忆初念·石棉枇杷膏（瓶装组合）

使用抽拉盒盒型，内衬用硬度较高的珍珠棉固定瓶子。外盒自带手提袋，简约实用。礼盒包含一金一银大小不同的两瓶枇杷膏，和一个金属勺子。包装寓意为"回想当初的我和你"。

品初恋·石棉枇杷：1.5kg/箱；2kg/箱
忆初念·石棉枇杷膏（12生肖）：20g/包×12包
忆初念·石棉枇杷膏（瓶装组合）：400g/瓶，200g/瓶

纯乡

四川德阳市年丰食品有限公司成立于2001年8月，位于四川中江高新区，是一家专业从事食用油生产和销售的食品企业，具有年加工油菜籽12万t的生产能力。

公司是国家级放心粮油示范加工企业、省重点龙头企业、省农产品加工示范企业。纯乡牌菜籽油被列入2020年四川省名优产品目录，被授予"四川名牌产品"等称号。公司建立和健全了"公司+基地+农户"的农业产业化模式，在中江县及周边地区建有基地17万亩，其中绿色油菜籽基地、有机油菜籽基地约6万亩。

公司注重科技发展，成立了省级技术中心、市级院士专家工作站，市级重点实验室等研发平台，建立了标准化管理体系。公司已通过了质量管理体系、食品安全管理体系、环境管理体系和职业健康安全管理、危害分析与关键控制点体系等5个体系的认证，公司管理迈入系统化、规范化、科学化、标准化运行的轨道。

典范产品一："纯乡"土榨菜籽油

包装方式采用外盒和内盒搭配。内盒采用"马口铁"镀锡板材质，避免了塑化剂对食品的影响，使食品更加安全健康，也加强了产品的密封效果，对产品起到了很好的保护作用。盒上印有古法压榨工作场景的图案，映衬出"纯乡"品牌的"土"的韵味，体现出产品无添加剂、原汁原味的风格。外盒采用金黄色的纸质手提袋，方便携带。咖啡色和黄色的鎏金字体，具有较强的视觉冲击感和层次感，使整体设计效果显得美观、朴素大方。

典范产品二："纯乡"农家小榨菜籽油

包装标识设计上采用具有乡土特色和乡土气息的元素，与"纯乡"品牌的"土"的韵味相映衬，体现出产品的绿色、天然、健康安全的特色。包装采用优质PET透明材质、手提拉环圆桶，方便携带，也方便消费者直观地看到产品的品质。整体设计效果简洁美观大方。

"纯乡"土榨菜籽油：5L/盒
"纯乡"农家小榨菜籽油：5L/桶

通信地址：四川省德阳市中江县南华镇芙蓉路南段 19 号
联系电话：19950660535　　　李森凤

成都昌盛鸿笙食品有限公司成立于2003年，是一家集健康粗粮食品种植、生产加工、销售及对外贸易为一体的食品生产企业，是全国主食加工示范企业、四川省农产品加工示范企业、中国生态食品建设基地重点企业。生产基地位于四川大邑经济技术开发区鸿笙产业园，占地110亩，厂房面积53 000m²。按国际新无菌标准建成了绿化率达52.8%的生态厂房。自主研发成功全国粮食类企业中唯一能完全剔除黄曲霉毒素、降低霉菌等微生物含量的全自动化生产基地，技术领先于国内同行业生产水平3~5年，达世界食品安全领先水平。工厂基地具备日处理玉米、大米、黄豆600~900t的能力，实现生产、包装的全自动化，成都生产基地生产能力可达20亿~30亿元。

公司坚持"绝不添加任何人工合成色素、香精、防腐剂等食品添加剂和非食用物质，为百姓食品安全把好第一关"的理念，致力于绿色健康食品开发，为消费者提供"原色、原味、原香"的无添加原生态玉米方便食品。

鸿笙家庭装玉米粉以玉米为主要原料，有效地保留了玉米、大豆等配料的各种营养成分，使其营养构成更加合理，更易被人体吸收，而且独具玉米的清香风味。其维生素含量非常高，钙含量接近乳制品，可延缓衰老、降低血清胆固醇，具有防癌抗癌作用。口感温和、醇香美味、营养全面。内置小袋使冲泡更方便快捷。

鸿笙荞麦玉米片以玉米和苦荞粉为主要原料，有效地保留了配料的各种营养成分，口感松脆、醇香化渣、营养全面，食用方便快捷。

通信地址：四川省成都市大邑县晋原镇兴业大道北段 58 号

联系电话：17780648673　　　陈伟

　　鸿笙玉米粉、玉米片的包装设计，立足绿色、自然、健康、原生态的设计理念，采用生动的卡通图案设计与自然绿色的风格搭配，与企业坚持的产品零添加、粗粮养生的理念一脉相承。包装所用材质均为食品级包装材料，绿色、无污染、可回收。

典范产品一：家庭装玉米粉

　　采用传统的风琴袋型。设计上采用玉米娃娃的卡通图案，搭配真实质感的玉米实物图片。透明区域方便顾客直接看到产品。包装、设计充分体现产品的绿色健康理念。

典范产品二：玉米粉

　　玉米娃娃的卡通设计，搭配俏皮的玉米粉三字形象设计，配以贴切的背景色调。一点透明区域画龙点睛让顾客能看到真实的产品，简洁、干净、自然。

典范产品三：荞麦玉米片

　　采用矩形盒型，选取硬质纸壳，外层覆膜，以贪吃的小狮子为核心图案，显得热情与烂漫天真。

鸿笙家庭装玉米粉：40g/袋×15袋
鸿笙玉米粉：30g/袋×10袋
鸿笙荞麦玉米片：180g/盒

野窝子茶

绵竹三溪香茗茶叶有限责任公司是仟坤集团有限公司全资子公司，是农业产业化经营省级重点龙头企业、德阳市优秀民营企业。公司以打造绿色食品、为消费者提供放心茶为己任，分别在绵竹、安县等地建立了区域化管理的种植基地。目前，公司拥有自建茶园基地共计4 200亩，订单茶园基地共计2 600亩，带动农户种植面积共计3 500亩，带动农户2 800余户。获"三品一标"认证的种植面积为5 000亩。公司生产的名优绿茶赵坡绿剑通过了中国绿色食品发展中心绿色食品认证，2015年位于遵道镇的唐代老茶园通过了有机食品认证。

在绵竹648.55km^{2}的龙门山脉的崇山峻岭中分布着很多一窝窝、一丛丛的野生、半野状的绵竹原生茶树品种。阳春三月，采茶人朝出暮归，翻山越岭采撷茶芽嫩梢，再由老茶师按照唐宋名茶"赵坡茶"的传统制茶工艺精心焙制成高档炒青绿茶。吸泉水泡之，汤色杏绿明亮；闻之，香气纯正；品之，滋味浓醇甘爽。这就是野窝子茶。

典范产品：野窝子茶

包装盒采用天地盖盒型。包装盒内用独立小袋包装，保证产品的密封效果。包装选用白色和绿色特种纸张制作，上白下绿相互映衬，清新、简洁、层次分明。盒面印制简约的山水图案，传递出清新闲适的气息，展示了原生态、野放茶的产品理念。盒面背有"野"字图案，更加突显野窝子茶的生长环境。包装盒上还有文字对"野窝子茶"进行介绍，让消费者更加了解茶叶的特性和故事。

野窝子茶：3g/ 包 × 44 包

通信地址：四川省德阳市绵竹市紫岩街道回澜大道 102 号

联系电话：18090001528　　黄潇

峨眉雪芽

峨眉山旅游股份有限公司峨眉雪芽茶业分公司，是一家集高山生态标准茶园种植、茶业生产加工、销售为一体的现代化茶业生产企业。隶属中国西部第一家上市国资企业——峨眉山旅游股份有限公司，在其强大实力背景的支持下，公司秉承"微笑、热情、耐心、便捷、周到"的服务理念和经营理念，传承峨眉山博大精深的茶文化，致力"大品牌、大资源"的品牌营销战略，努力发展成为国际一流的茶业品牌。近

5年来，峨眉山旅游股份有限公司投入巨资加快茶园生产基地建设步伐，加强峨眉雪芽绿茶品牌的市场销售网点的建设与市场营销宣传力度，品牌的市场知名度与消费者的认同度不断攀升。

公司独拥峨眉山自然与文化遗产核心景区近30 000亩高山标准生态茶园资源、规制18 000m²现代制茶车间。公司成立以来，荣获中国茶叶行业百强企业、中国茶叶连锁加盟十强企业、中国驰名商标、四川名牌等称号；多款产品获得中国国际茶业博览会特别金奖、世界佳茗大奖等业内大奖。位于峨眉山雪芽村（原黑水村）的峨眉雪芽有机茶园基地被评为中华生态文明茶园、四川十大最美茶乡。

典范产品一：峨眉雪芽雪霁慧欣有机绿茶

采用竹盒外包，安全环保。竹材成材快，供应资源足，可有效降低对天然林木资源的使用。以竹为盒，茶叶饮用完后竹盒可作为储物盒被再次利用，如直接废弃，也能在自然条件下很快自由降解，不产生二次污染。

典范产品二：峨眉雪芽禅心绿茶

采用马口铁外包，坚固耐用，可保障茶叶在运输过程中不被挤压损坏。铁类外包有较成熟的回收再利用渠道，简单、方便，对环境影响小。

典范产品三：峨眉雪芽慧欣绿茶

采用纸制外包，设计简洁大方，有效减少了对塑料及油墨的使用，更易于回收再利用，对环境影响小。

峨眉雪芽雪霁慧欣有机绿茶：152g/盒
峨眉雪芽禅心绿茶：108g/盒
峨眉雪芽慧欣绿茶：96g/盒

通信地址：四川省峨眉山市绥山镇名山南路
联系电话：18384611510　　　郭魁

A 248

四川吉祥茶业有限公司原为国营四川省雅安市茶厂，是国家边销茶定点生产企业、中央边销茶储备承储企业、国家扶贫龙头企业、全国"十大边销茶"畅销品牌企业、四川省农业产业化重点龙头企业和全省"两个带动"先进企业、雅安市农业产业化重点龙头企业和茶业发展示范企业。"吉祥牌"注册商标获得中国驰名商标。

公司集种植基地、生产加工、科研开发、贸易为一体，公司占地70余亩，拥有3万余亩茶叶基地，年产雅安藏茶可达10 000t。公司秉承"以人为本、以质求存、团结拼搏、传承创新"的核心价值观，贯彻为客户创造价值、为客户带来健康的经营理念，力争引领雅安藏茶产业发展，铸造"吉祥"品牌价值。

典范产品一：雅安藏茶

以藏文化色彩为主设计元素，体现雅安与西藏1 300多年的供应关系。藏茶与藏族人民生活的密切相关，蕴含着藏汉之间的文化、经济、贸易关系。茶砖是代表雅安藏茶最具特色的形态，小巧精美的包装可以使其作为礼品馈赠亲友。

典范产品二：老枞芽细

外包装采用天然环保竹编制品，内袋为原生态糯米纸包装，茶叶为散装，安全健康。主要针对年轻群体和办公室群体消费者，方便取用。

雅安藏茶伴手礼：300g/ 盒
老枞芽细：160g/ 罐

通信地址：四川省雅安市雨城区假日广场 2-26 号
联系电话：15520244666　　朱旭红

乌蒙利民

贵州乌蒙利民农业开发有限公司作为织金县2012年招商引资重点企业，坐落于织金县桂花休闲农业产业示范园，规划面积1.47万亩。公司的发展思路是以"农旅一体"发展模式重点打造园区，秉承"把生态做成产业，把产业做成生态"的科学理念，以"茶类氨基酸之王"黄金芽为主导产业打造"茶山花海、果蔬四季、农旅民宿"生态产业，用生态产业打造景观，强化园区农业休闲观光、农业生活体验、科普教育等新型功能，拓宽农民增收渠道。

从2012年以来，已累计完成投资近10 000万元，建成国内尚未形成规模的"茶类氨基酸之王"黄金芽为主的茶园6 000余亩，已投产有收益3 000多亩，形成集种植、加工、包装、销售为一体的茶叶产业全产业链。

黄金芽茶叶，属于白茶，是珍稀白化茶树种质资源品种，也是国内目前培育成的唯一黄色变异茶种。黄金芽现已被列入国家科技支撑项目。经过十多年的选育，先后系统地完成了繁育特性、应用领域、产业化关键技术等研究。黄金芽原产于浙江省余姚市三七市镇石步村上王，具有高产、优质、高效的特性，可食用、可观赏。该茶种已经引种到中国农业科学院茶叶研究所珍稀名茶种质资源圃。黄金芽因一年四季呈黄色，干来亮黄，汤色明黄，味道鲜美，又贵如黄金而得名。由于有高含量的氨基酸，因此被称为"茶类氨基酸之王"。

公司的Logo中，W象征了乌蒙的乌字，简约大气中一目了然；M代表了乌蒙的蒙字，造型独特，庄严霸气，也表达了公司以消费者为本，为消费者服务的宗旨始终不变。包装形式上选用小罐加烟条书型盒的包装组合，包装内外都采用金黄色的色调体现黄金芽品类特性及其品质。金黄色，既是茶汤的颜色也是太阳的颜色，象征着高贵与纯洁，像太阳一样能泽被万物，与企业健康生态茶理念相符。黄金芽字体采用初芽萌生的视觉设计语言，以三连环的组合方式（三连环亦代表三金币、三个杯口）寓意人生哲学。包装上采用针型叶子进行点缀，既体现了茶叶的形状，又给人以如春风拂面般的惬意感。茶叶自上而下分布，体现了公司将茶叶推广至全球各地的决心。内装采用小罐装。三五好友一罐一泡，便捷且极具仪式感的品茶方式给用户带来美好的体验。

通信地址：贵州省毕节市织金县双堰街道花红居委会毛栗坡组1组1号
联系电话：15388094557　　　李嘉敏

典范产品：乌蒙利民黄金芽

　　外包装采用灰板裱特种纸。内部容器为小铝罐和亚克力板材，小铝罐做容器，亚克力做瓶盖，内用铝箔复合袋进行保护包装。包装材料耐酸碱性能好；使用寿命比较长，一般为3年以上，反复使用性，也能对茶叶进行长期保护；材料的延展性好，能够做到边角圆润；抗冲击力强，这样能保证使用者的安全，也能对茶叶起到保护作用；自重轻。内外部的材料都是可回收材料。

乌蒙利民黄金芽茶：10g/ 罐 ×10 罐

贵州开富科技有限责任公司位于贵州威宁经济开发区，成立于2014年12月，注册资本5 000万元，总投产1.2亿元，是一家专业从事彩印包装的生产性服务企业，也是贵州省威宁自治县首家提供高端彩印服务性企业。公司占地57亩，总建筑面积27 160㎡，其中生产车间4个（彩印车间1个，纸箱车间1个，瓦楞纸车间1个，泡沫车间1个），共17 140㎡，还有综合楼1栋、宿舍楼1栋及其他配套和附属设施。公司主要经营范围涉及环保纸箱、环保塑料筐、泡沫箱及PE袋等。公司于2015年8月进入试运行生产，于2016年2月正式投产。投运以来，解决当地就业156余人。公司凭借专业的生产技术人员、先进的生产设备、完善的管理制度、优质的产品和服务，满足了市场需求。

典范产品一：威宁土豆包装

外包装箱采用五层瓦楞纸板，承重好。包装箱为地气十足的泥土色，体现了绿色健康的环保理念。包装箱上的印刷内容体现了土豆在贵州高原大地生长了400年的悠久历史，有助于消费者更好地了解产品和信赖产品。

典范产品二：威宁苹果包装

包装设计上将新时代特色与贵州威宁少数民族特色融为一体，简洁、大方、优雅，突出了高原苹果的特色。外包装箱承重效果极佳。

威宁土豆：500mm×320mm×270mm，25kg/箱
威宁苹果：320mm×215mm×207mm，12个/箱

通信地址：贵州省威宁自治县工业园工业一路
联系电话：15573917333　　庞晓云

A251

贵州高原蓝梦菇业科技有限公司注册成立于2013年5月，是一家专业从事食用菌标准化种植和农产品收购、加工、销售的公司。荣获农业产业化经营省级重点龙头企业、省级扶贫龙头企业、省先进民营企业、黔西工匠企业等称号，2017年获得贵州省丰收二等奖。

公司筹资建设的食用菌产业示范园区，核心区已经流转土地402亩，园区内食用菌种植和食用菌产品加工的设施设备齐全，是贵州省现代高效农业示范园区、贵州省农业科技示范园区，也是粤港澳大湾区"菜篮子"生产基地。生产的食用菌产品通过无公害农产品认证、绿色食品认证；先后被评选为"乌蒙山宝 毕节珍好"毕节市名优农产品和毕节市十佳农特产品、全国诚信经营3·15放心品牌、贵州省名牌产品、中国绿色食品博览会金奖产品、国际食用菌大会十佳香菇品牌；2020年通过贵州省扶贫产品认证，正在申报国家扶贫产品认证。

典范产品一：高原蓝梦菇瓶装礼盒

外盒跟内瓶搭配。内瓶保证产品的密封效果，贴有绿色标签，体现绿色健康食品的理念。外盒以红色为主色调，显得喜庆。

典范产品二：糯木耳

包装袋中间有透视窗，可以让消费者直接看见袋内产品实物。以绿色为包装主色调，体现绿色健康食品的理念。

典范产品三：高原蓝梦菇袋装礼盒

外盒跟内袋搭配。内袋保证产品的密封效果。内镶嵌礼盒和手提袋，体现产品的精美与高端。

高原蓝梦菇：100g/袋；100g/瓶

糯木耳：100g/袋

通信地址：贵州省毕节市黔西市洪水镇新桥村金建组

联系电话：18985893287　　姚德君

贵州生态黑茶

镇宁自治县金瀑农产品开发有限责任公司位于镇宁自治县双龙山街道办事处雷召村，注册成立于2007年，注册资本308万元，现有员工65人。公司是黑茶生产加工龙头企业，获全国"三八绿色工程"示范基地、省级农业产业化重点龙头企业、贵州省林业产业重点龙头企业、市县扶贫企业等30多项荣誉称号。目前主要经营"金瀑""过江龙"品牌系列茶叶，性价比高，深受广大消费者青睐。

贵州生态黑茶系列产品的白茶产品，金花生长好，口感独特，具有很好的收藏价值，在茶界中有"一年茶、三年药、七年宝"之说，其具有的金花是一种对人体

十分有益的有益菌，具有杀菌、消炎、助消化、顺肠胃、瘦身、降"三高"、抗氧化、延缓衰老、利尿解毒、降低烟酒毒害、抗癌、抗突变、补充膳食营养等多种功效。

公司生产的黑茶，在加工上结合了传统黑茶加工工艺与现代红茶工艺，使其口感滋味与红茶相近，又有黑茶的功效。是一款自主研发的独特工艺产品。

典范产品：贵州生态黑茶

在包装上采用内包装与外包装结合的形式，内包装采用白绵纸进行包装，外包装采用牛皮卡楞纸进行包装，这样的包装方法可大大增加茶叶的通透性。

贵州生态黑茶：250g/盒

通信地址：贵州省安顺市镇宁自治县大山镇

联系电话：18722735064   陆靖

贵六马 蜂糖李

镇宁恒丰源果业发展有限公司成立于2017年11月，位于贵州省安顺市镇宁自治县，是响应国家和自治县人民政府农业产业化发展成长起来的国有企业。在镇宁自治县县委县政府支持下，大力发展蜂糖李种植业和养殖业，现形成以农业产品种植、研究、开发、生产及销售为主要业务，涉及农业科技、农业投资、农资服务等多个领域的综合性农业企业。

公司致力于打造镇宁蜂糖李的第一品牌，2019年，镇宁恒丰源果业发展有限公司种植基地被认证为蜂糖李有机种植基地，获得有机转换认证证书。

典范产品：贵六马蜂糖李

贵六马蜂糖李产品包装，以来自镇宁的天赐好李为创意概念，放大源生产地、产品甜的天然属性，用独特的、极具造型的民族人物元素、产品元素维度进行设计。外包装上的画面，运用现代版画的设计手法，将作为蜂糖李的国家地理标志产地"六马"的地域特质表现出来。结合当地少数民族的特征，设计了原创IP"迷你girl"，寓意用蜂糖李的甜蜜滋味，迷到更多爱李之人。包装整体设计突破常规设计手法，不管是IP人物的设计还是整体色调的运用，充分考虑到年轻消费群体的接受度与视觉影响力。

产品包装分为特级果礼品装（0.5kg）、精品果赠礼装（1kg）、优质果便携装（2kg）3种包装类型，满足消费者自食和与亲朋好友分享美味的不同需求。礼品装为外盒+内盒+手提袋的方式，充分考虑果子的透气性及分隔防撞功能。赠礼装与便携装的包装，在考虑承重与保鲜功能的同时，更考虑到包装在终端卖场的堆头效果，以及消费者拿到手上的舒适度。

特级果 0.5kg 装：果直径 5~6cm
精品果 1kg 装：果直径 4~4.5cm
优质果 2kg 装：果直径 3.5~4cm

通信地址：贵州省安顺市镇宁自治县黄果树大道 31 号乡村美味

联系电话：15286479440　　　蒋江

眉知

贵州六马蜂糖李种植农民专业合作社于2016年注册成立，注册资本668万元。合作社主要从事蜂糖李苗木培育与销售，李子鲜果生产、销售业务，相关产品及基地获国家农业农村部无公害农产品、无公害农产品产地、农产品地理标志认证，2017年第十六次全国李杏学术交流会暨第四次全国优质李鉴评会评比获全国优质李金奖，2018年、2019年获2018—2021年贵州省省级林业龙头企业荣誉。2020年6月通过镇宁县林业局、科学技术学协会关于镇宁蜂糖李研究所的行政批复。

围绕自有"蜂源盛"商标品牌，通过"创品牌、强渠道"的形式，2020年以子品牌"眉知"蜂糖李为主推向市场。

典范产品：眉知蜂糖李

眉知蜂糖李从深山里走出来，她带着一股甜蜜的气息，最先感知这种甜蜜气息的是画眉鸟，能够分辨出蜂糖李的成熟与否，啄食来饱腹。蜂糖李熟了，画眉鸟最先"知"道！

为了让消费者更好地记住产品，借用差异化的产品思维，以包装画面作为引爆点，打造出一个有颜、易记、有差异化的产品。在包装的视觉呈现上，以画眉鸟啄食蜂糖李作为主元素来进行设计，突出"眉知"——画眉鸟知道李子成熟与否。不仅加深了消费者对产品印象，还能达到消费者看到其中一者时，产生联想的是那句："好不好吃，眉先知道。"

眉知蜂糖李：355mm×275mm×80mm，0.5kg/盒×4盒

通信地址：贵州省安顺市镇宁自治县六马镇

联系电话：13765353258   黄初国

贵州百姓友电子商务有限公司成立于2018年11月，注册资本1 000万元，属于贵州民投集团旗下全资子公司。是以民投集团旗下9个自有基地产品为基础，整合营销推广的"线上+线下"精准扶贫农产品销售平台。公司专研产品的制作工艺，将贵州周边特色产品归纳于旗下实体销售店及线上商城满足市场需求，秉承"不忘初心，只做优质"的产品理念，坚持自主创新的技术专研，严格控制生产工艺，立志于为消费者提供优质、绿色放心的农业产品。

典范产品一：百姓友药膳皮蛋

百姓友药膳皮蛋包装设计上融入了环保概念，简约大气。包装上印刷的黄色皮蛋直观体现了产品，有视觉冲击力，并十分贴合实物，具有原生态韵味。礼盒包装底色为皮蛋原色，稍做调整，突出药膳皮蛋健康营养的产品特质。外包装上的"百姓友"品牌标志，不仅有很好的宣传作用，也有利于品牌保护。

内包装为珍珠棉，防撞的同时，也给皮蛋套上防尘袋，对产品有很好的双重保护作用。

外包装选用纸浆盒，一方面可以回收利用，不仅对环境没有污染，还有利于节约资源，保护环境；另一方面更利于保护产品在运输过程中的完好性。

典范产品二：百姓友懒人酸汤鱼

产品包装简洁，简单明了，传递信息十分明确，清晰反映了酸汤鱼的价值。包装上体现鱼外轮廓造型，突出酸汤鱼卖点，采用虚实结合的方式，让包装更新颖。

绿色包装材料，不污染环境，不损害人体健康，符合生态环境保护要求。

内里采用两盒分装鱼片，方便消费者按量食用，便于保存；内附酸汤和辣椒面，真正诠释产品"懒人"的理念，方便消费者快速吃上美食。

典范产品三：百姓友烧烤辣椒面

包装整体采用辣椒原色——红色，有视觉冲击力，突出产品特性，让消费者记忆深刻。

文字为红白颜色搭配，更为清晰醒目。

包装材料为塑料盒材质，既轻便又防摔防撞。

通信地址：贵州省贵阳市清镇市

联系电话：18883184479　　漆敏

皮蛋：20 枚礼盒包装；8 枚生活家庭装；10 枚泡沫网销装；6 枚 /12 枚简装
柴火辣椒：230g/ 瓶
懒人酸汤鱼：1.4kg/ 盒

A256

贵州柏春神鹊茶场坐落在贵阳市观山湖区百花湖畔，建于2005年9月。百花湖湖域因其地质、地貌、区位、气候、水资源、光照、土壤等独特的自然环境，是极品白茶的理想产出地。为此，贵阳市人民政府把"神鹊茶场"作为贵阳观山湖区茶叶现代高效农业的示范园区，带动环湖万亩以上白茶园的开发建设。同时把"神鹊茶场"列入精品种植茶园；2012年，中国农业部将"神鹊茶场"列入标准茶园创建点。2013年12月14日，中国茶业界专家应中国社会科学院茶产

顶级精品——国王罐

业发展研究中心邀请，汇聚北京钓鱼台国宾馆参加贵州神鹊白茶品鉴会，专家品评后认为："神鹊白茶是高山浓香茶叶，品质优异，属茶中珍品。"2014年神鹊白茶成为中东王室独家供茶。2015年神鹊白茶落户北京、上海。2017年神鹊白茶入驻重庆、西安。目前，神鹊茶场已种植极品白茶700余亩，生产优质白茶10 000斤，总产值达到2 500万元。在生产过程中，从选种、培育、种植到灌溉，神鹊白茶严禁使用农药、化肥、除草剂和任何激素，完全按有机茶园标准和相关国际标准组织生产、加工、仓储、物流、销售，获得中国技术监督部门颁发的食品安全标志证及贵阳市无公害茶园基地称号。

神鹊白茶以白叶一号鲜叶为原料，经萎凋、杀青、理条、干燥等工艺精制而成，外形匀齐舒展，呈凤羽状，色泽绿润；汤色杏黄明亮，香气清雅高长，滋味鲜醇回甘，叶底嫩绿明亮。神鹊白茶，不仅可泡饮，还可以干嚼，口感奇香，生津止渴，令人神清气爽。

典范产品：神鹊白茶

陶瓷茶叶罐有防潮、防水效果。名茶配名瓷，用享誉世界的醴陵陶瓷作为茶叶的包装，本身就是一种高档次的体现。陶瓷茶叶罐的设计和画面可以按照客户要求生产处理，烧制上客户的商标，使企业形象提升。陶瓷茶叶罐的制作精美，色彩艳丽，突显品质。陶瓷茶叶罐有收藏价值，还可储藏食品、药材等。

神鹊白茶小罐：125g
神鹊白茶大罐：200g

通信地址：贵州省贵阳市观山湖区朱昌镇高寨村
联系电话：15599109989　　　刘腾飞

蓝芝

贵州开阳蓝芝茶叶开发有限责任公司属开阳县政府招商引资项目，成立于2008年1月，注册资本1 200万元，位于有"中国富硒农产品之乡"之称的南龙乡田坎村境内，距离开阳县城10km，距省会贵阳市80km，茶园基地有原生态峡谷、溶洞，森林覆盖率达62%，是集茶叶种植、加工、生产、研发、销售、茶旅游、休闲养生等为一体的民营企业。茶园基地占地3 000

亩，现有通过中国质量认证中心认证的高品质有机富硒茶园1 200余亩，绿色茶园2 000余亩，公司有标准化茶叶加工厂房占地1 400m^2，茶叶质量检测中心、茶叶保鲜库、产品展示中心及综合办公楼600m^{2}及清洁化富硒绿茶加工生产线两条，进场道路、机耕道、小水池、沟渠、采茶便道、太阳能生物杀虫灯及道路绿化、林茶间种示范种植园300余亩。

典范产品：蓝芝茶叶

内包装为罐子。罐子具有优良的阻气性、防潮性、保香性、防异味性等，可根据商家量身定做，一盒有三小罐，每盒净含量150g。

外包装盒是用白板纸、灰板纸等经印刷后成型。纸盒包装防止了易破损，遮光性能极好。为解决纸盒包装茶叶香气的挥发和免受外界异味的影响，一般都用聚乙烯塑料袋包装茶叶再装入。

青梅竹马茶 50g/ 罐 ×3 罐
翠芽：100g/ 罐 ×4 罐
冷香：50g/ 罐 ×3 罐

通信地址：贵州省贵阳市开阳县南龙乡田坎村
联系电话：18786740473　　杨文梅

贵州圣地有机农业有限公司位于贵州省贵阳市修文县，注册资本1 000万元人民币。公司是集猕猴桃新品种研发、标准化种植、精准化技术服务、品牌化营销及精品旅游为一体的现代农业企业。目前在东南亚、东欧，及我国北京、上海、厦门、广州、武汉、深圳等各大中城市均受到广大消费者青睐。

公司秉承"企业+基地+合作社+农户"的形式，坚持在标准上下功夫。公司种植基地位于贵阳市修文县六桶镇坪山村及石板村，打造精品水果示范园区1 445亩，其中猕猴桃540亩、精品桃516亩、精品李176亩、高产雄株园213亩。园区已完善水肥一体化喷滴灌系统技术、全园大数据溯源系统技术、国内外新品种引种技术、新西兰牵引枝栽培管理技术、雄花工厂化高效生产技术。贵州圣地有机农业有限公司依托于修文县猕猴桃协会会长单位优势，整合协会会员猕猴桃种植基地3万余亩，整体年产能1 500万kg。

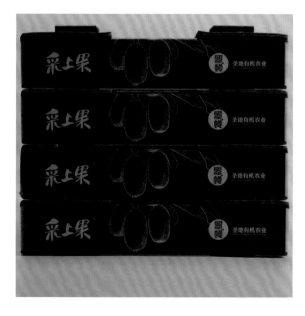

典范产品一：高档礼品包装

主要是供超市及各大卖场。果盒内托用食品级PET材质，内托能装24枚果子。此款包装对果型有很高的要求，果型必须标准才能装进去，单果重只能在85~100g之间才能使用这款包装，装进去的每个果子都带果标。包装外观大气，包装盒与包装盒之间有内扣，运输过程中不易滑动。

典范产品二：线上专用包装

主要用于线上销售发货。内托材质为聚苯乙烯，可以防震，比较轻，便于发快递及物流。对于果型的要求不高，果型稍微扁的都可以装。包装外观漂亮，具有地方特色。

24 枚商超开口箱：约 2kg
20 枚商超开口箱：约 2kg
24 枚电商对口箱：约 2kg
20 枚电商对口箱：约 2kg

通信地址：贵州省贵阳市修文县龙场镇城北首府 1-1-5
联系电话：18910715669　　　路阳春

山生优作

贵州智联农业科技发展有限公司成立于2017年9月6日，由清镇市城市建设投资有限公司与贵州大界农业科技有限公司共同出资组建。公司在清镇着力打造九大产业辐射区，规划种植面积3 564亩，主要以红枫湖鲜食葡萄、暗流美国加州蜜李、犁倭湖景蜜露水蜜桃、王庄无花果、卫城悦心草莓、流长车厘子、站街雪梨、新店红美人柑橘、麦格黄金猕猴桃及犁倭、站街蔬菜等精品果蔬为主。

典范产品一：山生优作®中玉水果番茄

中玉番茄单枚果重40~50g，浆汁多、果香浓是中玉的最大特色。采用环保瓦楞纸包装，一盒16~20枚，附以雪梨纸和网套保护。包装突出"清镇产"元素，点明优质黔货产地。

典范产品二：山生优作®红露/仟果樱桃番茄

红露/仟果樱桃番茄亮红圆润，酸甜适口，饱满多汁。两种樱桃番茄以吸塑盒分装，一盒约400g，以红、黄两色角标及不同的卡通番茄形象，分别对应两种番茄。外箱采用瓦楞纸，8盒为一箱，延续"清镇产"及卡通番茄元素，并延续品牌一贯的简约风格。

典范产品二：青田网纹瓜

青田网纹瓜果肉绵密，细腻多汁，极甜极嫩。包装采用环保的瓦楞纸外箱，一盒2枚装。以明丽的大色块、卡通网纹瓜形象、网纹底纹，以及标志性的"清镇产"元素引发视觉注意力，延续品牌一贯的简约风。瓜身以腰封、领牌明确产品名、"清镇产"，并贴心标注使用指南。

山生优作®中玉水果番茄：16~20 枚 / 箱
山生优作®红露 / 仟果樱桃番茄：400g/ 盒 ×8 盒
山生优作®青田网纹瓜：2 枚 / 箱

通信地址：贵州省贵阳市清镇市东门桥锦绣城 C 组团 21 栋 1-3 号
联系电话：13901645155　　唐泓

黔
由
由

贵州黔由由茶叶开发有限公司成立于2016年10月，注册资本2 000万元人民币，位于贵州省开阳县龙岗镇大石板村冷水沟茶叶加工园区，公司有加工产房约4 280m²，拥有全县乃至全省最先进的全自动绿茶加工生产线1条，全自动红茶加工生产线1条。是一家集茶叶生产加工及销售为一体的复合型农业企业。

公司长期与贵州由由农业开发有限公司合作，收购其公司的茶青进行加工、精制，通过收购周边公司、合作社茶青及毛茶精制加工，公司年产能500t，预计产值达6 000万元。

产品标志"黔由由"的设计理念：企业主要涉足农业，"由由"寓意着老百姓种田（地）盼望有出头的一天；同时，"由"反过来是"甲"，寓意企业想要做强做大，期望成为贵州第一农业品牌的美好愿景。

典范产品一：硒岭翠（绿茶）

整体包装采用牛皮色，结合少数民族设计元素，表现出淳朴、本色的特点。严格执行茶产品加工、包装技术规程，按国家食品卫生法和食品加工标准，所有的包装材料为无污染食品级的包装材料。

典范产品二：硒岭红（红茶）

整体包装采用牛皮色，结合少数民族设计元素，表现出淳朴、本色的特点。严格执行茶产品加工、包装技术规程，按国家食品卫生法和食品加工标准，所有的包装材料为无污染食品级的包装材料。

硒岭翠（绿茶）：100g/盒
硒岭红（红茶）：100g/盒

通信地址：贵州省贵阳市观山湖区世纪城财富中心 A 栋 16 楼
联系电话：13765060666　　　陈永亮

开阳山野

开阳山野农业开发有限责任公司成立于2017年8月，注册资本1 000万元，是一家集黄花菜、水果蜜饯的研发、种植、生产加工、销售于一体的民营企业。公司属省、市、区工商联会员企业，2018年8月被贵州省"千企帮千村"精准扶贫行动领导小组定为观摩项目。2019年被贵阳市总商会评为"千企帮千村"先进单位。2020年7月被贵州省特色食品产业促进会授予常务理事单位称号。

典范产品一：黔味三宝美味组合

含有3个盒装蜜饯系列产品，分别为刺梨糕、猕猴桃糕、枇杷糕。每个系列产品的规格均为150g。包装盒以清爽的白色为主色调，并印有鲜艳显眼的"春净草"商标，商标下面是"黔味三宝"3个黑色粗体大字，大字两侧是金褐色的花纹，大字下面清晰地写着"美味组合"4个金褐色的小字。包装盒上的少女，穿着少数民族的服饰，双手拿着果篮，向客人呈上清香四溢的水果。设计风格清新、淡雅、活泼，象征着热情好客的贵州人民对外来游客的欢迎。

典范产品二：黄花菜

通过包装袋上的透明部分，消费者可以清晰、直观地看到袋内的产品实物。浅绿色的包装袋正面上有一个橘黄色的宽阔字框，字框内印有显眼的"黄花菜"3个竖着的大字。

典范产品三：刺梨干

包装袋采用白色、深绿、嫩黄3色为主色调。深绿色的部分是草地，袋子上印有一个嫩黄的刺梨果图案。而袋子上端着果盘的少数民族少女以及深绿色的草地使嫩黄色的刺梨果显得更加清晰、耀眼。

黔味三宝美味组合：450g/ 袋
黄花菜：160g/ 袋
刺梨干：108g/ 袋

通信地址：贵州省贵阳市开阳县龙冈镇台湾产业园区 A2 栋 3 楼
联系电话：18286147130　　　杨立培

水城县宏兴绿色农业投资有限公司成立于2014年12月12日，注册资本3亿元人民币，是水城县人民政府批准成立的国有独资企业。水城县地处"贵州屋脊•中国凉都"六盘水腹地，四面环山、云雾缭绕、生态环境佳。每立方厘米负氧离子达16 000个以上，是中国野生猕猴桃之乡。红心猕猴桃基地位于北纬26.5°，地处北半球上猕猴桃黄金生长线的黄金生长点，得天独厚不可复制。

截至2020年初，公司猕猴桃基地种植已覆盖14个乡镇50个村，面积达6万亩，其中公司自有猕猴桃基地3.3万亩，参股2.7万亩。截至目前，已购买柚子苗共计94万株，已完成柚子种植面积3 200亩。完成水城县巴浪河现代高效农业科技园项目、六盘水市东部城区农产品批发市场项目建设并按期投入使用，稳步推进水城县猕猴桃产地气调保鲜库项目一期、二期、三期建设工作，用大数据手段，实现冷链物流降本增效。为解决当前存在的冷链物流配送"最后一公里"问题，与国内知名快递物流公司达成稳定的战略合作关系，企业与快递行业紧密相连，给消费者提供了更有确定性的高品质服务。

目前有水城红心猕猴桃鲜果、红心猕猴桃果酒、良山宝•红心猕猴桃果汁饮料等产品，创立了"猕你红"猕猴桃品牌。

典范产品一：16枚鲜果精品礼盒装

包装外观以红色和绿色相结合为主基调，形象地体现出红心猕猴桃的特点。纸箱包装材料坚硬，不易折损。每一个鲜果都由珍珠棉固定分隔开来，最大限度地保证了鲜果的完整度。

典范产品二：24枚鲜果礼盒装

包装外观以红色和绿色相结合为主基调，形象地体现出红心猕猴桃的特点。每一颗鲜果都由果套包裹住，防止了鲜果之间的碰撞与摩擦，两侧都设有排气孔，防止鲜果早熟，包装内外都覆哑光膜。

16枚鲜果精品礼盒装：100~120g/个
24枚鲜果礼盒装：80~99g/个

通信地址：贵州省六盘水市水城县双水街道以朵村白马洞组
联系电话：19984485791　　　卢茂

A263

水城春

　　水城县茶叶发展有限公司成立于1998年，属省级龙头企业，注册资本3亿元，现有自管茶园2万亩，总资产5.3亿元。公司有职工80余人，其中技术人员30余人。共有加工厂共8座，年产能超900t，建立环保型茶流水生产线共12条，软件、硬件配套设施及高效益的良性循环体系已基本形成。公司主要以生产和开发绿茶为主，红茶、新型茶的进一步研制与开发使公司产品结构进一步完善。公司坚持以"六化"生产为核心，即产地环境无害化、基地建设规模化、生产过程规范化、质量控制制度化、生产经营产业化、产品流通品牌化。现已通过了有机茶认证、ISO 9001质量管理体系认证。公司开发的"水城春"茶富含天然有机硒5mg/L左右，茶叶含硒量在0.8~1.5mg/kg，主要系列产品有"倚天剑""凤羽""明前翠芽""高原茗珠""水城红"等。

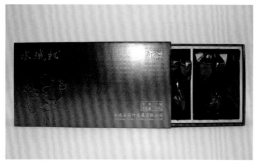

典范产品一：明前翠芽

　　包装外盒与内盒相互协调为一体。内盒采用小铁盒加内袋保证产品的密封效果，4个小铁盒在色泽搭配上意在"四季如春"。外盒采用环保纸质材料，正面采茶姑娘图案彰显茶文化底蕴和民族特色，体现了"民族的才是世界的"理念。

典范产品二：凤羽

　　独立包装，锡箔内袋保证产品密封，外盒采用纸质材料体现环保节能理念。包装印刷图案形似报春鸟或凤凰，意在早春茶外形形似一羽，故名曰凤羽。

典范产品三：明水城红

　　独立包装，内小泡袋符合简洁卫生的消费理念。外盒为红色，代表茶汤红艳，意在红红火火。正面暗纹演绎民族特色，表现茶农采茶归来、幸福满满的场景。

明前翠芽：200g/盒
凤羽：50g/听
水城红：150g/盒

通信地址：贵州省六盘水市水城县双水新区双水大道北侧茶叶公司综合楼
联系电话：13984619600　　　张锟

亿阳

贵州亿阳农业开发有限公司成立于2011年8月，公司注册资本1 000万元人民币，占地面积33亩。包括办公楼、综合楼、厂房及园区内附属工程等总建筑面积5万m²。公司承包高海拔茶叶种植基地2 600亩（绿茶1 000亩、红茶1 600亩），生产"盘州春""亿阳红""布依姑娘茶"等系列民族茶叶品牌。盘州春2018年绿茶、盘州春亿阳红茶均获"中国好茶"评比银奖，2019年荣获亚太茗茶大奖赛绿茶金奖、红茶银奖。公司还是爱心企业、央视《时代影像》展播企业、质量先锋企业、信用认证企业、省龙头企业。

贵州亿阳农业开发有限公司随党的十九大报告"走出去"的战略思路，升级产品包装、增加产品种类，紧抓产品品质，做好内功的同时积极取得与欧洲及东南亚相关机构人员和客商的联系，并达成出口合作意愿，把贵州高山有机茶带出国门，展示贵州和贵州民族品牌的品质与文化。

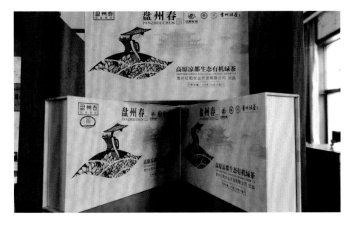

典范产品一：亿阳红茶

采用黄色为主色调，因黄色与红茶较符合，容易识别。设计中还融入中国古典元素，深刻体现中国是茶叶的故乡。

典范产品二：盘州春绿茶

采用绿色为主色调，因绿色与绿茶较符合，容易识别。设计中还融入中国古典元素，深刻体现中国是茶叶的故乡。内袋采用食品级塑料包装。

特级盘州春：30g/ 盒 ×4 盒
特级亿阳红：30g/ 盒 ×4 盒
亿阳红茶：30g/ 盒 ×4 盒

通信地址：贵州省六盘水市盘州市两河经济开发区南北 6 号路
联系电话：18085892579　　许正川

A 265

六盘水金地绿缘果业发展有限公司于2014年5月7日注册，位于中国凉都六盘水市钟山区保华镇双桥居委会十四组，距六盘水市中心城区29km。2017年9月中共六盘水市委、六盘水市人民政府授予公司"三变"改革潜力型经营主体殊荣。公司属市级重点龙头企业和贵州省"专精特新"培育企业，六盘水市开发研究促进会正式明确其为智力引领企业，获无公害农产品证书，拥有国家知识产权局专利局颁发外观发明3项，"斓茵甜滋味"已注册商标，"馨糕彩李"商标注册已受理。公司累计投入480余万元生产经营资金，规范种植布朗李玫瑰皇后510余亩，解决农村剩余劳动力就业8 000余人次，支付劳动报酬92万余元，农户获得土地入股分红100余万元，带动区域内及周边种植1 300余亩，产业链接建档立卡贫困户98户332人。

典范产品：布朗李玫瑰皇后果汁饮料

以森林精灵造型体现独特的包装文化，抛弃传统陈旧的框架、线条设计理念，采用格调清新的插画，寓意原材料的鲜食水果种植区域无工业污染源，都是安全放心的无公害农产品，起到宣传、渲染商品的作用，增强了贵州农特产品的文化底蕴，激发消费者对酸酸甜甜的果汁饮料产生购买欲望，品味"芳醇滋味、甜蜜记忆"的感觉。

外纸箱包装材料采用由高比例的再生纸制成的瓦楞纸箱彩印覆膜，使用后可再循环利用，不含染料或漂白剂，不会对商品造成污染和危害。内置易拉罐采用绿色环保的马口铁制作，具有成本廉价、密封性强、不透光的特点，能长时间保存食品的香味，并且有较强的刚性，在运输过程中不易磨损和变形，同时可以作为印制精美图案和商品文字信息的载体，有效增强品牌价值和市场回购率。

布朗李玫瑰皇后果汁饮料：240mL/ 罐 ×12 罐

通信地址：贵州省六盘水市钟山区保华镇双桥居委会

联系电话：13639194104　　　杨开文

岭龙山

贵州盘州市盘龙源园艺农民专业合作社注册于2014年9月22日，注册资本120万元。业务经营范围为茶叶、中草药种植、加工、销售；城镇绿化苗、经济林苗、花卉培育销售；生态养禽。

"岭龙山"商标（涵韵、道韵、雅韵、绿宝石）系列绿茶种植种为龙井43#，预计盛产期年产值达250万元；租用土地位于龙头山至卡河河流地段，距离卡河水库大坝500m，距盘关镇政府所在地10km，距水盘高速滑石出口13km，租用地海拔1 800m，水源充沛，交通便利，无大气和环境污染。

2015年2月经盘县发展和改革局备案建设盘县茅坪立体农业示范园。无公害农产品认证与无公害产地认定已完成，并已申请认证为有机产品转换期。2018年，合作社被贵州省农业农村厅认定为示范合作社。

合作社旨在建成集产业、观光、休闲、体验为一体的高效立体农业示范园，现已投入各类资金近800万元。已建成办公住房及加工厂房700m²，茶艺展厅300m²；茶叶加工机械已购置齐备；加工用电已架通；园区内机耕道路、生产便道已修通硬化。已建成面积为2亩的蓄水塘；精品水果采摘园20亩，生态循环复养殖土鸡2 000多只。

公司推出"涵韵""雅韵""道韵"3款中高端系列产品。"岭龙山"涵韵沥泡后颜色嫩绿光润、绿中带黄，茶叶汤色嫩绿鲜亮、清澈不混浊，香气馥郁持久，入口鲜醇甘爽，入口滑润，回甘明显。"岭龙山"道韵由龙井43#一芽一叶全展茶青加工而成，外形扁平挺直，滋味鲜爽回甘，汤色嫩绿明亮，香气清香持久，叶底绿润明亮。"岭龙

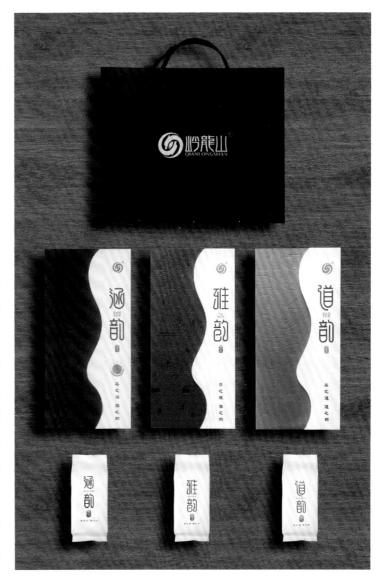

通信地址：贵州省六盘水市盘州市盘关镇茅坪村

联系电话：15085197333/13638581355　　　管忠林

山"雅韵由龙井43#一芽一叶全展加工而成，外形扁平、紧实、挺直、光滑、芽锋显露，不带或几乎不带茸毫；沏泡后颜色嫩绿光润、绿中带黄，茶叶汤色嫩绿鲜亮、清澈不混浊，香气馥郁持久；入口鲜醇甘爽，入口滑润，回甘明显。

典范产品：岭龙山系列产品

外包装使用UV工艺，压纹工艺，过滤了有色印刷，使用过程中无有机溶剂的挥发，所含成分全部固化成膜。平板压纹使用凹凸纹路的模具，在一定的压力和温度的作用下使承压材料产生变形，形成一定的花纹，从而对装饰包装材料表面进行艺术加工。

盒形结构的比例合理、结构严谨、造形精美，重点突出盒形的形态与材质美、对比与协调美、节奏与韵律美，力求达到结构功能齐全、外形精美，从而适应生产、销售乃至使用。包装材料不污染环境、不损害人体健康，符合绿色环保理念。

三款包装采用筒灯型号、结构、开盖方式来呈现，节约成本的同时更节约了对材料的使用。

岭龙山系列产品：180mm×280mm×70mm

鸿森茶业

贵州鸿森茶业发展有限公司，成立于2011年9月，是一家集茶叶种植、生产、加工、销售为一体的省级重点农业龙头企业，目前无公害有机茶园发展规模12 000余亩。公司专业从事生态茶种植、开发与推广。现公司主要产品有"滴水滩""六支茶故事"红茶、绿茶、白茶及铁皮石斛伴生红茶等系列产品。

2016年公司与贵州涵龙生物科技有限公司、六盘水市农业投资开发有限责任公司合作，成立贵州涵龙盘水生物科技有限公司，共同开展种植铁皮石斛与茶树共生项目，全方位开发与推广铁皮石斛伴生红茶、石斛花茶等系列产品。

典范产品一：滴水滩系列红茶、绿茶

包装以纸质材料为主，可以回收利用，具有环保优势。纸包装材料伸缩性小，不受热和光的影响，具有更好的稳定性，而且有一定的硬度，可以保护内部的茶叶。包装上的图案采用当地的少数民族元素，突出产品的地域性以及民族特色。内部有30小包茶叶，每一包是一次的用量，突出包装设计的人性化。

典范产品二：石斛伴生红茶

外包装为铁罐，有一定的硬度，里面用泡沫垫固定，有利于运输过程中对茶叶的保护。不同的颜色可区分不同的茶叶等级。

滴水滩红茶：90g/盒
滴水滩翠芽：90g/盒
滴水滩毛尖：90g/盒
滴水滩翠芽：90g/盒
涵兰斛韵：60g/盒

通信地址：贵州省六盘水市六枝特区落别乡牛角村
联系电话：18748797348 　　付习松

源鸿鑫

贵州源鸿鑫农业发展有限公司成立于2019年7月18日，位于贵州省黔南州独山县影山镇黄桥村顶岩组，成立至今得到州、县、镇政府各级单位大力支持，是一家专业做仿野生菌，集大棚栽培、室内种植、供应20几种菌种和原料、技术、销售为一体的基地，主要种植黑松菌、羊肚菌、红托竹荪、黑皮鸡枞、冬荪、椴木香菇、木耳、白皮鸡枞（本地叫包谷菌）等。成立以来，公司响应国家扶贫标准政策，对黄桥村贫困户进行招聘优先录用。第一期50亩总产量高达1万千克。

典范产品：源鸿鑫系列产品

包装设计一方面突出公司原生态、零农药、仿野生种植的特点，力求照片和实物符合，绝无夸大宣传；另一方面从贵州特产独山特色展开，牢牢把羊肚菌的知名度打开，让更多的顾客了解贵州、了解独山，促进贵州旅游发展业以及扶贫工作。

羊肚菌罐装：50g
羊肚菌罐装：100g
羊肚菌精美礼盒装：150g

通信地址：贵州省黔南州独山县影山镇黄桥村顶岩组

联系电话：13985796599　　　李定军

贵州黔梦农业科技有限公司成立于2013年8月，位于贵州省黔南州贵定县昌明经济开发区胜利路，注册资本300万元，注册"黔梦"商标。公司主营业务为娃娃鱼生态繁殖、娃娃鱼肉面和娃娃鱼肉速食麦粉等产品的开发、生产、销售。

公司于2018年新建成年产50万kg娃娃鱼面自动化生产线一条，现已开发生产的"黔梦"牌娃娃鱼儿童面、营养面，已销往上海、广东、陕西、四川、云南等地，深受消费者喜爱。从而拓宽了当地娃娃鱼销售途径，促进中国娃娃鱼之乡娃娃鱼产业健康发展。

中央电视台农业频道曾对公司进行多次报道，这不仅促进了黔梦的发展，更是拉动了娃娃鱼养殖户的销售。

典范产品：娃娃鱼肉儿童面

黔梦娃娃鱼肉儿童面包装盒，纸面色质纯度较高，具有较为均匀的吸墨性，有较好的耐折度，主要用于商品包装盒、商品表衬、画片挂图等，易降解，可多次循环回收再生产，降低对生态资源的损耗，有效保护资源。

白卡纸装食品安全又健康，印刷图案表现效果更佳，成型可塑性好。可回收再利用，减少对资源的损耗，有效保护环境。生产使用可机械化自动包装，节约成本。运输到目的地后直接到货架上进行销售，在商超环境长时间不易变色。

娃娃鱼肉儿童面：16cm×10cm×5cm，130g/盒

通信地址：贵州省黔南州贵定县昌明经济开发区胜利路标准化厂房
联系电话：15908546925　　　瞿鸿润

贵州苗姑娘控股集团有限公司下属的贵州苗姑娘食品有限责任公司是专业饮品生产企业，是贵州省公安机关知识产权刑事执法保护重点企业。

贵州苗姑娘食品有限责任公司已先后通过ISO 9001质量管理体系认证、ISO 22000食品安全管理体系认证、ISO 10012测量管理体系和ISO 14001环境管理体系认证，拥有中华人民共和国对外贸易进出口经营权。

贵州苗姑娘食品有限责任公司的"苗姑娘"商标是贵州省著名商标。"苗姑娘"牌益肝草天然植物饮料的制作技艺是国家级非物质文化遗产；"苗姑娘"牌益肝草天然植物饮料是国家地理标志保护产品、贵州省名牌产品，入选首届贵州食品最具公众影响力十大品牌。

"苗姑娘"牌益肝草天然植物饮料的产品配方是经贵州省非物质文化遗产保护委员会专家委员会评审、贵州省非物质文化遗产保护委员会审核、贵州省人民政府行文公布的"省级非物质文化遗产"，产品具有生津止渴、清火利肝、清热解暑、缓解饮酒过量引起的不适等辅助作用。

典范产品一："苗姑娘"牌益肝草凉茶

"苗姑娘"牌益肝草凉茶的包装设计，旨在向消费者传达健康这一理念。请名家设计书写的产品品名"益肝草"显著标识于正中央，向消费者直观表明这一款饮料为保肝护肝的健康产品。罐体上"苗姑娘"的商标标识，设计为苗族头饰的一种变形式样。罐体以清新的白色、金色为底色，使消费者饮用时能感受到"降肝火"舒适感。在罐体上标注出"苗姑娘"牌益肝草的主要原料——药食同源的天然草本植物：鱼腥草、栀子、甘草、蒲公英等。在罐体上标注产品获得的资质荣誉：国家级非物质文化遗产、国家地理标志保护产品、中国发明专利等，极大吸引消费者，并使之购买得放心、饮用得安心。

通信地址：贵州省黔南州贵定县王大坝1号（苗姑娘公司）

联系电话：15885458827　　　罗伟

典范产品二：苗姑娘牌系列油辣椒

"苗姑娘"牌系列油辣椒是传承贵州本地少数民族传统配方精心制作的具有浓郁民族风味的调味品，因此在包装设计上，重点突出了其"少数民族"这一特性。首先，公司收集贵州少数民族文化故事，请名家编撰、绘画、书写，设计了"贵州十九怪"故事图册，并申请了版权。其次，"苗姑娘"牌系列油辣椒传承于建立于清朝光绪年间的"务么细辣味坊"，经过百年积淀创新，制作出如今的各类油辣椒产品。因此请名家设计了"务么细辣味坊"的板画，用在包装上。最后，产品包装上模特为身着苗族服装的"苗阿妹"。将以上种种民族元素结合起来，向消费者娓娓道出一个传承悠久、民族文化浓郁的民族风味调味品的故事。

采用食品级玻璃瓶罐装，具有良好的密封性、保藏性、坚固性。对空气及其他挥发性气体的阻隔性和对营养成分保存较好；减少食品成分被氧化的机会，对食品的风味和色泽有很好的保存效果；可以确保食品的卫生，将有毒的可能性降到最低，有效杜绝健康上的危险。

苗姑娘"牌益肝草凉茶：310mL/罐
苗姑娘"系列油辣椒：260mL/瓶

山茶油
金狗牌

贵州金狗生态茶油有限责任公司成立于2011年7月18日，是以油茶树种植、山茶油精炼及油茶副产物加工为主的生产企业。2014年12月被评为黔南州农业产业化重点龙头企业。公司于2016年2月被评为先进企业，并多次获得州级守合同重信用单位、重点龙头企业、返乡农民工创业示范企业等称号。产品荣获黔南州十大优质特色粮油产品称号等。

2014年10月，公司投资900万元在福泉市龙昌镇绿色食品加工及新型材料园区开工建设茶油精炼厂房。该项目总占地面积3 330m²，建筑面积约1 980m²，其中生产厂房约1 350m²，年产茶油110t。

金狗牌野生山茶油沿袭古老传统，采用野生油茶籽，运用现代先进设备和工艺精炼而成，被誉为"东方橄榄油"。

典范产品：金狗牌野生山茶油

内包装采用弧形玻璃瓶。塑料制品的包装可能会随着保存环境的变化对茶油的品质产生影响，而玻璃制品的包装较为稳定，对产品的影响较小。使用玻璃制品的包装，一方面能保障产品的质量，另一方面能减少对塑料包装制品的使用。纸质标签遇水易损坏、易褪色且不环保，综合考虑后，公司采用在玻璃瓶上直接喷产品信息的方式，从而减少纸质标签的使用，此方式不仅防水、美观、耐磨，且环保。外包装采用纸盒，将两瓶玻璃瓶包装的产品用珍珠棉固定后放置在外包装纸壳内，方便携带，并且外观精美，适用于走亲访友作赠送礼品。

金狗牌野生山茶油：250mL/瓶×2瓶

通信地址：贵州省福泉市龙昌镇农产业园区
联系电话：18084451855　　　张小燕

A272

贵州独山天元食品有限公司位于贵州省独山县，独山县是贵州南部的一座古老而美丽的县城，这里因拥有500余年历史的独山盐酸菜而享誉全国。鲁迅先生于1924年在旅京的贵州籍学者姚华先生处品尝到独山盐酸菜后，赞不绝口，称誉为"中国最佳素菜"。公司承袭传统工艺，深挖地方饮食文化，不但开发独山盐酸菜系列产品，而且还隆重推出独山虾酸系列产品。先后开发的新产品有虾酸系列（打开即食）、佛手瓜爽口脆、西红柿酸汤。独山盐酸菜在生产工艺上进行了突破性改进，使独山盐酸菜的盐度、酸度、脆度都得到了有效的控制，如西红柿在发酵时间上从民间的3~5个月到现在新工艺的10天，大大降低了固定的投入，减少了储存的风险。

典范产品：盐酸菜

包装材料为食品塑料袋和食品铝箔袋。其中食品塑料袋经过检测，具有更好的隔断功能，防止氧气、氮气、二氧化碳等气体以及水蒸气等物质透过，也具有耐冲击、耐撕裂、抗揉压等质量安全性。

食品铝箔袋阻隔空气性能强、防氧化、防水、防潮；机械性能强，抗爆破性能高、抗穿刺抗撕裂性能强；耐高温（121℃）、耐低温（−50℃）、耐油、保香性能好；无毒无味，符合食品、药品包装卫生标准；热封性能好、柔软性、高阻隔性能好；产品经过标准检测，属于最安全的环保材料。目前公司使用的包装物都可进行回收提炼成其他可安全环保的材料。

盐酸菜坛箩装：1 000g/坛×6坛
盐酸菜坛礼盒装：1 000g/盒×6盒
盐酸菜80g装：80g/包×100包
盐酸菜360g礼袋装：360g/包×30包
盐酸菜400g装：400g/包×20包
盐酸菜450g瓶装：450g/瓶×20瓶

通信地址：贵州省黔南州独山县经济开发区
联系电话：13985073420　　余桂元

布塔尼

贵州布塔尼食品有限公司于2018年成立，聘请贵州大学动科系食品系专家和贵州水产科研所专家到公司论证整个鱼子酱加工工艺流程、加工技术、加工设备等科学性和合理性，优化鱼子酱、鱼肉工艺流程和加工技术及设备选型。同贵州大学动物学系、食品系专家签订有关鲟鱼产品开发合作合同书，承担省科技厅下达的鲟鱼深加工和科研项目，为该项目实施提供了技术支撑保障。贵州特利斯顿冷链设备有限公司为车间安装低温库、保鲜库、水制冷机组等设备。

典范产品一：鱼子酱

鱼子酱是专用的圆形的小锡罐装，采用食品级环保原材料，原色呈现，耐腐蚀，在低温无菌室真空装罐，配有鱼子酱专用贝壳勺。鱼子酱应该在开罐后数日之内享用。罐子应该存放于冰箱，温度为-4~-2℃，而且最好放在冰箱的最里面，以确保温度够冷。若是放在比较温暖的环境或暴露在空气中，鱼子酱就会氧化得更快，味道会跟着改变。

典范产品二：鲟鱼片

将鲟鱼肉切片置于有冰块的食品用塑料盒中。食用时，放入矿泉水，加入姜片、食盐煮熟即可，简单方便。

典范产品三：鲟鱼肉辣椒

鲟鱼肉辣椒用圆形玻璃瓶配有内旋马口铁盖密封装罐，可很好地阻止氧气等气体对内装物的侵袭，同时可以阻止内装物的可挥发性成分向大气中挥发；安全卫生、有良好的耐腐蚀能力和耐酸蚀能力，可以让消费者从外面观察到盛装物的情况；贮存性能好。

鱼子酱：30g/盒
鲟鱼片：500g/盒
鲟鱼肉辣椒：240g/瓶

通信地址：贵州省黔南州惠水县好花红镇小龙村
联系电话：13809436348　　张翠兰

香禾糯

贵州月亮山九芗农业有限公司致力于发展大米种植、采收、储存、加工、包装、运输保鲜环节过程中的先进技术，和各大高校和科研院所紧密合作，进行科研技术的实践应用和成果转化，并在各个乡镇建设生产基地，与贫困农户签订粮食收购订单，解决农户卖粮难的问题，为决战决胜脱贫攻坚做贡献。公司目前已经和邮政公司旗下农业板块进行战略合作，为其提供农产品服务端的增值业务和共同开发运营农服产业园，也和多家农业服务领域的龙头企业以及农产品企业形成了业务合作关系。

香禾糯的包装满足《食品安全国家标准　食品接触用塑料材料及制品》（GB 4806.7—2016）的各项指标要求。

典范产品一：香禾糯1kg包装

采用小袋装的设计，针对那些在短时间内很难食用完的消费者，不会造成产品的浪费。此包装的设计理念是一包1kg，刚好够一家人一餐的量，所以在家里面可以一餐一袋，与家人共同享受香禾糯的味道和营养。小袋装采用真空包装，能有效隔绝空气中大部分水分和氧气，保证糯米的质量。

典范产品二：香禾糯3kg礼品包装

采用纸袋装的设计，针对那些需要送礼的消费者。此包装的设计理念是一包3kg，包装两面印有从江的标志建筑鼓楼和梯田，使包装的档次更上一层楼，也使消费者在送礼的时候更加的有面子。包装内袋采用真空包装，能有效隔绝空气中大部分水分和氧气，保证糯米的质量。

通信地址：贵州省黔东南州从江县贯洞镇干团村 /557400

联系电话：13511964030　　　石国珍

丰联

贵州省从江县丰联农业发展有限公司主要从事有机稻、优质稻农产品开发。公司利用从江得天独厚的自然环境，采用全球重要农业文化遗产"稻鱼鸭生态复合系统"原生态的耕作方式，自2009年开始在从江县从事有机稻、优质稻种植业。

历年来，公司获得贵州省级扶贫龙头企业、贵州省农业产业化经营重点龙头企业称号，公司产品获贵州省食品行业最具影响力品牌、贵州好粮油等称号。

典范产品一：优质贵米

贵米外包装采用手提模式，方便携带，耐磨损，耐拉，耐撕，能有效保护包装的物品。纸材质是木质纤维，无毒无害，让人放心；物理性能较好，还能防潮；适印性佳，印刷出来效果好；包装效果复古典雅，能增加商品价值。内包装采用真空包装，主要的好处：真空包装袋在抽出内部空气后，包装袋基本贴合包装物，即内部容比小，这样不仅节省了包装空间，还便于人们日常携带；真空包装袋在抽真空后，微生物数量比有氧包装更少，且不易滋生，可以顺利延长一些食品如生鲜肉类，或是药品等包装物的保质期，也就是说真空包装袋的货架期较普通塑料袋更长；真空包装袋可利用基材阻隔性，达到高阻隔——阻水、阻氧、阻气的效果；真空包装食品时，能够耐油、保香，或是可耐高温蒸煮，可耐低温冷藏；真空包装袋可以利用现代化的生产工艺，做到自动化规模化流程生产，这样一来也就大大节省了真空包装袋的生产成本；真空包装袋采用无毒、无害、无污染的包装材料，生产时不添加黏合剂，无溶剂残留问题，绿色环保。

通信地址：贵州省黔东南州从江县丙妹镇北上卫生局对面

联系电话：18286967538　　张定富

典范产品二：香禾糯

　　外包装采用手提模式，方便携带，耐磨损、耐拉、耐撕，能有效保护内容物。纸材质原料是木质纤维，无毒无害，让人放心。物理性能较好，还能防潮。适印性佳，印刷出来效果好。整体设计有复古感，能增加商品价值。内包装采用真空包装，可节省空间、延长保质期、防潮、耐油、耐高温、低温，且无毒无害、绿色环保。

优质贵米：4kg/ 提

香禾糯：2.5kg/ 提

好之味

贵州省好之味精品农业开发有限公司是发展打造从田间到餐桌的全产业链粮油食品企业，是非遗扶贫就业工坊、培训就业基地，基地建设以"公司+研究院所+合作社+基地+农户"的发展模式，通过公司流转农户土地建设种植基地核心示范区，统一种植品种和技术标准，示范带动周边农户扩大种植规模的方式，提高产品品质和单产产量，增加当地农户经济收入。基地建设带动农户增收，解决就业人数上百人。

公司主要是集种植养殖业及其产品精深加工、仓储配送、销售为一体的农特产品企业，业务范围覆盖国内线上、线下市场，已筹备搭建跨境电商平台扩展国际市场。公司一直以来秉承创新的原则，倡导农户把农业产业做好做大，并把生态农特产品推向全国，乃至国际市场，使全县农业走上良性发展轨道，并将公司打造成国家农业产业经营龙头企业。

典范产品一：贵州小黄牛

整体设计结合贵州的地理环境特征——有高山流水，气候条件优越，体现贵州小黄牛的生态放养原则，绿色健康！主色为黄绿色，设计元素有山、水、稻田、树、牛等。

典范产品二：坚果类

蠢萌卡通形象易记忆；整体风格偏喜庆。

典范产品三：山茶籽油

整体设计以绿色为主，绿色代表健康；利用山茶树叶和油滴等设计元素展现产品突出的效果。

贵州小黄牛：500g/袋；1kg/盒
坚果类：100g/袋；200g/袋
山茶籽油：250mL/瓶；250mL/盒×2盒

通信地址：贵州省黔西南州册亨县纳福街道办事处纳福广场旁
联系电话：13195190118　　　李元禄

黔龙果

贵州钏泰农业科技发展有限公司贞丰分公司成立于2014年7月，注册资本1 000万元人民币。公司主要从事农业信息、农业科技咨询；农业技术领域内的技术开发；瓜果蔬菜、花卉苗木、农作物的种植及销售；农家乐观光旅游开发；家禽养殖及销售。公司所辖的龙之谷生态园区主要种植火龙果。以"有机、生态、健康、公平、推广、关爱"作为核心思想，采取标准化、产业化经营的发展模式，营造集开发、种植、加工、销售和乡村旅游观光于一体的综合性农业生态园区。

龙之谷生态园区位于贵州省黔西南州贞丰县白层镇坡们村及兴龙村（北盘江沿岸），主要种植红心火龙果，规划建设核心区总体规模5 000亩，亩产量约1.2~1.5t。公司致力打造"黔龙果"牌火龙果，品种为大红，园区现有职工140余人。

龙之谷生态园区的生产理念为"坚持生态、永续发展"。园区的田间管理全部采取有机、生态的自然农作方法，园区严格禁止任何化肥和农药的进入与使用，杂草的控制也全部靠人工割除，从不使用任何除草剂。

龙之谷生态园区所生产的火龙果经送SGS检测机构进行农残检测，470项农残检测的结果为零检出，铅、镉两项重金属的检测结果也为未检出，产品在市场上深受广大消费者的青睐，供不应求，公司已于2018年取得有机认证证书并成功缔造了"黔龙果"商业品牌。

通信地址：贵州省黔西南州贞丰县康筑城市花园二期1栋8单元501室
联系电话：13511920432　　卢正林

典范产品一：双喜临门

设计理念：宛如仰阿莎的神话故事——来自大地的红眼泪，经过日月星辰的见证，经过大地之母辛勤孕育，璀璨地诞生在龙之谷。在天地的见证之下，我们效仿仰阿莎的忠贞的情怀，与您共同见证这美丽的大地结晶。

典范产品二：花好月圆

在贵州黔西南自治州的龙之谷生态园区，有着这样的一个习俗：月圆之日与亲友团聚，在月光下共享黔龙果，充满了对生活圆满美好的期望。当地人把黔龙果视为吉祥之物，鲜红的果肉寓意着红红火火，甜而不腻的口感寓意着甜甜蜜蜜，饱满圆润的外观寓意着团团圆圆，我们将之名为"花好月圆"以传递这样的美好祝愿。

红心火龙果：5kg/盒

A278

贵州省马大姐食品股份有限公司是一家集食品研发、生产、销售、种植、养殖、加工为一体的股份制有限公司，始建于2007年，注册资本人民币3 200万元。公司位于贵州省兴仁市陆关工业园，占地近60亩，紧邻惠兴高速兴仁东出口，交通便捷。经过十年发展，公司员工近百余名，拥有一支由管理、营销、生产、养殖、财务和品牌传播等专业人才构成的运营团队。公司始终致力于以"马大姐"为品牌的系列清真食品的研发、生产与销售，涉及特色农产品类（即马大姐牛干巴，优质金州南盘江黄牛肉产品的生产、屠宰，加工和分级销售）、调味品类，以及休闲食品三大系列二十余个品种。

典范产品一：牛干巴

设计上以清真元素象征着公司对食品的重视和承诺，土黄色的主色调象征着朴素，给人一种浓浓的安全感。

典范产品二：金州五福面

设计上以红色调为主，在喜庆的同时融入土特产、杂粮等元素，将本地特产特色融入产品，打造独一无二的特色产品。

典范产品三：金州六味

设计上以绿色调为主，与五福面搭配，谐音意为"有福有禄"。

牛干巴：110g/ 包 ×10 包
金州五福面：500g/ 包 ×5 包
金州六味：220g/ 瓶 ×6 瓶

通信地址：贵州省黔西南州兴仁市陆关工业园
联系电话：17384153383　　　郑维平

A279

天牧花椒

贵州天牧农业开发有限责任公司成立于2018年6月，注册资本5 088万元，公司专业从事现代生态农业综合开发、乡村旅游开发、石漠化治理、土地整治等，是集生产、加工、销售、研发为一体的科技创新型民营企业。公司在贞丰围绕"中国花椒之乡"和"顶坛花椒"国家地理标志保护产品，结合花椒产业化一二三产深度融合打造贞丰花椒全产业链项目。公司产品主要有保鲜椒、干花椒、芳香精油等。

典范产品一：保鲜花椒袋装

以自封铝塑袋为材料，以绿色为底色背景元素，体现出花椒产品的绿色生态，同时也体现出包装袋的绿色环保。搭配贞丰地标"双乳峰"给人眼前一亮的体验，以一束青花椒体现出花椒的品种以及生长环境——花椒生长在青山绿水之间。

典范产品二：花椒礼盒装

包装设计结合花椒产地贞丰县地域特色、民族风情、人文事物等元素和时下流行的设计元素。用环保的高档陶瓷瓶来盛装花椒产品，让包装可以再利用，体现出绿色环保的理念。瓶体采用骨瓷材质，纯白无瑕，高端大气。红木礼盒，以玉质雕刻天牧椒园镶嵌在木盖上，既能提高品质，又能突出档次。盒体采用红木材质，红木是我国高端、名贵家具用材，极具档次。盒盖采用白橡木材质侧滑打开，与红木形成层次和对比，搭配贞丰地标双乳峰突显禅意。

通信地址：贵州省黔西南州贞丰县山水金城 A-3、A-4

联系电话：13385116928　　　陈启迪

贵蕊

贵州贵蕊农业发展有限公司成立于2015年，位于世界自然遗产梵净山西麓的印江县罗场乡，是一家以茶叶种植、研发、加工、销售及茶文化传播为主，集各种农副产品加工、销售为一体的综合性农业企业。

依托世界自然遗产梵净山茶园原产地优势，公司现已推出"贵蕊""贵在美好""冰红蕊""印山红""苗球"系列茶叶及农副产品品牌，从源头按欧盟标准茶园管理，以精益求精的工匠精神做真正的好茶，产品深受消费者青睐，畅销国内外。

为顺应市场消费升级的需要，促进农产品提档升级和高品质农产品产销对接，提升品牌知名度与产品附加值，公司不断加大产品研发，细化产品分级，满足不同消费群体的需求。并利用自身优势和资源，带动村集体经济合作社利益增收，带动贫困户脱贫致富，为巩固脱贫攻坚成效与国家全面建成小康社会做出贡献。

典范产品一："贵在美好"礼盒

该款产品内附有水墨山水画册，图文并茂地列举了多彩贵州的众多人文自然风光，承载了我公司对顾客的美好祝愿，通过贵州茶让顾客开启多彩贵州之旅。

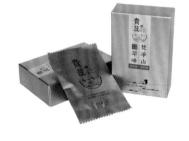

典范产品二：贵蕊梵净山翠峰茶

该款茶叶产于世界自然遗产——梵净山海拔800~1 400m品系茶园，获得农业部农产品地理标志，是国家地理标志保护产品。内包装为铝罐，防潮保香。

典范产品三：贵蕊梵净山毛峰

该产品产于世界自然遗产——梵净山海拔800~1 400m品系茶园，其外形细紧，茸毫披露，显芽锋、卷曲如钩，鲜绿有光泽，白毫明显；茶汤色泽嫩绿鲜润明亮；滋味清爽醇香回甘，香气高雅清香；叶底色泽翠绿，饱满肥嫩，嫩绿明亮，鲜活动人。铝罐包装防潮保香。

"贵在美好"礼盒：50g/罐×4罐
贵蕊梵净山翠峰茶：90g/盒
贵蕊梵净山毛峰铝罐：50g/罐

通信地址：贵州省铜仁市印江县峨岭道县府路贵蕊茶馆
联系电话：15085838877　　晏施娟

净园春

贵州江口净园春茶业有限公司于2009年6月成立，注册资本3 000万元，是一家集种植、生产、加工、销售、科研、茶文化传承为一体的民营科技企业。公司在铜仁市江口县怒溪镇骆象村建成了1 700多亩绿色生态茶园示范基地和500多亩观光茶园，配套建设了占地面积1万m²的厂房和5条红茶、绿茶生产线及2条抹茶初加工生产线，年生产加工能力达300t。

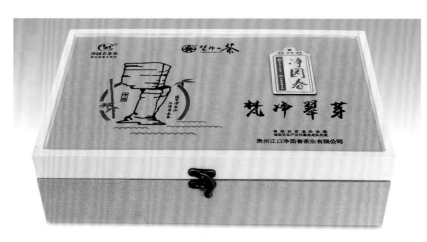

公司创立的"净园春"商标为贵州省著名商标，连续两年获消费者最喜爱的贵州茶叶品牌及茶行业最具有竞争力企业荣誉，取得各项专利26项，先后通过了绿色认证、有机认证、出口基地备案。荣获了省级农业产业化经营重点龙头企业、省级扶贫龙头企业、贵州省诚信示范企业单位、贵州省著名商标、贵州省绿色生态企业、贵州省企业信用评价AAA级信用企业等荣誉和称号。

典范产品：净园春茶

包装盒上的蘑菇石代表了我国佛教名山"梵净山"，两旁的竹子及下面的水寓意了绿色、生态、无污染的山水，我公司的茶叶就产自这得天独厚的地理环境下。"净雅"一词融入了佛教文化，"净"代表"梵净山"，又代表公司"净园春"，"雅"体现了喝茶人文雅的情操。"游梵净名山，品净园春茶"的题词既赞颂了梵净山，也宣传了公司优质茶叶。左上角图形为公司品牌Logo，正上方标识为"梵净山茶"公共品牌，为推动"梵净山干净茶"做了进一步推动。

梵净翠芽：252g/盒

通信地址：贵州省铜仁市江口县双江街道办事处杨澜桥
联系电话：19192604400　　郭诺

A282

芊指岭

贵州芊指岭生态茶业有限公司成立于2008年，是一家从事茶叶种植、加工、销售、研发、培训、出口贸易为一体的私营企业，公司位于贵州石阡县五德镇桃子园村，注册资本2 000万元，是市级农业产业化重点龙头企业、省级农业产业化经营重点龙头企业、贵州省省级扶贫龙头企业。公司于2011年注册了"芊指岭"茶叶商标，被评为贵州省著名商标。公司目前生产的主要产品有石阡苔茶翠峰绿茶、毛峰绿茶、红茶、黑茶、白茶、大宗茶以及野生甜茶等，是贵州省名牌产品。

典范产品一：石阡苔茶（红茶、绿茶）

盒装茶产品突出"石阡苔茶"四字。红茶产品设计选用中国红，突出红茶之纯正；绿茶产品选用土黄色，突出黄土中的苔茶树。用最有中国书法特色的标准楷体书写祝福语，整体美感突出，引人注目。

典范产品二：石阡苔茶黑茶

该产品是精心打造的具有代表贵州文化底蕴的"石阡苔茶"系列产品之一。该款茶叶产于苔茶发源地——五德，获得农业部农产品地理标志，是国家地理标志保护产品。

典范产品三：贵州野生茶

外包装颜色是素雅沉静的浅蓝色，突出野生茶之特点，其中包装盒的茶印章与古朴繁体字体共同组成品牌标识，突显品牌意识，字体简约含蓄，古朴质雅。

石阡苔茶：15g/盒×10盒
石阡苔茶黑茶：980g/盒
贵州野生茶：300g/盒

通信地址：贵州省铜仁市石阡县民政局2号门面石阡苔茶店
联系电话：13638132833　　黄成

阡纤美人

贵州祥华生态茶业有限公司于2012年组建成立，是市级扶贫龙头企业、省级农业产业化龙头企业、市级扶贫龙头企业、成长型科技小巨人企业、贵州省首批诚信企业。

公司职工总人数38人，注册资本100万元，拥有茶叶加工厂2座，茶厂占地2.3万m^2，加工厂面积3 000m^2，设备120台（套），年加工红茶、绿茶、白茶超20万kg，公司自有茶园21 00亩，辐射带动周边农户茶园2万亩。阡纤美人绿茶做工精细、口感极佳，获贵州省名牌产品称号；阡纤美人红茶汤色琥珀透亮、滋味甘甜醇和隽永，其制作工艺已获国家发明专利。

典范产品一：阡纤美人古树红茶经典礼盒

产品外观配色采用传统的中国红作为主色调，印刷纸张为环保触感纸，注册商标"阡纤美人"四个字采用黑底烫银工艺，有很强的视觉冲击力。

典范产品二：阡纤美人蓝色款

以黛蓝色为主色调，配色典雅稳重又不失现代感，端庄稳重，典雅华贵。纸张采用环保白卡纸加上触感印刷技术，边框采用传统中式雕花边框烫金。

典范产品三：阡纤美人精品罐装礼盒

外包产品外观颜色采用传统的中国红作为主色调，环保触感印刷工艺，显得端庄、雍容华贵。正面左上方为烫金字"石阡苔茶"公共品牌，左下方烫银。

阡纤美人古树红茶经典礼盒：50g/罐×2罐
阡纤美人蓝色款：30g/盒×4盒
阡纤美人精品罐装礼盒：250g/罐

通信地址：贵州省铜仁市石阡县西部茶都一楼
联系电话：18385996553　　刘浩粘

凤冈荆芝瑶蜂蜜有限责任公司是一家合资小微企业，注册资本20万元，占地面积超200m²，坐落于凤冈县进化镇黄金村。企业经过长期的努力和科技相结合，蜜蜂逐步由原来的几群发展到百多群，天然生态一体化，被消费者称为信得过产品。

荆芝瑶蜂蜜产品源于自然、纯正、绿色、无污染、无毒、无副作用。同时凤冈荆芝瑶蜂蜜有限责任公司秉承以人为本的经营理念，以满足顾客消费需求为己任，经过不断探讨，研制上等蜂蜜产品，深受省内外广大消费者欢迎。荆芝瑶蜂蜜产品以坚持"做诚实人，做诚实事，不求最大，但求最好"的宗旨，以专业的队伍、严谨的管理、先进的设备，全力打造中国绿色健康一流蜂蜜产品。

典范产品：荆芝瑶蜂蜜

以图形及文字的设计为主，主要突出蜂蜜的金黄颜色，突显产品营养丰富。包装Logo的设计带有行业的明显特征，视觉的传达效果可以加强客户的认知和记忆，并采用与行业有关联的元素"蜂巢"进行组合设计。此设计在不同的媒体、不同的渠道、不用的载体上都能做到完美、大气、易于识别传播，Logo图形及延展元素易于识别与应用，建立形象体系，映衬出具有凤冈县本土特色的纯天然蜂蜜形象。

加厚无铅玻璃瓶瓶装，对空气及其他挥发性气体的阻隔性较好，能有效防止营养成分流失和氧化，能很好地保持食品原本的风味和色泽。包装标识采用纸质即时贴，安全无毒。

荆芝瑶蜂蜜：500g/瓶

通信地址：贵州省遵义市凤冈县进化镇黄荆村
联系电话：13310487927　　王玉书

辣三娘

贵州省贵三红食品有限公司于1998年创建在中国辣椒之都遵义，是农业产业化国家重点龙头企业。2017年8月，投资近2亿的贵三红新产业园区正式投产。贵三红配置国内最领先的自动化无尘灌装系统，拥有国内规模最大的单体辣椒发酵区。公司多年来年均投入近百万元用于产品研发及辣椒技术突破，与各大高校和研究院所进行辣椒产业的研发合作，迄今为止专利达100余项。贵三红产品先后通过了中国生态原产地保护认证以及中国有机产品认证、ISO 9001国际质量管理体系认证、ISO 22000食品安全管理体系认证和国家标准测量体系认证。贵三红致力于为消费者提供安全、健康、生态、美味的产品。

典范产品：辣三娘剁辣椒

辣三娘剁辣椒（巴氏杀菌）系列包装以"3"作为品牌识别符号，体现公司创始人以一颗质朴心创建辣三娘品牌的初衷，是公司核心价值的延伸，符号"3"是与辣椒形状最为接近的数字，符合国际认知，秉承辣三娘最包容的表达，"3"也是"山"的谐音，是最纯粹的自然本味。其中插画表达辣三娘剁辣椒系列承黔山秀水的天赐生态，甄选精品遵义辣椒，引生态泉水，与姜蒜交融，汇至一坛古法泡制的辣三娘剁辣椒的匠心造诣。辣三娘剁辣椒（巴氏杀菌）系列产品包装材质选用玻璃瓶，玻璃瓶具有无铅无毒的性质，有良好的阻隔性能，可反复多次使用，安全卫生，无毒无害。产品在10万级无菌灌装车间内，以全自动灌装系统，进行食品级玻璃瓶灌装，通过巴氏杀菌，将有害菌群杀灭的同时，保存辣椒的鲜嫩营养与纯正口感。

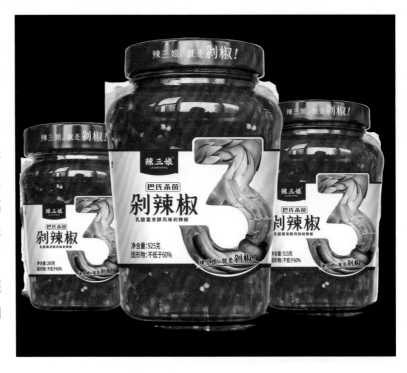

辣三娘剁辣椒：260g/瓶；515g/瓶；925g/瓶

通信地址：贵州省遵义市新蒲新区虾子镇青水九路贵三红产业园
联系电话：18985256800　　　谢朝瑞

A286

贵州凤冈夷乡蜜野蜂产业有限公司主要从事蜜蜂养殖及蜂产品加工、销售等行业，公司现已建成4个蜜蜂养殖基地和一个完整的蜂产品包装生产线，已建立了食品安全体系及获批食品安全生产许可证，将所在县生态蜂蜜产品推向一线，面向社会，服务全国，让所有品尝公司生产的蜂蜜的消费者，均能享受到凤冈生态的味道、自然馈赠的甜蜜。

凤冈锌硒同聚，世界少有，中国唯一。养蜂场周围密布着各种优良蜜源。2019年凤冈蜂蜜获农产品地理标志产品认证，生产出的蜂蜜经专家鉴定，富含锌硒，营养价值极高，是天然之琼浆、蜜中之精品！

典范产品：凤冈蜂蜜

以蜜蜂、蜂蜜、餐具这些元素描绘出一个自然美味的场景，充分体现出产品的口味。寓意企业愿景是让营养与美味进入每个人的日常生活中。

包装主色为黄色，这是蜂蜜的标准配色，再配以黑色底色，突显专注、高端。颜色的交互使用以及突出的食品外观色彩将产品信息第一时间传递给消费者，为品牌植入消费者内心带来明显的效果。

采用食品级玻璃瓶罐装，具有良好的密封性、保藏性、坚固性。能有效阻隔空气及其挥发性气体，防止营养成分流失和氧化，有效保持食品原本的风味和色泽，确保食品的卫生、无毒、健康。

锌硒花蜜：250g/盒×2盒
蜂巢蜜：500g/盒

通信地址：贵州省遵义市凤冈县花坪彰教工业园区
联系电话：18885211881　　　姜豪

黔福记

贵州高原山乡有机食品有限公司是国家级扶贫龙头企业、贵州省农业产业化重点龙头企业。公司立足于贵州本地传统优势农产品油菜、辣椒，集传统工艺和现代化技术所长，生产制造市场需求的安全、放心、健康、美味的食品。

近20载的优秀传承，对食品安全、绿色、有机、以人为本的追求，是公司设立的初心。公司已拥有"黔福记"和"小爱"品牌系列油辣椒产品、"红旗飘飘"和"九吉"品牌系列食用油产品。产品已通过HACCP体系认证，产品远销美国、加拿大、澳大利亚、英国等国，是贵州省又一实现出口创汇的食品生产企业。公司同时拥有国家发明专利、实用新型专利和外观设计专利。

典范产品一：芝麻蒜香油辣椒

红蒜关羽：京剧中，关公以红脸的形象让人记住——面如重枣，血性忠勇。蒜香味的辣椒酱，精华在于一个辣字，用红色来表达正宗黔辣。

典范产品二：风味豆豉辣椒

黑豆包拯：黑脸是包公的人物联想——铁面无私，纯良至孝。黝黑的豆豉正是代表着纯正的家乡味。

典范产品三：去骨鸡辣椒

开洋海鲜杨排风：性格泼辣，手巧功高。"鲜"字体现她巾帼女将的骁勇身姿，善使一条烧火棍，曾大败辽军。"鲜辣"是她的代名词。国粹文化元素与地域文化精髓的融合让黔福记品牌在海外华侨市场更具备亲和力、吸引力，也更能让世界了解中国，了解属于中国的家乡味道——黔福记。

芝麻蒜香油辣椒：200g/瓶
风味豆豉辣椒：210g/瓶
去骨鸡辣椒：210g/瓶

通信地址：贵州省遵义市新蒲新区新蒲经开区特色食品产业园
联系电话：18984912580　　陈小勇

A288

　　贵州超记蜂蜜商贸有限公司注册于2015年，是集养殖、加工为一体的蜂蜜生产企业。公司位于贵州省习水县三岔河镇丹霞谷自然保护区内，是市级重点龙头企业。公司拥有养蜂基地73.4亩，固定资产6 270万元。主营"岩蜂蜜"蜂蜜养殖和蜂产品销售，以及农副产品、土特产、预包装食品、散装食品的销售。2015年11月被遵义市评定为市级重点龙头企业，获多种奖项，公司注册的"超记"牌商标是贵州省著名商标。产品通过ISO 9001质量管理体系认证、HACCP食品安全体系认证，2019年获得地理标志产品认证。公司生产的产品通过国家和药品安全检测院检测合格达标，目前是习水县唯——家获得本县蜂蜜SC生产许可证的企业。

典范产品：超记系列蜂产品

包装方式为密封纸箱+手提纸袋+玻璃瓶+铝箔盖。

环保材质，耐高温、耐油性、密封性好，可回收利用。

外包装为低密度EPP材质纸箱，代替传统纸箱，密封性好，缓冲性能好。

内包装为手提纸袋和玻璃瓶，防穿刺、不变形，可以有效增加包装的密封性，保证产品完好度和新鲜度。

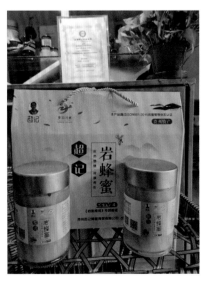

通信地址：贵州省遵义市习水县三岔河镇三岔村街上组

联系电话：15985022065　　邓亚昌

湄潭莲旗堂茶文化发展有限公司成立于2019年，"莲旗堂"——取古代茶叶评级标准中"莲心""旗枪"品级之意，意寓尽善、极致。莲旗堂强调品牌与自然、风土、人文之间的渊源及其故事性，在茶文化传承传播上尽己所能。公司主要以茶文化传播和高端茶叶零售为核心业务。从种茶、制茶，到终端零售，严格把控源头，保证出品。与欧标茶园合作，选用优质茶青原料，由中国首批制茶大师刘建辉担纲制茶技术专家，主要经营以湄潭翠芽为主的地理标志保护产品的名优茶，让大家喝上贵州的生态茶、干净茶、大师茶。

典范产品一：明前特级传承全手工湄潭翠芽

包装设计上用了与绿茶相呼应的绿色，采用了外盒和内里袋装搭配，保证产品的密封效果和包装的独立性。外盒采用了烫金标志效果，视觉上清晰明了，封面印制刘建辉老师的版画头像以及简化成线条的湄潭茶海，用传统版画的形式传达出手工茶的凝练、质朴的工匠精神，表达了产品的茶叶来源采摘自湄潭茶区的黄金产茶带。

典范产品二：遵义红·一叶臻红

包装设计上用了与红茶相呼应的红色，采用了外盒和内里袋装搭配，保证产品的密封效果和包装的独立性。外盒采用了烫金标志效果，视觉上显得高端且沉稳，封面印制刘建辉老师的版画头像，用从古代流传至今的版画技术，表现中国首批制茶大师的传承工艺和匠心精神。

典范产品三：明前特级两次精选湄潭翠芽

包装采用外盒跟内里袋装搭配。外盒为金属盒，保证产品的密封效果和包装的独立性，产品通过两次精心挑选，优选当地原生树种以及只采摘来自欧标茶园的明前特级茶青。外盒用手写书法体现产品名称，传统书法形式表达了本产品由大师传承工艺手工制作的特点。

明前特级传承全手工湄潭翠芽：3g/ 袋 ×20 袋
黔派红茶代表一叶臻红：4g/ 袋 ×20 袋
明前特级两次精选湄潭翠芽：3g/ 袋 ×20 袋

通信地址：贵州省贵阳市观山湖区国际金融城一期 3 栋 34F 欣扬集团
联系电话：13511940760　　　卫倩如

贵州光秀生态食品有限责任公司是一家集收购、储存、加工及销售于一体的原生态板栗精深加工企业，成立于2014年2月，公司总部坐落在珠江上游南北盘江交汇的贵州省望谟县平洞工业园区。公司占地面积65.5亩，总投资1.42亿元。拥有近10 000m²的无菌高标准国际化生产厂房和3条全自动进口包装生产线，年精深加工10 000t板栗；同时拥有6个15 000m³的进口冷库及2个600m³的速冻库及配套设施。公司是省级林业产业、农业产业和扶贫产业三龙头企业，全国"万企帮万村"精准扶

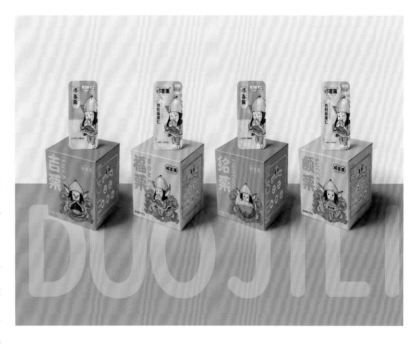

贫行动先进民营企业，全国"工人先锋号"，全国"巾帼示范基地"，贵州民营企业"千企帮千村"精准扶贫行动观摩项目，黔西南州民营企业"千企帮千村"精准扶贫第一批示范项目，贵州望谟板栗生产技术研发中心。

典范产品：哆吉栗

颜色搭配协调，具有年轻人的喜爱的色调，通过板栗精灵的这一可爱的动画形象创作周边礼品、手机游戏，以及进行动漫形象合作等，更好地融入当下新消费的多重场景，延伸品牌的无限价值。品牌及包装设计改变消费者对农产品的固有思维，让农产品变为时尚潮品。包装中的给栗、福栗、吉栗、顺栗所具的不同口味更增加消费者的购买欲望。

通信地址：贵州省黔西南州望谟县平洞工业园区

联系电话：18224944865　　　张海霞

　　云南双江勐库茶叶有限责任公司组建于1999年，前身是创办于1974年的双江县国营茶厂，是一个历经三代传承的制茶世家，目前已发展成一家集茶叶种植、初精制加工、产品研发和销售、茶旅融合发展为一体的典型一二三产业融合发展的全产业链现代农业企业，是农业产业化国家重点龙头企业，是中国茶叶行业百强、云南普洱茶行业十大知名企业。

　　公司年生产能力10 000t，主要生产普洱茶、滇红茶、CTC红碎茶。公司占地面积720亩，拥有茶叶加工建筑总面积达183 150m²，其中加工厂房143 210m²；拥有总资产5.3亿元，其中固定资产2.8亿元。目前，有固定员工260人，其中科研人员44人（高职5人，中级职称10人）。拥有云南省企业技术中心、江用文专家工作站、戎玉廷技能大师工作室三大科研平台；拥有两座环境优越、设备先进、工艺领先、管理科学严谨的茶叶加工厂，全国最大普洱茶初制加工中心，是首创普洱茶行业生茶和熟茶分制的唯一企业。

　　包装材料选择严格执行《食品安全国家标准　预包装食品标签通则》（GB 7718—2011）中的规定，符合绿色健康的可持续发展理念，体现了人与自然的和谐发展。包装材料的选择具有实用性：白绵纸透气性强，利于产品的后期转化；能吸异味、柔韧性强，保证产品质量。包装材料失去利用功能后，部分材料可以作为其他用途，对于不能二次利用的材料可进行无污染的降解，尽量不会产生废渣，不会产生有害气体。

　　包装设计上，既按照国标规定有食品名称、配料表、净含量等必备标识，又不失包装设计的文化内涵和产品市场竞争力。

　　包装制作低能耗、噪声低，生产过程不产生有害气体，生产出的包装材料具有耐用、抗氧化的特点。

　　包装设计遵循可持续发展理念，绿色包装产品通过先进技术支持，使设计理念与环境相协调。从产品的设计到报废过程中都体现了"绿色、健康"的特点，展现了技术理念、绿色设计以及资源环境协调等信息。

通信地址：云南省临沧市双江县沙河乡允景路 1189 号

联系电话：15925482203　　　刘福桥

典范产品一：博君普洱茶（熟茶）

"博君熟茶"是以公司制茶技艺传承人戎玉廷为首的新一代制茶技师们历经10年的杰出作品。正面的设计元素都在两个同心圆内，外圆呈现的橘红色、内圆呈现的猪肝色代表着茶饼本身干茶和茶汤的颜色。色彩设计与茶品本身相适宜，版面的中心位置是产品名称"博君"二字，以行书来呈现产品的特色和与众不同。

典范产品二：戎氏本味大成普洱茶（生茶）

产品的背面简洁明了，版面设计上严格执行《食品安全国家标准 预包装食品标签通则》（GB 7718—2011）中的规定，在包装上呈现必备标识。版面右侧有防伪溯源标识，使消费者对产品从茶园到茶杯的过程有直观的了解。

整个产品包装着重选择企业品牌文化作为图像包装设计，层次清晰，品牌创意突出，有助于增强品牌意识，让消费者在喝到质优味美的普洱茶的同时，也能深切体会普洱茶本身浓厚的历史文化。

博君普洱茶（熟茶）：500g/饼
戎氏本味大成普洱茶（生茶）：500g/饼

熊猫村

佛坪县森海秦缘养蜂专业合作社成立于2016年，注册资本57万元，主要从事中蜂养殖及农副产品开发销售、电子商务、市场营销以及休闲农业观光旅游服务。合作社共有社员21户，注册并使用"熊猫村"商标。2015年到现在合作社先后投入100余万元，按照优质农产品生产基地标准持续规范中蜂养殖场建设，合作社发展中蜂1 000余箱，建设熊猫村中蜂养殖体验基地2个，带动全村发展中蜂养殖3 000余箱，2018年被农业部授予全国一村一品示范村，佛坪土蜂蜜也获得了国家农产品地理标志登记证书。

典范产品一：熊猫村熊猫森林土蜂蜜

包装方式为木质蜂蜜包装盒+食品级无铅玻璃六角瓶+环保商用铜版纸标签。环保材质，可回收利用。外包装为松木蜂蜜盒，可直接快递，减少额外快递包装浪费，木盒可回收利用。内包装为食品级无铅玻璃瓶可回收利用，有效增加包装的密封性，保证产品完好度和新鲜度。

典范产品二：熊猫村香菇

包装方式为食品级PET环保透明盒+食品级PET透明自封袋+商用铜版纸标签。环保材质，可回收利用。外包装为食品级PET环保透明盒，代替传统的纸袋纸箱，透明度高可直观看见产品品质。内包装为食品级PET透明自封袋，可以有效增加包装的密封性，保证产品完好度和新鲜度。

熊猫村熊猫森林土蜂蜜：245mm×100mm×305mm，500g/瓶
熊猫村香菇：300mm×200mm×40mm，500g/盒

通信地址：陕西省汉中市佛坪县老街36号
联系电话：15191608285　　　吴彦宏

洋县康原生态农业有限责任公司是一家集薯类、谷类产品种植、加工、研发、营销为一体的省级农业产业化重点龙头企业。拥有有机红薯种植基地2 520亩，有机稻米基地1 785亩。建成有机红薯加工、红薯粉条加工、有机稻米加工生产线各1条，年加工有机红薯1.2万t，生产有机红薯系列产品2 000t，有机稻米5 000t。采用线上线下相结合模式，把洋县黑米、香米、红薯粉条、香菇木耳、土蜂蜜等优质农产品销售到北京、上海、成都、西安等全国各地，被中国航天科技集团确定为消费扶贫定点采购指定供应商，被市、县政府评为脱贫攻坚带动民星和脱贫攻坚帮扶先锋。

公司注册有"康原""羚牛""洋州印象"三大商标，其中"康原"牌商标为陕西省著名商标，"康原"牌有机红薯系列产品为陕西省名牌产品、陕西省食品行业领军品牌。

典范产品一：羚牛牌有机香米系列

总体设计理念以秦岭四宝"洋县朱鹮"为主题，整个图案部分既像是一粒优质的籼米，又像一只幼小的朱鹮，把产品特性与地方代表性"名片"有机地结合。包装内部采用中国乐凯有限集团公司生产的专利产品高阻隔保鲜膜食品级真空包装袋，以每500g为一个小单元，方便日常生活中按量取食。外部包装为礼盒手提袋+火柴盒式内包装，在包装上开设天窗，方便消费者直观地了解产品。整体美观大方，适合做伴手礼。

有机香米系列：500g/盒；1kg/盒；2.5kg/提；5kg/提

通信地址：陕西省汉中市洋县有机产业园区
联系电话：15291605838　　　　王亮

典范产品二：羚牛牌 食补国宝洋县黑米

产品主图为一只朱鹮衔着一穗黑稻，整只朱鹮为手工绘制，以白色代表朱鹮之纯洁，搭配黑色的背景色，黑白分明，对比强烈，给人以强烈的视觉冲击，同时，图案上的黑米为国家地理标志保护产品、朱鹮为国家一级保护动物，是为洋县两大国宝，整个图案彰显了洋县保护国宝朱鹮的付出与有机产业的发展。包装内部采用中国乐凯集团有限公司生产的专利产品高阻隔保鲜膜食品级真空包装袋，以每500g为一个小单元，方便日常生活中按量取食。外部包装为礼盒手提袋+火柴盒式内包装，在包装上开设天窗，方便消费者直观地了解产品。整体美观大方，适合做伴手礼。

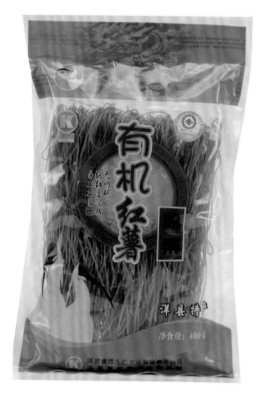

典范产品三：康原牌有机红薯粉条

产品选用最简单的食品级PE包装袋，简单而不失大气，整个包装除图案部分外，其他全部透明，使消费者能够直观地看到产品。另外，整个图案中间为一只绿色的圆盘，象征着有机、绿色健康的食材，而在左下角部分的两只朱鹮，同样代表了洋县的"名片"，表明洋县优良的生态环境和安全可靠的产品质量。

食补国宝洋县黑米系列：500g/ 盒；1kg/ 盒；2.5kg/ 提；5kg/ 提
有机红薯粉条系列：200g/ 袋；2.4kg/ 盒

盛源果品

陇县盛源果品有限责任公司成立于2012年，是一家集果品销售、果品对外贸易、果蔬加工、果业培训、苗木繁育为一体的综合性果品经营企业，注册资本2 000万元，现有万吨果品冷库2座，年贮存能力2万t。2013年取得自营出口权，年出口量超过1.5万t，是陕西省大型的果品出口公司之一，被评为陕西省产业化重点龙头企业、陕西省省级现代农业园区。公司现有果业产业基地面积12 348亩，其中托管果园1万亩、流转农村集体土地建成优质苹果标准化示范园2 348亩；冷库两座，库容

40 000m³；果蔬深加工生产线两条，其中速冻线、烘干线各一条；果品商品化处理线一条。辐射带动周边农民1 816户，创造就业岗位1 530多个。

公司注册"YANDI"商标，被评选为陕西省著名商标，获得绿色食品证书、无公害农产品证书、环境管理体系认证证书、质量管理体系认证证书、生态原产地产品保护认证，2018年获得陕西名牌称号，2019年被评为陕西省省级产业化龙头企业。

典范产品：盛源果品系列产品

包装方式为印刷木浆纸盒+发泡网内包装。

木浆纸盒和聚乙烯符合环保要求。包装简单，色彩鲜艳，简洁大方，符合高中端商品特点，大大提高了产品的附加值。

内包装采用聚乙烯挤出的发泡网。具有一定的弹性，有减震作用，特别适合易损易破物品的包装，无污染，可回收再利用，符合环保要求。

外包装使用印刷木浆纸包装，纸张柔软光滑，可回收再利用，符合环保要求。

苹果绿色无公害中果：7kg/箱
苹果绿色无公害大果：16枚/箱，5kg

通信地址：陕西省宝鸡市陇县园艺站院内（陇马路17号）
联系电话：15109239693   张会香

齐峰果业

陕西齐峰果业有限责任公司成立于2010年，注册资本3 000万元，主要从事猕猴桃种植、收购、储藏、销售以及观光农业等业务。自有有机猕猴桃基地5 000多亩；气调保鲜库400多座，储存量达3万t；法国迈夫全自动猕猴桃分选线3条、标准化包装车间超1万m²，日分拣量达500t以上；在北京、上海、广州、浙江、江苏、四川、山东等地设立直销处12个、高端礼品体验店18个。公司2019年销售猕猴桃果品3.2万t，销售额达到2.13亿元，出口销售额2 000多万元。齐峰系列产品通过有机认证、全球良好农业规范认证、ISO 9001质量管理体系认证，取得BRC食品安全全球标准证书、IFS国际食品标准认证证书。

典范产品：齐峰系列产品

　　包装设计主打"有身份证的猕猴桃"，产品盒有产品追溯码——通过扫描二维码，可以让消费者了解产品的种植、生产、加工厂商。此设计基于现代营销的需求，一个手提袋，配两个盒装设计。包装采用猕猴桃全视角呈现，满足消费者的生理与心理需求，通过美观、人性化的包装设计让人们可以对农产品更有兴趣、更有购买欲望。这样包装设计做到既能有效保护农产品、减少农产品的损耗，又便于农产品运输、提升农产品仓储率，还便于消费者甄选等。

全水果双手提：2.75kg
徐香小板盒：2kg
徐香红喜庆双手提：2.75kg

通信地址：陕西省宝鸡市眉县国家级猕猴桃产业园区
联系电话：15991970411　　　马永红

眉县猴娃桥果业专业合作社于2015年3月经工商管理部门登记注册。目前有成员319人，出资总额700万元，其中固定资产300万元、流动资金400万元。注册了"猴娃桥""猴娃桃"商标，以及"猴娃桥果业"图案。主要经营业务有农作物标准化种植示范，农业新技术培训、指导、咨询，新技术、新品种实验、示范、推广服务，种植业生产资料经销服务等。

猴娃桥牌猕猴桃先后获得了绿色认证、地理标志认证、良好农业规范认证、有机认证、ISO 9001质量管理体系认证、无公害认证等6个证书。

目前，猴娃桥果业专业合作社已发展成为一个集示范基地建设、科技培训、技物配套全程服务、落实标准化生产十大核心技术、建立职业农民实训基地、培育眉县猕猴桃优质品牌、生产销售为一体的新型农民专业合作社。

典范产品：猴娃桥猕猴桃

包装方式为纸箱+珍珠棉。缓冲效果极好，可保障鲜果猕猴桃在运输过程中不被挤压损坏。

外包装采用双瓦楞纸箱（BE）材质，按GB/T 6543—2008标准生产，外表覆膜防水，缓冲性能好。

中包装采用EPE珍珠棉，成本优势大，供应资源足，容易获取。

内包装为食品级食品盒，完美保护鲜果猕猴桃，且避免晃动，减少损伤。

有机猕猴桃：32cm×23cm×15cm
文化猕猴桃：38cm×31cm×12.5cm
时尚猕猴桃：38cm×31cm×12.5cm

通信地址：陕西省宝鸡市眉县槐芽镇柿林村

联系电话：13772646018　　范银娟

陕西宏盛菌业科技股份有限公司成立于2012年4月。公司位于陇县温水镇坪头村，总占地1 700亩。公司主要从事食用菌、药用菌种植销售及技术研发，固定资产7 400万元。拥有日光温室、大棚、连栋温室1 260座及烘烤房、冷库和相应的生产加工设施。年生产食用菌4 000t，产值4 000万元。公司温水基地2012年被陕西省人民政府命名的第三批省级现代农业园区。公司先后被命名为全国科普惠农兴村先进单位、省级食用菌标准化示范区、宝鸡市农业产业化龙头企业、宝鸡市嵌入式扶贫示范基地。公司法人李晓宏先后被授予全国农村青年致富带头人、全国优秀农民工、陕西省劳动模范等荣誉称号。

公司生产的陇关牌香菇，是农业部认定的无公害农产品和绿色农产品，并通过了ISO 9001质量管理体系认证，味道鲜美、香气沁人、营养丰富，富含B族维生素、铁、钾、维生素D原（经烘干后转成维生素D），味甘、性平。先后获得全国农产品500强品牌、陕西省著名商标、第25届杨凌农高会后稷奖等殊荣。已远销至韩国、日本等国家。

陇关牌香菇是陕西宏盛菌业科技股份有限公司主打产品，至今已有近10年的历史。温水现代农业园区是2012年陕西省人民政府命名的第三批省级现代农业园区，是陇县产业扶贫创业孵化示范基地。

香菇种植基地位于陇县温水镇坪头村，总占地1 700亩。辐射全县5个镇、8个村。地理位置得天独厚。这里生态良好，四季分明、山清水秀，气候宜人，是陕西西部重要的生态屏障和宝鸡市水源涵养地，是高品质香菇的最佳适生区。丝绸之路中国东段中道，陇县是关陇道去甘肃的必经之路，地处陕甘交界处，所以叫陇关，也是"陇关"品牌的由来。

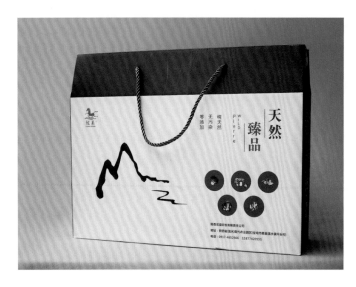

典范产品：陇关牌系列香菇产品

陇关牌高端礼盒为A级精选菇，内装精选花菇和光面菇两种香菇，颗颗精选、菇形圆整、花纹自然、肉质厚，是走亲、访友的必选农产品佳品。陇关牌中端礼盒为B级精选菇，内装B级花菇、光面菇、板菇、切片菇、金钱菇5种香菇，此款产品主要是以经济实惠为特点，满足多种烹饪需求，方便在炒菜、炖汤时直接泡发。陇关牌普通绿袋为B级光面菇，是针对普通消费群体简易包装的产品，经济实惠、物美价廉。

通信地址：陕西省宝鸡市陇县温水镇温水现代农业园区
联系电话：18992795952　　　吴红娟

陇关牌标识的系列产品内包装采用的是聚丙/尼龙/聚乙烯合成材质，此材质塑料袋柔软和透明性较好，无污染，可以回收后再利用。农产品真空包装后，存放时间长，可以长久保持农产品的原有口感。

外箱材质采用300g白卡、130g高强、140g白箱板、三层E楞起脊绳提纸箱，此材质是环保、可再生纸，使用广泛。

高端礼盒：400g/盒
中端礼盒：500g/盒
普通绿袋：350g/袋

羊吉岭

　　宝鸡乔山农业发展专业合作社乔山甜柿子产业园投资建于2015年，位于扶风县天度镇羊吉岭村，是乔山南麓干旱区域农业产业结构调整的经典之作，也是在西北农林科技大学园艺学院技术支撑下的国家柿子种质资源圃。现集中连片建设500亩高标准甜柿子产业园，间套良种苗木繁育基地113亩，主要栽培品种有阳丰、富有、早秋、大秋等国内一流、市场畅销、搭配合理的早中晚熟品种。配套建设480亩智能水肥一体工程，打500m深机井1眼，配有蓄水池1 000m³、农业机械10台，400t果品冷藏库1座，以及办公、宿舍、物料间等建筑工程1 200m²。产品抗旱、抗病、抗虫、抗逆性强，生产经营期是其他果树的4倍。产业园所在地曾经是杨家将屯兵练兵之地，古代羊吉岭是一片片柿子岭，由于海拔高、昼夜温差大，与其他产区相比，生产的甜柿子呈现出"更红、更甜、更脆"的特点，深受消费者的喜爱，被国家农产品质量安全中心评为"CAQS-GAP"试点生产经营主体。自成立以来，公司获消费者信得过企业、省级农业产业化重点龙头企业、宝鸡市市级现代农业园区等荣誉称号。

　　羊吉岭脆柿相比于同类产品有着独特的地理优势和气候，以及更好的科学栽培与管理技术，有着更红、更甜、更脆、好吃、好看、好种等特点。为了快速打开市场，产品结合线上及线下销售，更是结合柿子不同规格及质量及消费者购买需要，特别设计出0.5kg试吃装（2个）供线下及线上客户品尝使用，既不失大方得体，又使全国客户花很少的钱就可以品尝到公司的柿子，快速赢得客户认可，为以后销售打开通道。

　　"羊吉岭"标识的系列产品内包装采用纸质包装材料为主，内包装使用的是高标准卫生用纸，用来保护果子表皮，俗称糖果纸，符合GB 11680的规定。

通信地址：陕西省宝鸡市扶风县天度镇杨继岭村

联系电话：13809172789　　　赵泽华

　　果子之间使用的是三层E瓦楞对插瓦楞纸格档，配料为130g再生纸、110g施胶纸、130g再生纸，能很好保护果与果之间不发生碰撞。

　　外箱材质采用三层E楞纸盒，面纸300g牛卡、瓦纸130g高强、里纸140g白箱板。棉质手提绳，所有包装材质环保、可再生。

典范产品一：羊吉岭脆柿试吃装

　　牛皮纸原色设计，表现出原生态产品感觉。由于包装太小，进行了开窗设计，拿在手上看到两个红柿子，心情喜悦。侧面设计也呈现了产品相关信息和简单的企业介绍，给人留下印象，宣传了企业品牌。

　　两枚果子内部裸放，外包装盒配料是300g牛卡、130g施胶瓦纸、140g白箱板。主体可视区域大面积为PET贴窗，外观精美、简洁大方，让消费者对产品有更直观的了解。

典范产品二：羊吉岭脆柿礼盒装

　　礼盒古色古香，羊吉岭、好柿子等元素简单明了。整个包装盒给人简单朴素的感觉，内包装为糖果纸，健康卫生又能保护好果子，柿子之间用瓦楞格挡做间隔，防止碰撞。

羊吉岭脆柿试吃装：500g/盒，2枚
羊吉岭脆柿3 000g礼盒装：6枚/盒
羊吉岭脆柿6 000g礼盒装：2枚/盒

A 299

泾渭茯茶

咸阳泾渭茯茶有限公司创立于2009年，是中国黑茶领军企业，专注于茯茶研发及生产，拥有茶叶科研、茶园基地建设、茶叶加工、茶叶贸易、茶文化传播、茶业机械研制等全产业链。企业已通过ISO 9001质量管理体系、HACCP食品安全管理体系等认证，自有原料基地已通过有机认证、雨林联盟等认证。公司率先保护性恢复了茯茶制作技艺，并被列入陕西省非物质文化遗产名录。公司荣获的国家科技进步二等奖是中华人民共和国成立以来茶叶行业取得的最高科技奖。产品在国内外广受好评，畅销海内外。

"泾渭"商标现已是中国驰名商标，近年来其系列产品在国内外广受好评，畅销海内外。

典范产品：泾渭茯茶系列

包装方式为羊皮纸+牛皮纸手提袋。

产品外观以古代银票原型为元素，集陕西官茶票与历史茶事活动为文化符号，羊皮纸包装外框，突显茯茶文化。包装古朴典雅，简洁大方。

内部构树皮纸包茶纸也是手工糊制，体现了匠人匠心之作。外面竹木盒子体现竹茯的"祝福"之意。外盒的锦缎包装则采用褐色，即接近产品茶汤的颜色，并有与大师指纹结合的茶叶叶片压纹，象征着由大师精心制作。

其设计风格以简约时尚为主。外盒是纯白色盒子，通过简笔画描述出秦岭山脉层峦叠嶂的景色，抽拉开之后，茶叶的内托内核则是一张气势雄伟的秦岭的照片实景图。

经典1368茯茶：900g/盒
秦岭之巅茯茶：850g/盒
周茯手筑茯砖茶：1kg/盒

通信地址：陕西省咸阳市秦都区世纪大道东段北侧凤栖路B8-20号

联系电话：15202491820　　　张帆

A 300

百果王

大荔县百果王冬枣专业合作社成立于2013年，通过"公司+合作社+农户"的经营方式，与种植区域的农户结合成为风险共担的利益共同体。公司将为签约农户提供种植技术、资金支持、产品销售等支撑。基地位于有"冬枣第一县"之称的大荔县安仁镇。合作社以大荔冬枣的研究、种植、销售及品牌运营业务为主体，通过专家团队技术支持并配合以市场手段不断优化种植品质，整合优质销售渠道资源，在实现农民增产增收的同时让消费者吃上优

质的大荔冬枣！百果王冬枣基地2015年通过国家无公害基地和产品认证。使用了农产品可追溯系统。获得农产品地理标志保护产品称号和"大荔冬枣"公共商标的授权使用。在产品包装上，通过保鲜盒加保温箱的方式在冷链环节下运输。

典范产品：百果王

包装方式为纸箱+泡沫箱+吸塑盒。

缓冲效果极好，可保障冬枣在运输过程中不被挤压损坏和失水。

外包装采用单瓦楞纸箱（BE）材质，按GB/T 6543—2008标准生产，外表覆膜防水，缓冲性能好。

中包装为EPS泡沫箱，保温性好，成本优势大，供应资源足，容易获取。

内包装为食品级PET吸塑盒，可有效保护冬枣避免磕碰伤，方便消费者储存。

包装设计底色为淡黄色；"百果王"品牌标识为嫩绿色，采用冬枣刚发芽的颜色；以"冬枣，就是百果王"作为标识文化，表示正宗的大荔冬枣；体现"大荔冬枣"公共商标和地理标志保护产品授权的使用；侧面为生产信息和温馨提示。

百果王：358mm×218mm×200mm

通信地址：陕西省渭南市大荔县城关镇市场二路电商大厦 304 室

联系电话：18220930990　　　陈清

九阳春

陕西金裕阳农业科技有限公司成立于2018年6月，位于陕西省渭南市大荔县城关镇北新街，注册资本30万元，主营大荔冬枣、高石脆瓜、大荔花生、大荔西瓜等农产品研发、生产种植。公司生产产品以安全、优质、品牌、特色为根本宗旨，按照国家标准执行，严格进行管理，不使用高毒、禁限用农药，安全间隔期后采摘，销售分级分类。为确保质量安全，加入大荔县农产品质量安全追溯平台，粘贴二维码，

使每箱农产品都有了身份证。该企业注册了"东府九阳春"品牌，也是地理标志授权使用企业，在市场上主打精品、高端农产品，代表大荔县政府已先后参加了第十六、十七届中国国际农产品交易会、国家农产品质量安全县（徐州）成果展、陕闽合作农产品推介会等18场中省农产品推介宣传活动。公司的大荔冬枣2019年获全国名特优新农产品认定，2020年获大荔冬枣评优活动金奖。

典范产品一：大荔冬枣手提包装盒

礼盒包装，材料安全环保，不易变形，保鲜缓冲效果好，体现出大荔冬枣特征，以及丰图义仓、黄河湿地等历史文化和"东府九阳春"企业文化。

典范产品二：大荔花生手提平顶盒

手提纸盒采用白卡纸+优质瓦楞纸材质，表面覆哑膜，表现力强，缓冲性能好。优质尼龙绳，不勒手，韧度强，牢固可靠，承重力更大。

典范产品三：高石脆瓜塑料提手盒

垫片+网袋适用于短距离运输，垫片和网袋采用高压聚乙烯材质，节省纸盒空间，抗压、防震、透气、弹力大，可避免果品晃动，减少磕碰。

大荔冬枣：1 000g/盒×2盒
大荔花生：200g/袋×6袋
高石脆瓜：1 000g/个×2个

通信地址：陕西省渭南市大荔县城关镇北新街8号
联系电话：13991673909　　　程红蕊

榆林市农产品市场流通协会是由榆林市农业农村局主管，由55家农业种植加工企业、合作社自愿组成，发展区域涉及12个县，涵盖了全市7大特色产业。在2018年10月21日正式成立，是非营利性、具有独立法人资格的社会团体组织。

协会积极对接省市有关部门，争取宣传推介重大活动参与机会，争取展位费、食宿交通、宣传推介等优惠条件，在助推企业宣传产品、开拓市场的同时，最大限

度降低营销成本。展开了10多场产品宣传展销活动，帮助会员企业搞宣传、打品牌、拓市场、提效益。参展企业规模、产品销售和签约项目在市级同类协会组织中居前列。协助市农业农村局在北京、上海、西安、榆林布局建设12个榆林尚农优质农产品品牌形象店。协会遵守中华人民共和国宪法、法律、法规，贯彻执行国家农业产业发展的方针、政策，坚持行业自律，以为政府分忧、为企业解难、为行业服务为工作宗旨。

典范产品：榆林尚农系列产品

包装材料是一种用纸、三层E瓦楞、铝箔及聚乙烯塑料层复合而成的绿色材料，有效防止再污染，也可阻挡光线、氧气和微生物的侵入，从而在保存产品原有营养成分的同时，有效抑制微生物的繁殖。包装结构简单、美观，适于运输。

榆林尚农山地羊肉礼盒：500mm×300mm×250mm
榆林尚农马铃薯礼盒：400mm×300mm×80mm
榆林尚农山地苹果礼盒：400mm×300mm×80mm

通信地址：陕西省榆林市锦园新世纪东门榆林尚农
联系电话：15114925339　　　张苗苗

金色花海

陕西金色花海油脂有限公司成立于2014年11月21日，主导产品为"金色花海"炒香压榨菜籽油。公司位于陕西省汉中市宁强县胡家坝镇新街，占地15余亩。现有员工50余人，公司主要经营食用油脂的生产、销售等。公司拥有国内先进的生产线，自动化的灌装包装车间，年加工能力5 000t以上。公司已成功注册"金色花海"商标，产品在当地获得一致好评。公司拥有种植流转基地16 000亩，正在申请认证10 000亩基地为绿色农产品基地。基地被评为县优秀种植基地。产品被汉中市市场监督局评为A级。自成立以来，公司荣获消费者信得过企业、市级农业产业化重点龙头企业、汉中市扶贫龙头企业等荣誉。公司产品多次荣获农博会、农交会、绿博会、有机食品博览会的多项金奖。

典范产品一：金色花海菜籽油5L

油瓶包装采用食品级PET塑料瓶，可阻止异味发生，保证了菜籽油的香味不挥发，保有新鲜浓郁的独特菜籽油口感。油瓶本身重量轻，易运输，易存放且存放时间长，可以长久保存运输。外箱采用160g木浆、130g瓦纸、110g中纸、130g瓦纸、130g木浆5层黄板箱，易堆放、易运输。

典范产品二：金色花海菜籽油1.8L

外箱采用300g白卡、130g瓦纸、160g木浆、三层E楞起脊绳提箱，外观精美、简洁大方，易提放、易运输。

典范产品三：金色花海菜籽油1L

油瓶采用食品级玻璃瓶。玻璃瓶材质具有良好的阻隔性能，可以阻止菜籽油挥发，保持香味浓郁。另外玻璃材质透光性好，可直观体现油品的透光度。玻璃瓶包装安全卫生，有良好的耐腐蚀侵蚀能力和耐腐化功能，避免了大家担心的塑化剂问题。外箱采用300g白卡、130g瓦纸、160g木浆三层E楞起脊绳提箱，外观精美、简洁大方，易提放、易运。

通信地址：陕西省汉中市宁强县胡家坝镇

联系电话：13992696487　　高丽芳

A304

润满莨

汉中金正禾农业科技发展有限责任公司成立于2005年，下属洋县博弘机械化种植专业合作社、洋县珍馐美馔食品加工坊、洋县润满莨电子商务有限公司。洋县珍馐美馔食品加工坊，成立于2019年8月20日，主导产品为润满莨手工香菇酱。合作社位于陕西省汉中市洋县戚氏办事处后村，占地50余亩。现有员工34人，其中贫困劳动力16人。现有固定资产300余万元，流动资金100余万元，总资产400余万元。采取公司+合作社+农户的模式，累计带动贫困户419户。联盟香菇基地和自有香菇基地60多家，占地200多万亩。

典范产品：珍馐美馔香菇酱

所有产品包装均采用符合相关食品安全标准的食品级玻璃材料，具有良好的阻隔性能和保鲜性能，可以循环使用，降低包装成本；安全卫生、有良好的耐腐蚀能力和耐酸蚀能力，易存放且存放时间长，易提放易搬运。国内的玻璃瓶自动灌装技术和设备发展也较成熟，有一定的生产优势。

商标润满莨的Logo图为绿色双手奉献出的金色食品，主色调为绿色。绿色包围着金色的米粒，有呵护健康的寓意。所有包装由具有生产资质的生产企业统一印制，符合国家要求。

珍馐美馔香菇酱：210g/瓶

通信地址：陕西省汉中市洋县戚氏办事处后村
联系电话：15523214999　　　孙文惠

陕西东裕生物科技股份有限公司是专业从事茶产业开发的科技创新型企业，主营业务涉及茶叶有机种植、名优茶清洁化、标准化生产加工、生物资源开发利用、茶叶有效成分提取分离、茶食品等。公司是全国茶业行业百强企业、国家级农业产业化重点龙头企业、新中国成立60周年茶事功勋企业、全国食品行业优秀龙头企业、陕西省级农业产业化重点龙头企业、陕西省高新技术企业。公司"東"及"东裕"商标为陕西省著名商标，東牌汉中仙毫为陕西省名牌产品。

公司产品東牌汉中仙毫于2013年荣获第31届巴拿马国际博览会茶叶类金奖；東牌汉中仙毫于2007—2016年连续10年在中国国际茶业博览会上荣获金奖，以及大会唯一最高奖——特别金奖。2014年、2015年、2016年东裕红茶荣获中国国际茶叶博览会金奖。2014年东牌产品荣获陕西省名牌产品。2014年公司获得汉中仙毫品牌建设特别贡献奖。2017年公司荣获茶界品牌"奥斯卡"金芽奖，跻身中国茶行业品牌50强，同年获得首届市长质量奖，2019年被评为"中国品牌70年茶叶品牌70强"。

公司以创造、弘扬、推广国际绿茶经典时尚产品为宗旨，锻造品牌；以生产、种植优质产品为基础，力创国内知名企业；力求做到持续发展，永续经营。

"汉中仙毫"是公司主销的产品之一，采摘自北纬33°、东经106°，中国第二阶梯地形带，大巴山北坡深处西乡五里坝东裕有机茶园（海拔1 069m）。公司在陕南生态茶区的西乡、勉县、南郑拥有3个有机生态茶园，规范化种植茶园8 000亩，良种科技示范园1 500亩；拥有安全、清洁、现代绿茶加工生产园区，并严格按照食品质量安全控制标准建设清洁化全自动绿茶生产线，年产汉中仙毫、特级炒青等各类有机绿茶超500t。

"東"标识的系列产品外包装采用的卡纸、特种纸、烫金、UV等工艺，内包装采用聚乙烯合成材质，外包装材质具有很好的环保性，无污染，可以回收后再利用。内包装具有防潮、避光、易保存、可以最大限度保持茶叶原有口感等优点。

外箱使用五层E楞纸箱，此材质是环保、可再生纸，使用广泛。外观精美、简洁、易运输。

通信地址：陕西省西安市碑林区文艺北路 190 号中联颐华苑 B 座 1301

联系电话：15809201353　　　　李丽

典范产品一：东裕汉中仙毫

这款精品仙毫产品整体包装设计为金色，从色调上给人温暖、幸福的感觉，契合"东裕茗茶　陕西心意"的广告语。

典范产品二：东裕汉中红茶

这款精品东裕汉中红茶茶汤红而浓亮，故包装色调以红色为主。每年只能在白露前十天及后一月内（最好为白露后一周），在大巴山北坡西乡五里坝高山有机茶园采摘，茶树品种为群体小叶种。

典范产品三：东裕皇菊

此款产品包装采用珠光纸裱3mm灰板，以亮黄色为主，突出菊花形黄、汤黄的特点，清爽、便携。"金龙鳞"取自元杨显之《临江驿潇湘秋夜雨》之中咏菊名句"黄花金兽眼，红叶火龙鳞"。

东裕汉中仙毫：250g/ 盒 ×6 盒
东裕汉中红：100g/ 条 ×60 条
东裕皇菊：2 朵 / 袋 ×20 袋

A 306

安康市宏大农业发展有限公司是一家集农业种植、农业开发和农业观光为一体的综合性企业，成立于2016年。公司的核心区宏大猕猴桃现代农业园区位于岚皋县南宫山镇宏大村，园区境内山峦起伏，毗邻南宫山国家森林公园服务区，森林覆盖率达80%，园区内土壤及环境无污染，农业生产条件得天独厚，是岚皋县生产有机、绿色水果的基地之一，也是全国山地猕猴桃基地之一。园区规划建设猕猴桃标准化种植基地5 000亩，目前已建成猕猴桃标准化种植基地2 650亩，进入挂果期1 500亩，产学研基地100亩。园区水、电、路全部贯通，硬化园区道路4.8km，并实现了园区水肥一体化、病虫防治绿色化、气象观测自动化、园区管理绿色化。

典范产品：32粒精品猕猴桃手提盒

采用独立小盒式包装，每盒含8个独立包装单元，每独立包装小盒单元可装4粒猕猴桃，包装上体现有机种植及高山种植的特色，采用定制插画展示岚皋猕猴桃优质的生长环境。包装材质能够充分保护好产品。

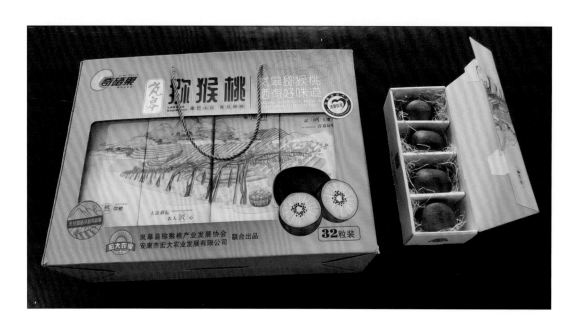

32 粒精品猕猴桃手提盒：1.5kg

通信地址：陕西省安康市岚皋县城关镇神田路 155 号宏大农业

联系电话：18291586667　　　陈毓娜

A307

象园雾芽

　　陕西盛华茶叶发展有限责任公司创建于2008年3月，注册资本4 000万元，总资产1.1亿元，是一家集茶叶种植、生产加工、品牌打造、市场营销、科技研发与带动县域茶叶发展、助推茶农脱贫致富、传承弘扬茶文化为一体的省级农业产业化重点龙头企业。公司拥有标准化茶园2.6万亩，其中部分优质茶园已获得国家有机认证，下辖栗乡生态茶叶专业合作社联合社、嘉木种苗开发公司和十余家茶叶专业合作社，茶叶主产区建有两座绿茶和一座红茶清洁化初制加工厂，企业拥有自己的质量标准，"象园茶"是国家农产品地理标志产品，公司总部建有年加工能力200t的茶叶精选包装精制加工厂，引领着全县茶叶种植、生产加工和市场营销。公司注册的"栗乡缘"牌商标被认定为省级著名商标，公司研发的象园雾芽茶被认定为陕西省名牌产品，象园雾芽茶在历届国内茶博会上荣获30余枚金奖，成为秦岭高山茶的杰出代表。公司在北京、西安等大中城市设有直销专营店，全国辐射连锁代理店100余家，并建立了网络营销服务平台，全方位满足广大茶品爱好者的消费需求。

典范产品一：象园雾芽250g袋装

因茶叶为绿色，故包装袋正面采用绿色为主要颜色，表面图案以茶树叶为主，包装图案以中轴线成对称图案，正中间文字为公司商标"栗乡缘"及品牌"象园雾芽"。

典范产品二：象园雾芽黄4听礼盒装

包装盒外部采用黄色，因象园雾芽为高山茶，故包装盒正下方图案为一座山的形状，包装盒正中间字样为"丝路国礼茶"。

典范产品三：象园雾芽2圆听礼盒装

因茶叶为碧绿色，故茶叶包装盒采用绿色为主，左边文字为公司商标"栗乡缘"及品牌"象园雾芽"，内部2个绿色圆柱体纸罐，纸罐内部为聚乙烯材质包装袋。

象园雾芽 250g 袋装：250g/ 袋
象园雾芽黄 4 听礼盒装：200g/ 盒
象园雾芽 2 圆听礼盒装：200g/ 盒

通信地址：陕西省商洛市镇安县午峪工业集中区

联系电话：17382540400　　　孙权

陕西合曼农业科技有限公司成立于2017年9月，是一家集板栗种植、加工、研发、销售于一体的股份制民营企业。公司占地22亩，建设有板栗深加工、果蔬脆片生产、坚果分装3个生产单元6条生产线及3 000t级气调库一座，主营"万家食客"牌甘栗、果蔬脆片、坚果三大系列50余种产品，年加工处理板栗5 000t、果蔬10 000t。

公司创新"企业+合作社+贫困户"的发展模式，以板栗产业发展为抓手，以订单收购、发展基地、劳务就业为主要帮扶措施，着力增强产业帮扶力度，提升龙头企业的带动能力。2019年，公司与全县12个镇（办）26个村集体、合作社签订了板栗保底价收购协议，累计回收当地3 200余户农民2 100t商品板栗，总价值超过2 000万元，有效地解决了镇安本地板栗的销路问题。

公司注重研发创新，与西北农林科技大学、陕西师范大学、陕西省农业机械研究所、陕西农产品技术研究院等高校与科研机构有深度合作，具有较强的研发能力和众多专利。现已上市三大品类15个品种40种规格产品，在镇安、柞水、西安以及北京、上海、南京等地打开了市场，2019年实现产值3 500万元。

典范产品一：甘栗仁

内袋采用PET12/NY15/AL17/RPE70材质高温蒸煮袋，耐高温，易存放且存放时间长，可以长久保持板栗的香气及原有口感。外箱采用2.5mm灰板对裱157g铜版纸，手提袋250g白卡。底盒对裱金黄莱尼，使用硫酸纸烫金、珍珠棉，外观精美、简洁大方，易提放、易运输。

典范产品二：琥珀核桃仁

采用马口铁罐包装，密封性强，可以长久保持琥珀核桃仁的香气及原有口感，并且易存放且存放时间长。外箱采用2.5mm灰板对裱157g铜版纸，手提袋250g白卡。底盒对裱金黄莱尼，使用硫酸纸烫金、珍珠棉，外观精美、简洁大方，易提放、易运输。

精品甘栗仁：250g/盒×2盒
琥珀核桃仁：88g/罐×6罐

通信地址：陕西省商洛市镇安县午峪工业集中区
联系电话：18992473389　　　何慧

恩普农业

陕西恩普农业开发有限公司成立于2015年2月，注册资本1 000万元。基地位于商南县城关街道办碾盘村瓜山片区，是一家集有机茶种植、加工、销售、研发于一体的专业茶企，拥有2 200亩有机茶园。为顺应公司发展，满足市场产品供应，2016年公司在传统茶树种植的基础上，引进了"中黄二号"黄茶、安吉白茶、龙井43等名优绿茶品种。为顺应公司发展，满足市场产品供应，公司于2017年投资960万元新建集加工包装车间、为农服务中心、物资库等为一体的清洁化多功能厂房近5 000 m²。为保证茶业品质，公司坚持生态、有机种植，制茶工艺推陈出新，不断升级，每一道工序极尽严苛，开发研制出绿茶、红茶、茯茶等三大品类18种产品。公司在完善企业文化的同时，着力打造商南县茶文化产业园以提升商南茶区茶文化氛围，力争将茶文化产业园区建设成为茶旅融合示范性园区。

在全体职工的共同努力下，公司顺利取得了食品生产许可证，通过了中国有机茶园及有机产品认证、中国良好农业规范认证、国家地理保护标志认证、商洛市农产品追溯系统许可、陕西省茶叶气候品质认证等。

生态有机茶种植的坚持、严苛的品质保证，为公司发展奠定了良好基础。目前公司已成为秦岭泉茗、美露明轩、御泉茗、归野、曌禾等数十家茶品牌的定制茶生产茶源地，业务遍及全国，产品畅销海内外。

在生产过程中，公司根据每款茶的命名，设计不同种类的包装、意义和理念，在包装过程中，突出每款茶的名字特点。

通信地址：陕西省商洛市商南县滨河西路南段秦岭泉茗直营店

联系电话：13992425069　　　章荣波

典范产品一：秦岭泉茗·云（绿茶）

包装主色调为出尘蓝，点题云的自身特点。出尘蓝点题白云行空，再配合印、烫金银和UV等多种工艺，加上特种纸面的多种触感，整体突出了山水空灵、生态纯净的茶叶品质，满足礼盒的礼感需求。这款产品既有自身个性，又有品牌套系的共性，将品牌标识与产品名称、核心理念与产品描述、色彩与材料质感、形式与工艺，系统地演绎并展现出来。

典范产品二：秦岭泉茗·乐道（红茶）

包装设计体现阴阳之理，表示好茶遵循道法自然，再配合印、烫金银和UV等多种工艺，加上特种纸面的多种触感，整体突出了浓烈淳厚、刚柔并济的茶叶品质。中式吉祥的礼盒满足礼感需求。

秦岭泉茗·云（绿茶）：100g/盒
秦岭泉茗·乐山（红茶）：100g/盒
秦岭泉茗·乐道（红茶）：99g/盒

A310

佳忆德

商南县佳忆德果业有限责任公司成立于2016年1月，注册资本500万元，是一家集猕猴桃育苗、种植、储藏、销售为一体的产业化经营企业。

公司采取"公司+合作社+基地+农户"的产业化运营模式，与农户建立利益共同体，同时引进金桃、红阳、徐香等国内优质品种，建成2 000亩优质猕猴桃标准化生态示范基地，并相继完成基地苗木嫁接、架杆配置、田间喷灌、抗旱水井、道路铺设、围墙搭建等建设工作。

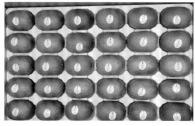

结合陕西省猕猴桃产业"东扩南移"发展战略和商南县"十三五"规划要求，预计到2023年，公司基地将扩建到1万亩。预计年产优质猕猴桃2.5万t，年产值2.4亿元，实现利税2 000万元。预计累计培训4 000余人，使1 500户果农熟练掌握优质猕猴桃基地日常管理技术，人均纯收入增加5 000元左右。

典范产品一：佳忆德猕猴桃板盒装

此种包装的内部果托有9种，按猕猴桃的单果重量进行分级，每10g一个区间，分级后的猕猴桃大小一致，商品性良好，在市面上受到消费者的青睐。

此款包装主要流向线下市场，包括但不限于商超、水果专卖店、各大水果批发市场等渠道。

典范产品二：佳忆德猕猴桃新春礼盒装

此款包装以红黄色调为主，红色喜庆，突出春节氛围，黄色是取自猕猴桃的果肉颜色，一箱装6小盒，每盒装4~5个，方便储藏。

金桃猕猴桃 30 枚板盒装：3kg
徐香猕猴桃 27 枚板盒装：3kg
佳忆德猕猴桃新春礼盒装：3~4kg

通信地址：陕西省商洛市商南县富水镇富东南路佳忆德
联系电话：15382362966　　　张典龙

A311

甘肃金杞福源生物制品股份有限公司成立于2008年3月，是集农场规模化有机种植、生产科研、产品开发、加工销售为一体的股份制民营企业。农场总面积约15 100亩。枸杞种植8 000亩，其中国家认监委有机认证5 000亩，欧盟有机认证3 000亩，时令水果1 500亩，生态林建设586亩。农场和加工厂每天可吸纳务工人员493人左右，帮助五合镇坂尾村380户村民增收，其中贫困户164户。

公司秉承"己所不食，勿施于人"的经营理念，12年来，产品合格率100%，得到了广大消费者的好评和认可。

典范产品一：铝箔食品级内胆小袋包装

小袋采用铝箔食品级包装袋，铝箔包装袋的材质由PE/AL/PE/CPP组合制作而成。PE印刷效果好，AL阻隔性能强、不透光，PE普通包装内层、CPP高温蒸煮内层使用。

外盒使用阻燃塑料盒，永久耐用，防潮，防水，韧度高，运输安全性能强，可提升产品档次。

典范产品二：铝罐贵宾有礼礼盒

外观选用皮料设计，盒型创新独到，新颖的设计图案使之显得更为尊贵。枸杞包装盒背面整版详细地描述了枸杞的产品品种、出厂、相关成分、食用方法等。

枸杞包装采用食品级铝罐，独立包装，可充氧防止其受潮、变质。外盒使用阻燃塑料盒，永久耐用，防潮，防水，韧度高，运输安全性能强，可提升产品档次。

铝罐贵宾有礼礼盒：10cm×5cm×1cm，300g

通信地址：甘肃省白银市靖远县东大街 8 号

联系电话：13830022261　　　　张明中

古酿道夫

甘肃古酿道夫生态农业发展有限公司成立于2018年5月，公司注册商标是"碧凤农庄"，是一家集农产品种植、养殖、农产品深加工、研发、销售于一体的企业。公司研发的具有国内一流品质的6°零添加防腐剂的纯粮醋、菊粉玫瑰鲜花饼和泉水凉皮，获得相关专利7项、商标注册证2个、版权保护1项。项目依托甘肃省丰富的中药材资源就地取材，用甘肃特产酿中国味道是公司的初衷，产品研发用到兰州百合、苦水玫瑰、岷县当归等众多优势资源累计37种以上，是甘肃省在食品行业创新的后起之秀。公司项目"五彩养生醋的综合开发"先后获得平川区创新创业大赛一等奖、白银市创新创业大赛一等奖、2019年中国创新创业大赛甘肃赛区优秀奖、第三届全国农村创新创业大赛甘肃赛区总决赛二等奖，藜麦酿皮、纯粮醋产品获得敦煌第四届国际旅游美食节名优特产称号。2019年经甘肃农业农村厅推荐，产品入选国家农业农村部文创产品目录。公司董事长、创始人刘强提名文旅部乡村旅游能人评选，被本地政府授予农特产品网销致富带头人。

典范产品一：植物有机葫芦装纯粮醋

集葫芦雕刻的艺术性、实用性、绿色环保性、收藏性于一体。防漏设计、艺术美观，尤其适合旅游购物、餐桌替代塑料壶包装和礼品市场、养生食疗。

典范产品二：草本直饮醋口服液

培养了高端养生客户群体按时按量服用习惯，玻璃瓶环保安全。

典范产品三：藜麦酿皮便餐盒装

外包装采用加厚食品级包材，避免运输过程挤压变形。内包装是食品级真空袋，可延长食品保质期。6°零添加醋的有益菌抑制有害菌，在不冷藏、不冷冻、不加防腐剂的常温条件下，保质期超过90天，是全国保质期最长的酿皮。

植物有机葫芦装纯粮醋：500mL/个
草本直饮醋口服液：10mL/瓶×10瓶
醋糟酿皮：350g/盒

通信地址：甘肃白银市平川区水泉镇杨岭村一社34号
联系电话：18189430135   刘强

A313

娇之良品

白银娇联农业发展有限公司注册资本150万元，主营小杂粮和荞皮枕头加工与销售。计划总投资360万元，集荞麦种植、加工与销售为一体，以生产健康绿色农产品与带动农民增收为宗旨，力争将公司打造成集农产品种植、储运、加工、配送、零售及生态农业发展为一体的综合型现代化农业企业。公司生产的特色农产品通过御品汇、天下帮扶、平川电商等电商平台和兰州"一带一路"贸易商会、京津冀商会、兰州方鑫粮店、白银邦农等线下平台，远销北京、上海、天津、深圳等国内市场。在线上线下都获得了市场和消费者的认可。

典范产品一：荞面自立袋

牛皮纸袋采用食品级（哑光BOPP+牛皮纸材质+CPP）三层复合材质，可与食物直接接触。具有强度高、密封性好、内里防油、外层防水、防潮防污等特点，是目前最流行的包装材料之一。牛皮纸自封袋是一种环保的包装袋，其用途非常广泛，主要用于面粉、干果、休闲食品、肉干制品、五谷杂粮、保健品、茶叶等食品包装。

典范产品二：荞皮枕头

枕皮采用100%纯棉材质，具有亲肤舒适、透气吸湿、防螨止痒、四季适用、环保健康等特点。采用高度可调节设计，绑绳拉紧时为高枕，绑绳解开展开为平枕。采用拉链设计，顺滑流畅，拆洗更便捷。采用立体绣花工艺，周正定位、多色可选、高档大气，颜值与实力兼备。

枕头包装为斜坡提绳牛皮纸盒，采用高品质原木浆黄牛皮材质，德国先进印刷设备四色印染，印刷设计精美，吸引顾客眼球。双层包边设计防止毛边，盒身质地坚固，边缘平滑圆润无断裂，盒面平整干净。自带提绳设计，方便携带。

荞面自立袋：800cm×185cm×400cm

荞皮枕头礼盒：51cm×45cm×22cm

通信地址：甘肃省白银市平川区黄峤镇峤山村

联系电话：18993988666　　　姚永平

A314

高台县仰光辣椒制品有限责任公司位于河西走廊中部，地处黑河北岸，南傍黑河，北依合黎山脉。高台县境内地势平坦，气候宜人，土壤肥沃，非常适宜辣椒的种植。每年种植面积在5 000亩以上，年产辣椒8 500t以上，生产的辣椒在河西久负盛名。由于本地没有龙头加工企业，产品仅为初级产品出售，经济效益不高，极大地制约了辣椒这一传统产业的发展。为了进一步充分发挥自然资源优势，推动辣椒产业的发展，构建区域特色经济，提升辣椒产品的经济效益，进而带动区域农业结构调整，公司形成"企业+基地+农户"的产业链，既增加农户收入，培植地方财源，实现"农业增效，农民增收，财政

增税"的共赢目标，又可增加就业岗位，促进就业，经济、社会、生态效益明显。公司2003年筹资272万元建成投产，开发辣椒系列产品8个，现年生产加工能力300t，2006年投资120万元扩建脱水菜车间，年生产脱水四季豆、辣椒、番茄丁、洋葱粒等200t，至2010年销售收入3 000多万元，实现利润210万元，税金110万元。

典范产品：仰光辣椒

内包装采用聚丙/尼龙/聚乙烯合成材质，此材质塑料袋柔软、透明性较好、无污染、存放时间长，可以长久保持农产品的原有口感。

外箱材质采用300g白卡、130g高强、140g白箱板、三层E楞起脊绳提纸箱，是环保、可再生纸，使用广泛。

外观精美、简洁大方，易提放、易运。

通信地址：甘肃省张掖市高台县合黎镇六三村

联系电话：18693607534　　刘海涛

六禾生态

高台县六禾生态农牧发展有限公司创建于2012年，总投资3 000万元，拥有年生产6万t的生物饲料线1条，年出栏1万头生态猪（生态猪、黑猪、河西猪、藏香猪）的高标准猪场一座及430亩的生态牧草基地。

公司产品通过国家农业农村部无公害农产品的产品、产地认证，通过国家地理标志认证，2020年入选"甘味"品牌企业。其推行的产业联盟，资源共享，连锁加盟经营模式，已在省内多县市开花结果。

公司以生物饲料的研发推广为基础，以猪、鸡的生态养殖为中心，以追求绿色生态健康安全的品质为目的，以连锁加盟销售为重点。成立了以甘肃农业大学动物科学院、河西学院藻类工程研发中心为主的合黎山猪肉质风味研究中心，取得5项发明专利、8项实用新型技术专利，成果转化率60%以上，产品覆盖生态猪、生态鸡、螺旋藻鸡蛋等3个系列8个品种。

"合黎山猪"包装标识取自于甘肃省高台县合黎山养殖基地的地理特性，"合黎山"即是古代的昆仑山，为上古汉族传说中神话人物生活的仙境。有史料说明，合黎山是上古燧人氏观测星象，祭拜上天的三大处所之一。

通信地址：甘肃省张掖市高台县城关镇西城河路 456 号合黎山猪肉店
联系电话：15379270621　　　孙莉

典范产品一：合黎山猪

内袋采用聚丙/尼龙/聚乙烯材质真空包装，易存放且存放时间长，可以长久保持猪肉的肉香及新鲜猪肉的原有口感。

外箱采用300g白卡、130g高强、140g白箱板、三层E楞起脊绳提箱，外观精美、简洁大方，易提放、易运。

典范产品二：合黎山鸡

内袋采用聚丙/尼龙/聚乙烯材质真空包装，易存放且存放时间长，可以长久保持鸡肉的肉香及新鲜鸡肉的原有口感。

外箱采用300g白卡、130g高强、140g白箱板、三层E楞起脊绳提箱，外观精美、简洁大方，易提放、易运。

典范产品三：螺旋藻鸡蛋

内盒为精致蛋托，便捷，不易碎，易存放。

外箱采用300g白卡、130g高强、140g白箱板、三层E楞起脊绳提箱，外观精美、简洁大方，易提放、易运。

合黎山猪：1kg/袋；2kg/袋
合黎山鸡：1只/袋
螺旋藻鸡蛋：12枚/盒×3盒

甘肃祁连葡萄酒业有限责任公司通过了HACCP认证、有机产品认证。公司以祁连葡萄庄园为原料基地，鼓励和支持周边农户种植葡萄，并积极兑现葡萄酒原料收购款，引导农民调整种植结构，带动当地经济的发展。

祁连，传说中的擎天柱巍然挺立于天地间，女娲在此采炼五彩石补天，匈奴曾因痛失祁连而悲伤，蒙古语将"祁连"两字连读而成"天"的崇拜。2 100多年前，张骞经丝绸之路出使西域，带回葡萄种子和酿酒技术，开创了中国葡萄酒酿造的历史。祁连，自远古到现代充满了传奇色彩。

典范产品一：珍冰贵人香冰白葡萄酒

除醒目的品牌Logo、品名、生产商信息外，该包装最大的亮点是11枚圆点组合图案。该组合图案整体看来像是洒下金黄色的冰酒液珠，近看，这些圆形采用了独特的镭射立体感镜面工艺，印入6个图案，分别用来表示祁连传奇品牌葡萄酒普遍具备的品质优势，如自产原料、雪水灌溉、原汁纯酿、有机酿造、金奖品质等。

酒瓶选用375mL高樽白料玻璃瓶，酒塞选用了整块天然橡木塞，酒标只占据瓶身的很小部分，留出大部分区域突出酒液的纯正。独特设计和工艺的包装盒、水晶般剔透的酒瓶，充分表现出冰酒产品高端、时尚的品类特点。

典范产品二：私家窖藏西拉干红葡萄酒

包装最为独特的设计是采用了手绘的葡萄酒古法酿造工艺流程中酿酒人摇桶形象。这一图案的设计灵感来自河西走廊久远的葡萄酒酿造历史。包装盒正中手抬酒器、倾身用力的酿酒人形象栩栩如生，边缘的橡木桶图案与主要图案呼应，体现出该款干红产品经历了橡木桶陈酿、品质上乘的特点。

珍冰贵人香冰白葡萄酒：375mL/ 瓶 ×4 瓶
私家窖藏西拉干葡萄酒：750mL/ 瓶 ×6 瓶

通信地址：甘肃省张掖市高台县祁连葡萄酒业公司
联系电话：13099387223　　　张爱军

白银鑫昊生物科技有限公司加工项目在2015年8月开工建设，计划投资2.5亿元，项目用地200亩，于2020年8月建成并达到设计规模。此项目建成后有生产线3条，可日生产鲜奶500t。生产发酵乳、调制乳、灭菌乳、巴氏杀菌乳及含乳饮料五大类产品，整个工厂实现了自动化、无菌化，从收奶到产品出库，全部由中央控制系统设定程序，整个生产线的设备皆是全封闭的，避免了产品受到污染，从而保证牛奶的品质和安全。包装标识产品本着绿色环

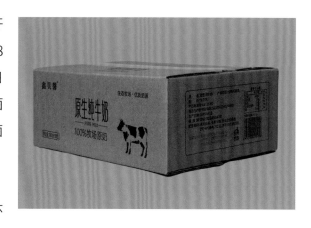

保、可持续再利用、降低污染的理念，在保障农产品安全运输的基础上，兼顾外观、成本与环保利益最大化为理念。

奶源来自天然无污染的鑫昊自有牧场，采用先进的生产加工工艺，保留了牛奶天然的营养成分，口感纯正，在白银区的市场占有率高达80%，深受白银市、兰州市广大市民的喜爱。产品荣获省、市名牌产品和著名商标的称号。

典范产品一：远途枕包纯牛奶

包装材料为纸箱、塑封袋和充气柱材料，符合环保原则。缓冲性能强，符合包装轻量化原则。包装操作简单，充气即用，符合高效原则。外观漂亮整洁，符合远途运输，减少破损，能较好地保持包装品质。

典范产品二：短途枕包纯牛奶

包装材料为纸箱和利乐枕，符合环保原则。缓冲性能强，符合包装轻量化原则。阻隔空气、紫外线，增强容器强度，延长保鲜期。

典范产品三：短途原生纯牛奶

包装材料为纸箱和食品级PE材料，符合环保原则。缓冲性能强，符合包装轻量化原则。透明材质，美观可视。

通信地址：甘肃省白银市白银区银西产业园食品园区杭州路 8 号

联系电话：15209427533　　　赵钰玺

A318

盈翰丰

白银区城郊种植专业合作社位于白银市白银区王岘镇雒家滩村，距白银市区5km，海拔1 650m，年均降水量198mm，气候温和，光照充足，适宜红提葡萄生长。

合作社社员126户，注册资本378万元。基地种植红提葡萄面积450亩、杏园500亩、核桃园200亩、红提葡萄园700亩；种植鲜花50亩，种类有非洲菊、玫瑰。

红提葡萄通过了ISO 9001质量管理体系认证，注册商标为"盈翰丰"，被甘肃省农牧厅认证为无公害农产品产地、农产品质量安全中心认证为无公害农产品。白银区城郊种植专业合作社被白银市人民政府授予市级示范社称号。

红提葡萄是应用秸秆生物反应技术，按照NY/T 428—2000绿色食品农业行业标准生产的绿色食品，穗大粒匀，色泽鲜艳，果肉硬脆，不酸不涩，含糖量高，耐储存。适用于宴会招待，馈赠亲友。

典范产品：盈翰丰葡萄

包装方式为带孔纸箱+自封袋+保鲜膜内衬。

包装材料为纸箱，符合环保原则。符合包装轻量化原则。包装操作简单，带孔纸箱+保鲜膜符合高效原则。外观漂亮整洁，符合中高档红提葡萄包装定位，可为红提葡萄提供较高附加值。

外包装采用纸箱包装，在盒子顶面与侧面交界处有2个半圆形透气孔，直径2cm。纸盒采用B楞型单瓦楞材质。

内包装以保鲜膜为铺垫，以减量化为原则。自封袋保证水果的新鲜度和完整性。

盈翰丰葡萄：5kg/箱；3kg/箱

通信地址：甘肃省白银市白银区王岘镇雒家滩村

联系电话：18993389817　　刘有七

A319

甘肃心永进科贸有限公司，成立于2017年，是一家集栽培、种植、包装、销售为一体的综合性农业企业。自开创以来，提供菊苗和技术指导，带动30户农户种植金丝皇菊，先后注册"菊沁坊""闸匠"牌金丝皇菊。基地位于白银市区南郊14km处，距黄河9km的强湾乡。这里四季分明，光、热、水资源较为丰富，霜期比较短，农业生产条件较为优越，非常适合菊花的生长。生产出的黄菊花瓣中黄酮素含量极高，富含多种氨基酸、维生素和微量元素，具有"香、甜、润"三大特点，还有散风热、明目功效。

金丝皇菊不仅具有很好的观赏价值，而且气味芬芳，属药、茶两用佳品。金丝皇菊是一种药食同源的花卉，我国自古就有赏菊、吃菊的习惯，一直延绵了数千年。菊花宴成为一种独具特色的健康饮食。皇菊的吃法很多，可鲜食、干食、生食、熟食，焖、蒸、煮、炒、烧、拌皆宜。

典范产品一：金丝皇菊铁盒包装

包装方式为铁盒+食品级菊花内托+食品袋+卡格。

包装材料为铁盒，符合环保原则。食品级内托+保鲜袋保证产品完整性和干净度。外观漂亮整洁，符合金丝黄菊包装定位。

典范产品二：金丝皇菊纸盒包装

包装方式为纸盒+真空袋+食品袋。

包装材料为纸盒，纸板和纸浆模塑完全由植物纤维制成，可再生，可自然降解，符合环保原则。食品级内托+保鲜袋保证产品完整性和干净度。内袋采用聚丙/尼龙/聚乙烯材质真空包装，易存放且存放时间长，可以长久保持菊花的原有口感。外观漂亮整洁，符合金丝黄菊包装定位。

金丝皇菊铁盒包装：395mm×295mm×105mm
金丝皇菊纸盒包装：210mm×120mm×70mm

通信地址：甘肃省白银市白银区电子商务产业园1号楼218室
联系电话：15593998848　　狄国鹏

湘嗡嗡

甘肃景邦农业科技发展有限公司成立于2017年，注册资本500万元，现流转土地2 500亩，位于甘肃省白银市白银区武川乡独山村黄崖沟21号。主要从事生态及经济苗木繁育与销售、农副产品加工与销售、林下种植养殖、农业科学技术的研发与推广应用、生态种植养殖循环示范研究及生态经济观光休憩、乡村生态旅游，经验模式"公司+合作社+基地+农户+电子商务+实体店铺"，是集科研、种植、加工、销售为一体的新型农业企业。公司现有职工15人，其中管理人员3人，专业技术人员5人。公司下设白银景观城邦种植专业合作社。

经过多年发展，现已形成白银武川300亩生态复合循环种养殖苗木基地、1 600亩和尚头小麦种植基地、武川独山600亩优质油用牡丹示范基地、1处生态放养鸡场、2处有机农副产品加工厂，年产值达96.23万元，实现利润30万元。

典范产品一：北山和尚头面粉

帆布袋包装材质是棉，取自天然，比较环保，可降解，结实耐用。

典范产品二：北山和尚头长寿面

食品级牛皮纸袋是坚韧耐水的包装用纸，防潮、防油、耐低温冷冻、保鲜。

和尚头面粉：5kg/箱
北山和尚头长寿面：2.5kg/箱

通信地址：甘肃省白银市白银区永丰街小区西门口黄崖土鸡直销店
联系电话：18009421777　　　王福辉

天水恒拓广告工程有限公司位于美丽的羲皇故里天水市，成立于2016年，注册资本1 000万元，现有员工7人。公司秉承以市场为先导的理念，以"策略化+视觉化"的创意设计解决方案，凭借独特的创意思维触觉和视觉传达直觉，迅速成为企业形象策划、品牌视觉战略及公关服务的专业机构。服务领域覆盖互联网、广告、文化传媒、农业科技等，助力众多天水知名企业踏上品牌之路。

公司始终坚持"顾客至上、诚信为本、专业精致、卓越创新"的经营理念，本着"团结、勤奋、创新、责任、服务"十字宗旨，以最优的品质、最实惠的价格、最全面的服务竭诚为广大客户服务。

典范产品一：天水花牛苹果

礼盒外包装用2层环保木浆（140g E瓦楞/200g白涂布）+白板纸印刷，印刷内容设计体现产品信息及公司介绍，起到宣传推广作用。礼盒内配三层瓦楞纸格挡（140g白木浆/110g E楞/白木浆），礼盒所用瓦楞纸及盒内格档对产品起到保护作用，方便运输。

典范产品二：天水红富士苹果、维纳斯黄金帅苹果

礼盒外包装用2层环保木浆（140g E瓦/200g白涂布）+白板纸印刷，印刷内容设计体现产品信息及公司介绍，起到宣传推广作用。礼盒内配三层瓦楞纸格挡（140g白木浆/110g E楞/白木浆），礼盒所用瓦楞纸及盒内格档对产品起到保护作用，方便运输。

典范产品三：高山生态葡萄

礼盒用五层瓦楞纸，面纸印刷+四层瓦楞（130g E楞/110g中纸/150g B楞/160g木浆）盒型为板箱，材质硬度比较好，不易变形，对产品起到很好的保护作用。

通信地址：甘肃省天水市秦州区七里墩天河新村 3 号楼 1 号铺面

联系电话：13321385966　　　温永平

甘肃深谷坊石磨制粉食品有限公司位于甘肃省张掖市甘州区经济技术开发区生态科技产业园，于2015年9月正式成立，总投资1 400余万元。公司的定位和宗旨是"做一个有爱心、有良心、有责任心的食品企业，为消费者提供放心入口的主食品"。公司的主营业务是致力于绿色、健康、天然、营养的石磨面粉、石碾杂粮的加工和销售，努力为消费者提供更多的营养全面、绿色健康的石磨面粉、杂

粮产品，把健康的五谷杂粮送到千家万户。公司采用的生产面粉、杂粮产品的石磨、石碾自动化生产线，是综合了业界最新研究成果，将传统石磨制粉工艺和现代机械制粉技术相结合形成的新型机动石磨、石碾制粉新工艺，既解决了传统石磨制粉工艺效率低、产量小的问题，又避免了机械研磨对面粉、杂粮的高温损害，保留了小麦和杂粮的纯正香味及所含植物蛋白质、碳水化合物、维生素等多种营养成分。

典范产品：石磨面粉系列

"深谷坊"标识中"深"作为一个形容词代表了程度、精通、历史久；"谷"是百谷统称；"坊"是原生态的意思，正符合了公司成立以来的定位和宗旨——要在肥沃的土地上，由质朴的农民伯伯种出最优质的小麦，通过传统的石磨加工工艺与现代科技有效结合，做出真正零添加、原生态，让消费者放心入口的

主食品，成为一个有爱心、有良心、有责任心的优秀的食品企业。图形标识则为深谷坊的首字母缩写。

采用无纺布包装，安全环保、透气性好，极利于面粉贮藏，保证了面粉的原汁原味和营养成分。设计大方简洁，使用小规格包装，易提放、易运。

石磨面粉：1kg/袋；2.75kg/袋；5kg/袋
石磨全麦粉：2.5kg/袋
石磨黑小麦面粉：1kg/袋；2.5kg/袋

通信地址：甘肃省张掖市甘州区经济技术开发区生态科技产业园
联系电话：18909367586　　　雷全海

金花寨

张掖市花寨小米种植专业合作社于2008年7月成立，地处北纬38°、海拔2 200m的祁连山北麓。近年来，合作社采取"专业合作社+合作社+种植大户+农户+基地"的模式，开展种植、收购、加工、储藏、销售等经营服务活动。共有两处加工厂、10条杂粮生产线，厂区占地面积110亩。主营产品有小米、黄米、玉米糁子、黄金米、小米面、荞麦面、石磨全麦面、冷榨亚麻籽、琉璃苣油等各种杂粮豆类。目前发展销售代理商229家，在全国80%的省份有11 895家超市、军粮供应站、便民店、特产店和118家电商网络销售"金花寨"产品。2016年9月"金花寨"小米首次出口赞比亚，填补了我国小米出口国外的空白。"金花寨"产品将向营养、健康、保健、养生体验、休闲、旅游更加系列化、规模化发展。公司战略目标是保健大众、惠及三农！

典范产品一："金花寨"有机小米真空包装

内袋采用聚丙/尼龙/聚乙烯材质真空包装，易存放且存放时间长，可以长久保持小米的米香及新磨小米的原有口感。外箱采用300g白卡、130g高强、140g白箱板、三层E楞起脊绳提箱，外观精美、简洁大方，易提放、易运。

典范产品二："金花寨"有机小米袋装

采用帆布材质，防水结实耐用，可以长久保持小米的米香及新磨小米的原有口感。采用针线平封口以及抽绳锁双排封口，外观精美、简洁大方，易提放、易运。

金花寨有机小米真空包装：400g/袋×10袋
250g/袋×10袋
100g/袋×30袋
金花寨有机小米袋装：2.5kg

通信地址：甘肃省张掖市甘州区劳动街教堂什字向南50m金花寨体验店
联系电话：15378004000　　甄彬

酒泉盛天

酒泉盛天农业发展有限公司是一家专注于绿色生态蔬菜生产的全产业链综合型农业企业，通过"公司+合作社+农户"模式，成立农民专业合作社，为农户提质增收起到了积极推动作用。通过电商平台和外省设立营销公司，有效促进了当地产业发展。公司自成立以来，一直坚持"科技第一、质量至上"的生产原则，严格按照绿色果蔬生产操作规程进行生产和管理，严把质量关，确保产品生态健康，力保老百姓餐桌上的食品安全，是老百姓值得信赖的良心企业。

典范产品一：戈壁番茄

圆形番茄图片，指明本包装内产品为番茄，简洁明了，一目了然。两个正面以丝路飞天为主调，以大漠戈壁为背景，突出丝路文化，暗示产品来自西域大漠戈壁；两个侧面以祁连雪山为背景，暗示产品的生长环境，依托祁连山，由祁连山孕育而成，寓意天然、生态、健康；飞天仙女手托番茄，以夸张手法寓意此果来自天上，为仙界之物，非凡间所有，乃仙果、神果也，同时，仙女手托番茄的上方是"甘味"和"秾园鲜品"商标，寓意此果乃是仙界的知名"甘味"，名叫"秾园鲜品"。

典范产品二：戈壁农鲜礼盒

内装13种优质特色戈壁农产品，主要用作馈赠礼品。包装盒背景以紫色调为主，高端大气，又不失精美之感。下方以各种蔬果围绕的菜篮子为核心内容，明示这是一日三餐最亲密接触的蔬果农产品，贴近生活，使人有温馨、贴心之感。用这种精美礼盒盛装蔬果，彰显内部产品的高端、高档，把这份礼物送给父母或亲朋好友或客商，寓意最好的心愿、最高端的礼品莫过于健康，把健康送给您胜过送千金万银，用心满满、情意浓浓。

戈壁番茄：5kg/箱
戈壁农鲜：6.5kg/箱

通信地址：甘肃省酒泉市肃州区飞翔路3号
联系电话：13893789304　　李艾君

香泰乐

甘肃会宁建伟食用油有限责任公司成立于2011年，公司坐落于中国亚麻籽之乡甘肃会宁，是集亚麻籽油研发、生产、销售于一体的省级重点龙头企业。公司有年生产8 000t的亚麻籽油生产线一条。公司成立以来，始终信守"德正业盛"的理念，严守"建伟食用油、健康千万家"的质量观，"香泰乐"牌亚麻籽油以其纯正、醇香、质优的高品位深受市场欢迎，销售网络遍布全国各地。

公司于2017年7月成立了甘肃会宁建伟食用油有限责任公司院士专家工作站。同年，"香泰乐"商标被认定为中国驰名商标，"会宁胡麻油"获得地理标志保护产品。"香泰乐"牌亚麻籽油在第六届IEOE中国国际食用油产业博览会上荣获特种油类金奖。

典范产品一：亚麻籽油手提礼盒

外包装材料为纸袋，内包装采用铁盒，符合环保原则。采用铁盒包装，不易变形；以圆弧形设计，高端大气；适宜的尺寸，便于使用。包装操作简单，外观漂亮整洁，符合高端产品形象，增加产品亲和力。

典范产品二：冷榨亚麻籽油手提礼盒

采用纸盒装，易降解，符合环保要求。设计采用线形，立体感好。手提袋装，便于携带。

亚麻籽油手提礼盒：350mm×170mm×710mm
冷榨亚麻籽油手提礼盒：250mm×250mm×870mm

通信地址：甘肃省白银市会宁县西城产业园区
联系电话：15379427392　　周文乐

黄羊河

甘肃黄羊河农工商（集团）有限责任公司园艺场成立于1999年。地处河西走廊东端、祁连山北麓、腾格里沙漠南缘，日照充足，降雨稀少，昼夜温差大，具有生产果品得天独厚的自然资源优势；基地远离工业污染，依靠祁连山冰雪融水灌溉，是理想的绿色食品生产场所。现拥有果园生产基地4 000多亩，主栽品种有新红星、金冠、富士、红将军、嘎拉、玉华早富、早酥、皇冠等。年产各类果品1万t。公司有万吨恒温气调库两座，建筑总面积1.4万m²，库体采用国内先进的钢结构阻燃聚苯板保温墙体，进口智能输入输出模块工业控制计算机控制系统，具有远程控制功能，设备先进，自动化程度高。库体容量大，可同时储存各类果蔬，延伸农业产业链，更大程度地保证农产品的保值增值，为公司创造效益、职工增收创造条件。

典范产品：黄羊河系列果品

包装方式为瓦楞纸箱+三层瓦楞垫板+两层瓦楞格挡+EPE发泡网+内衬。包装具有保鲜的作用，保护果品在运输的过程不会损坏。外箱上带有绿色食品的标志，体现出绿色环保的主题。

红富士苹果：6kg/箱

金冠苹果：6kg/箱

早酥梨：6kg/箱

通信地址：甘肃省武威市凉州区黄羊镇新河街1号

联系电话：13830507855　　　王开新

恒德源

　　临洮恒德源农业发展有限公司成立于2006年，公司位于甘肃蔬菜主产区临洮县太石镇。公司与北京市营养源研究所、常州大学、兰州理工大学、甘肃农业职业技术学院等多家科研院所常年进行技术、人才等方面的交流合作。

　　主要经营范围有农业技术研究、农副产品精深加工、高原夏菜速冻、预冷保鲜、冷链物流、太阳能清洁能源、脱水蔬菜加工。公司致力于特色蔬菜、精品百合全产业链的"精、深、特"加工和清洁能源的综合开发利用以及蔬菜产业化的发展。

典范产品一：有机地耳、大三头皇鲜百合

包装方式为密封纸箱+食品级塑料包装袋。

环保材质，防水性、耐油性，密封性好，可回收利用。

外包装为低密度EPP材质纸箱，密封性好，缓冲性能好。

内包装为食品级塑料材质外袋，可以有效增加包装的密封性，保证产品完好度。

典范产品二：无硫百合干

包装方式为铁盒+塑料外包装。

防止产品变形，稳定性好，不影响美观。

外包装环保，能源消耗低，可再利用回收。

通信地址：甘肃省定西市临洮县太石镇上咀村

联系电话：13893287317　　　　王王

酒泉永堂

酒泉永堂生态农业观光专业合作社成立于2015年8月，位于酒泉市肃州区泉湖乡国家现代农业示范园泉湖万亩核心园，占地55亩的温室采摘区建有钢架大棚22座、标准日光温室2座，可以四季为游客提供无公害、纯天然的高档瓜果，现温室大棚内种植有樱桃、无花果、人参果、草莓、葡萄、番茄、秋葵等优质无公害果蔬，并设有花卉、苗木种植繁育基地。在这里消费者不但可以品尝到各种各样的新鲜水果蔬菜，还能了解到现代设施农业智能化、标准化的栽培模式，在休闲娱乐的同时，享受大自然和科技的完美结合。

酒泉永堂生态农业观光专业合作社是肃州区品牌建设先进单位，所生产的果品获得肃州区特色农产品称号。特别是龙德盛草莓已是肃州区公认的优质无公害草莓，获得了消费者的广泛认可，树立了良好的品牌形象。

典范产品：酒泉永堂草莓

草莓保鲜时间较短，受到挤压、碰撞、透气性等因素影响时易造成风味缺失、变色变味甚至腐烂，因此在设计结构上采用了保鲜内包装和缓冲外包装的新型组合形式。同时考虑到产品的销售渠道主要是采摘园直接到游玩消费者手中，在包装设计方面重在宣传采摘园的知名度和产品的绿色化。

酒泉永堂草莓：0.5kg/ 盒

通信地址：甘肃省酒泉市肃州区泉湖乡国家现代农业示范园泉湖万亩核心园

联系电话：13893773798　　汤生兵

冰川珍珠

酒泉炬晖农业农民专业合作社位于酒泉市肃州区金佛寺镇下四截村，成立于2016年4月，注册资本1 000万元。以"服务农民、致富农村"为发展目标，是由农民自愿联合，进行民主管理，实现利益共享，促进农村经济发展的合作性经济组织。生产加工基地占地50亩，总投资1 700万元，建成标准化5 000t原粮储存库1个，生产加工车间2个，引进国内最先进的年产5 000t的全自动小杂粮加工生产线1条，建成石磨面粉加工车间1个，成套石磨生产线1条，配置种植、生产收割机械器具17台（套）。

合作社2018年先后被评定为,区级、市级示范社，2019年被评定为省级农民专业合作社示范社，2020年5月首获"甘味"农产品企业商标品牌。

典范产品：冰川珍珠小米

产品包装选用绿色包装白色棉帆布材质，此类包装在满足产品包装基本要求的前提下，对人体健康和生态环保的影响少，资源能源消耗低，更好地贴合绿色包装产品低碳、节能、环保、安全的特点。

在采取绿色包装材质的前提下，选用加厚材质，这样的包装不惧拉扯、更抗拉力、更耐磨。在印刷上，采用先进的数码印刷，色彩鲜艳牢固、不溶于水、不易掉色，贴身手拿对身体无害。封口采用束口拉链式，操作简单方便，利于产品更好地保存。

棉帆布材质包装，通风效果较好，有利于产品的保鲜储藏，不会因长时间未食用而导致变质、生虫。

冰川珍珠小米：2.5kg/袋

通信地址：甘肃省酒泉市肃州区东环北路 12 号 23 号门店（炬晖农业合作社）
联系电话：18693728577　　牛建春

酒泉敦煌种业农业科技有限公司是敦煌种业于2018年2月投资设立的全资子公司，注册资本2 000万元。公司主要从事种子、种苗的生产经营，蔬菜、食用菌、花卉的种植、加工和销售，农产品仓储、交易、配送物流服务，农业技术培训、展览、展会的策划与承办等业务。公司依托国家"一带一路"核心区特色农产品优势及农产品物流大通道优势，借助甘肃省加快戈壁农业发展的政策机遇和本地区得天独厚的

戈壁光热资源优势，创建"一带一路"经济带上甘肃戈壁农业样板示范园。利用国内外最先进日光温室、基质栽培、节水灌溉和机械采收等农业生产新技术，配套严格的物联网智能控制系统，探索完善集研发、生产、供销、电商及品牌树立全产业链闭环商业模式的顶层设计，打造敦煌种业有机绿色无公害农产品供应链。

天汲包装设计思路起源为敦煌飞天"天歌神、天乐神"，其飞舞至人间传播真善美，因此，天伎则为天上的香音仙女。而"汲"代表从下往上打水，酒泉因"城下有泉""其水若酒"而得名，所以天汲是文化和地域的巧妙融合。

典范产品：天汲系列蔬菜

采用强度高、成本低、透气性好、耐磨损的纸质包装，并附以纸面光洁、强度较高的标签，此包装以天然原料支撑，无毒、无害，表面光滑、抗拉、抗湿、防油，并且洁净牢固，能严密封闭，因此能够有效地保护食品安全。无毒无害、绿色环保、健康，符合食品级标准。

天汲系列蔬菜：2.5kg/ 盒

通信地址：甘肃省酒泉市肃州区总寨镇沙河园区敦煌种业戈壁生态农业产业园）
联系电话：13739378935　　妥强

诚利源

甘肃佳诚食品有限公司地处飞天的摇篮、航天的故乡——甘肃省酒泉市金塔县。公司成立于2004年7月，注册资本1 000万元，总资产1 380万元，占地面积2万m²，职工32人。是河西地区最大的一家专业生产销售金塔传统特色小麦粉皮的民营科技企业，也是全省唯一取得国家食品生产许可的小麦粉皮加工企业，拥有自己独立的注册商标"诚利源"（甘肃省著名商标）和多项国家专利。公司产品以诚利源系列金塔粉皮、金塔面筋、金塔黑醋为主。

"诚利源"牌金塔粉皮是河西走廊名牌产品，市场供不应求，产品经电商行销国内各大城市。绿色、无添加的金塔粉皮、金塔面筋和金塔黑醋深得各地群众的喜爱。目前公司在淘宝、阿里巴巴、苏宁易购、天狼电商、兰州三维商城、源品汇、特色中国馆、特色酒泉馆等多家网站均有销售。公司淘宝网店主要有酒泉故事、金塔粉皮、甘肃佳诚食品有限公司官方店、酒泉特产总店、大西北特产店、高原特产店、金塔特产总店等共计100余家。除此外，朋友圈、微店和很多实体店均在销售公司产品。

典范产品：诚利源系列产品

诚利源系列粉皮面筋是酒泉地区独有的地方名优特色食品。以优质小麦为原料，采用传统工艺结合现代加工技术萃取小麦精华而成。生产过程中不使用任何添加剂，完全保持了小麦特有的自然风味，麦香纯正。

产品内包装袋采用食品级BOPP/CPP包装袋，可以回收再利用，减少污染。

外包采用环保瓦楞纸箱，废箱易于回收再利用，符合环保要求。

诚利源金塔粉皮：250g/袋
诚利源精品面筋：240g/袋

通信地址：甘肃省酒泉市金塔县金鑫工业园区鑫农路6号
联系电话：18809377788　　裴天伟

甘肃兴农辣椒产业开发有限公司成立于2011年9月，注册资本1.5亿元。是甘肃亚盛实业（集团）股份有限公司全资子公司。主要经营范围有育种、育苗、辣椒的初级、精深加工。主要产品有辣椒干、辣椒粉、辣椒酱、腌渍椒等。公司先后获得新型实用技术和发明专利60项。近年来公司加强"强强联合"和院企合作，加大新技术、新工艺、新设备的推进和新产品的研发。现已具备年处理约30 000t产品的生产能力。

公司以辣椒产业发展为己任，依托甘肃农垦自有土地资源优势和亚盛集团上市公司的资金优势，"以公司+基地+农户"的经营模式，提供产前、产中、产后的服务方案，已发展优质辣椒种植基地50 000亩，辐射周边农场、本县和周边县市各乡镇农户。

典范产品：亚盛好食邦系列辣椒酱

包装精美，在设计上传达香味浓郁的味觉体验，烹饪调味、佐餐下饭、增进食欲的功能体验，以及烹饪、佐餐、方便、百搭的使用场景体验。玻璃罐头瓶，灰口铁高盖，银灰色瓶盖，黑底全贴标签，防渗漏覆膜。外包装采用珍珠岩泡沫箱+瓦楞纸内衬隔板+瓦楞纸覆膜外包装箱。

辣椒酱：98mm×69.5mm，230g/瓶

通信地址：甘肃省酒泉市金塔县金鑫工业园区兴农辣椒厂

联系电话：18193761138　　谢丹

A333

金塔县宏洋冷链物流有限公司成立于2016年，是集农产品生产、收购、初加工、储藏、销售、冷链物流为一体的农业产业化重点龙头企业。现已建成高标准恒温库32 500m³，智能烘干车间1 200m²；实现品牌覆盖15~20个省区市，产品覆盖20~30个省区市；实现全乡农民增收2 000元以上，合理利用剩余劳动力，促进就业，增加城乡居民收入，同时有效解决农民种植技术难、卖果难的问题，助力脱贫攻坚，辐射带动当地周边乡镇经济、产业和社会发展，推动农产品流通。

典范产品：若水明珠系列免洗葡萄干

精选原生态纸浆，高压精制外包装盒，坚挺结实，高端大气。选材科学高效，质量保证，原材料可回收利用，绿色环保。自提扣设计，节约资源，精品优质更方便。独立小包装设计，有效防止交叉污染，安全卫生更便捷。

独立小包装、袋装、罐装、精品礼盒装，多种精美包装，消费者可根据需要自由选择。

典范产品：若水绿珠系列葡萄

精选原生态纸浆，高压精制外包装盒，坚挺结实，高端大气。选材科学高效，质量保证，原材料可回收利用，绿色环保。自提扣设计，节约资源，精品优质更方便。

筐装、礼盒装、手提袋装、吸塑便当盒装，多种包装精致实用、便于运输、材料环保、卫生安全。

若水绿珠葡萄：7kg/筐
若水明珠系列免洗葡萄干：400g/袋

通信地址：甘肃省酒泉市金塔县羊井子湾乡大泉湾村
联系电话：18219971555　　周易乾

陇南艺禾

陇南艺禾产品包装设计有限公司致力于农产品品牌设计、电商网货、产品包装设计、产品包装定制，以帮助企业塑造品牌文化、提升销售转化为己任。用最前沿视角专注于每个案例的成功落地与实施，遵循并超越行业标准，把控设计流程管理及团队的有效运作。截至2020年8月底，陇南艺禾品牌包装设计公司服务全国12省以上企业超380家，充分帮助电商扶贫企业、合作社、网店经营主体降低包装设计制作成本，并与80%以上的企业长期建立合作关系。公司利用成熟的经验与合理的品牌、包装设计提升企业销售能力，降低包装成本。

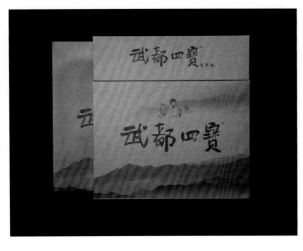

典范产品一：武都四宝伴手礼

包装方式为白卡纸外盒+内盒+内盒珍珠棉垫衬+玻璃瓶+亚克力瓶。

包装材料为白卡纸和珍珠棉，符合环保原则。内盒置入珍珠棉内托，对易碎包装材料起到全方位保护，缓冲性能强，能够很好地保护产品，并且美观大方。包装简单，易于操作，符合高效原则。外观简约大气，呈现高端农产品伴手礼的特点，可增加消费者消费欲望，为农产品提供较高附加值。

外包装采用350g白卡纸方盒盒型，顶部单插口、底部对插口结构，能够有更好的承重能力，表面增加烫金、uv工艺，提升产品档次。

内包装采用350g白卡纸包珍珠棉方式，增加内盒防护性，保护内置产品。

通信地址：甘肃省陇南市武都区东江市政广场陇南电商产业园

联系电话：13830955992　　　徐涛

典范产品二：喜蜜

包装方式为白卡纸外三角盒+软膜内包。使用便捷，携带方便，客户体验好，在喜宴上可替代糖果且寓意更好。外包装为白卡纸外盒，金字塔结构，有效增加坚固度，美观大气，保护内置产品。内包装为PE镀铝内膜袋，将传统瓶装蜂蜜装入小蜜条内，便捷实用，干净卫生。

典范产品三：农产品套装礼盒

包装方式为2.0纸板结构套盒+PET罐子。将朴素实用的农产品装在符合气质的礼盒内。外包装为2.0纸板外盒，书形盒结构，有效增加体积坚硬度，美观大气，保护内置产品。内包装为食品级PET罐子，卡在EVA内托上，便于运输，简单实用。

典范产品四：橄榄油包装

包装方式为灰板纸覆白卡彩印，图案采用UV印刷，内置泡沫托，垫衬产品，产品用深色玻璃瓶灌装，防紫外线。以橄榄色系中灰绿为产品主色调，主图案用两种颜色的橄榄果做装饰。外包装为灰板纸覆白卡，灰板纸增加了盒子厚度，白卡纸保证了印刷效果，节省包装成本。

青海香三江畜牧业开发有限公司注册于2006年，是集种植、养殖、屠宰、加工为一体的科技型企业。公司位于海南州恰卜恰工业园区绿色食品园，是农牧产业化省级重点龙头企业、青海省社会扶贫先进集体，也是海南州最大屠宰加工的实体企业。拥有产权土地73.4亩，固定资产6 270万元。主营清真牛羊屠宰、牛羊肉加工、冷藏、种牛养殖，牦牛肉干加工、销售。公司获青海省培育和发展市场主体发展奖，公司注册的"香三江"牌商标是青海省著名商标。香三江牌牦牛肉干通过绿色产品认证，香三江牌牦牛肉干及卤汁牦牛肉获得生态原产地保护产品认证。

典范产品：香三江系列牛肉干

包装方式为密封纸箱+铝箔外袋+铝箔袋。环保材质，耐高温、耐油，密封性好，可回收利用。

80g 牛肉干：26mm×18.5mm
100g 牛肉干：305mm×205mm
118g 牛肉干：320mm×220mm
200g 牛肉干：430mm×300mm
502g 牛肉干：510mm×290mm

通信地址：青海省海南州共和县恰不恰镇工业园有机食品园
联系电话：15597662999　　才秀

青海天露乳业有限责任公司始建于1954年。是国家农业产业化重点龙头企业、国家级扶贫龙头企业，是青海省目前最大的乳品加工企业和荷斯坦奶牛繁育基地。公司拥有国际、国内先进的乳品加工生产线12条，年加工乳品能力5万t，是青海省政府指定的唯一学生奶加工企业。公司通过了ISO 9001质量管理体系认证、HACCP食品安全认证，有

机认证、绿色食品认证。先后获得了中国名牌农产品、青海省名牌产品、青海省著名商标、全国优秀乳品加工企业、青海省商业百强企业、优质农畜加工产品、农垦现代化养殖示范场等荣誉称号。公司始终遵循"为人类奉献最健康的食品"这个经营理念，积极创建具有特色的企业文化。

典范产品一：1954纪念版纯牛奶

包装材料是一种用纸、铝箔及聚乙烯塑料层复合而成的"绿色"材料，有效防止再污染，也可阻挡光线、氧气和微生物的侵入，从而在保存牛奶原有营养成分的同时，有效抑制牛奶中微生物的繁殖，使产品达到商业无菌，实现了无需防腐剂、无需冷链的贮存和运输。

典范产品二：巴氏鲜牛奶系列

无菌灌装。包装材质安全、环保。

典范产品三：晴彩青藏酸奶

包装方式为密封纸箱+铝箔外袋+铝箔袋。环保材质，耐高温、耐油。

1954 纪念版纯牛奶：200g/ 盒 ×10 盒
巴氏鲜牛奶：225g/ 袋
晴彩青藏酸奶：180g/ 盒 ×12 盒

通信地址：青海省西宁市生物园区区经四路 16 号
联系电话：13007789728　　　刘凤鸣

东昆仑

青海开泰农牧开发有限公司位于青海省海西州都兰县，公司成立17年来以"沃田兴农、产业兴牧、惠泽高原、服务民生"为企业发展宗旨，不断做大做强农牧产业。已成为专业从事牛羊养殖、肉食品加工、有机肥生产、电子商务和供应链服务于一体的现代化农牧企业。近年来发展业绩良好，先后取得了出口资质、SC认证、ISO 9001质量管理体系认证、ISO 22000食品安全管理体系认证、HACCP认证、绿色食品和有机食品认证。

2015年以来，公司产品销售额逐年以30%的不断递增，连续6年被评为海西州商贸流通供销工作优秀单位；2017年被评定为青海省农牧业产业化重点龙头企业；2016年公司电商扶贫案例入围"全国脱贫先进典型"。2017年公司负责人马海麟被评为第十届全国农村青年致富带头人。2020年公司牛羊肉电商专题报道《巍峨的大山，奔跑的财富》荣登CCTV17《致富经》栏目。公司创建了"东昆仑"品牌。

典范产品一：东昆仑绿色藏羊肉

包装设计展现了一张放牧归来的羊群图，简笔画创作，简洁美观，展现青藏高原的游牧风情。包装整体为绿色，表达出绿色食品、绿色高原、草原等含义。包装内装5kg热缩袋包装的藏羊肉不同部位产品，满足客户不同喜好。包装外形美观，高端大气，具备绿色环保的特性。

典范产品二：东昆仑绿色牦牛肉

包装设计展现了一张山区村落图，简笔画创作，简洁美观，展现山与村落、人与自然和谐共生的场景。包装整体为白色，表达出自然纯净、原生态的含义，包装内装5kg热缩袋包装的牦牛不同部位产品，满足客户需求。包装外形美观，高端大气，具备绿色环保的特性。

东昆仑绿色藏羊肉：5kg/箱
东昆仑绿色牦牛肉：5kg/箱
东昆仑有机牦牛肉藏羊肉全家福：4kg/箱

通信地址：青海省海西州都兰县香日德镇南北街青海开泰开发有限公司
联系电话：15500593510　　马海麟

江河源

青海安康粮油食品集团有限公司是以加工高端食用植物油为主业，集休闲食品和地方特色食品精深加工为一体的青海省科技型企业。公司现为国家级农牧业产业化重点龙头企业、青海省科技型企业、青海大学教学科研基地，青海省粮食行业AAA级信用企业、放心粮油示范企业。"江河源"商标被认定为中国驰名商标。江河源菜籽油荣获中国好粮油称号，被认定为绿色食品。

原料选用高原优质油菜籽，采用传统古法压榨，结合公司研发的专利技术，古为今用，静压慢挤，用时间沉淀每一滴好油。

典范产品一：高原系列菜籽油

以高原产地为背景，以油菜花金色为主色调贯穿各品种设计，以不同单色区分不同的制作工艺，用点状图插画体现独特的高原产地设计风格与考究的生产工艺。

典范产品二：冷榨活性亚麻籽油

以半写实风格插画突出地域性特征与产品本身的营养价值。大面积黑色背景突显产品的高端定位，体现淳朴的高原人以独特的产地原料为消费者奉上一瓶有信仰的好油。

典范产品三：脱皮热榨菜籽油

以简洁健康、富有活力的青春色彩为基础，简单的线条勾勒插画，用最简单的设计风格表现有机产品绿色健康的品质。

高原菜籽油系列：1.8L/瓶；5.0L/瓶
冷榨活性亚麻籽油系列：500mL/瓶×2瓶
脱皮热榨菜籽仁油系列：500mL/瓶×2瓶

通信地址：青海省海东工业园区临空综合经济园唐蕃大道366号
联系电话：17309711880　　刘凤鸣

高寒

青海青麦食品有限公司以陕西师范大学、江苏大学为技术依托，联合青海惠湟农牧科技开发中心为种植基地，成立于2009年5月。公司位于青海省西宁市湟中县鲁沙尔镇海马泉村，占地64亩，是一家集青稞种植、加工、销售为一体的股份制企业。公司注册资本为1 500万元。目前，公司拥有全自动化的青稞种子清选设备，青稞米、青稞片加工设备，建成1 800m²的加工车间、管网配套设施和专业的青稞分析实验室。

典范产品一：高寒燕麦片礼盒装

包装方式为瓦楞纸箱+彩色纸盒+塑料桶装。

环保材质，可回收循环使用，客户体验好。

外包装为纸盒。瓦楞纸包材，有缓震作用，可更好地保护内部包装礼盒。

内包装为白色卡纸，重量轻，有很好的着色效果，可更好地保护燕麦片不受外部冲击。

典范产品二：高寒燕麦片袋中袋装

包装方式为纸箱+塑料袋+袋中袋。

缓冲效果极好，可保障燕麦片在运输过程中不被挤压损坏。

外包装为瓦楞纸箱，缓冲性能好。

中包装为塑料袋，成本优势大，供应资源足，容易获取。

内包装为小袋子，方便食用，保存方便。

礼盒装：40cm×11cm×31cm
袋中袋装：30cm×38cm

通信地址：青海省西宁市城北区生物园迎新路食保区

联系电话：15110953776   张志彪

A340

宁夏志辉源石葡萄酒庄有限公司始建于2008年，2014年投入运营，总占地18 000亩，位于国家批准的贺兰山东麓葡萄酒原产地域的核心区域，银川市西夏区镇北堡镇昊苑小产区。是集葡萄种植、葡萄酒酿造、销售、旅游为一体的企业。酒庄致力于发扬中国文化，秉承"天人合一"的中国哲学，融合贺兰山的风土气韵、深耕细作的工匠精神，造就以"端庄平衡，甘润醇和"为特征的中国酒庄酒，打造专属中国特色的葡萄酒庄。2014年入选第六批国家文化产业示范基地，2016年被评为AAA级旅游景区，2019年被评为宁夏贺兰山东麓列级酒庄二级庄。

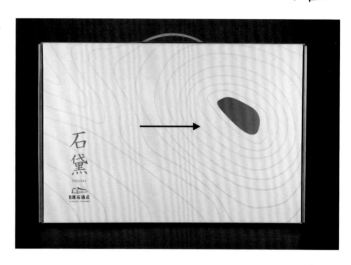

石黛干红葡萄酒为手选贺兰山东麓有机葡园成熟果实酿造，饱含质朴温润的水果芬芳，酒体呈樱桃红色，伴有浓郁的黑加仑、樱桃香气，入口圆润，口感细致。

山之魂干红葡萄酒为逐粒甄选贺兰山东麓特定区域老藤葡萄，橡木桶十六月陈酿，其色深绯，混合香草、咖啡香气，入口丰满兼具硬朗，单宁细密，醇甘馥郁。

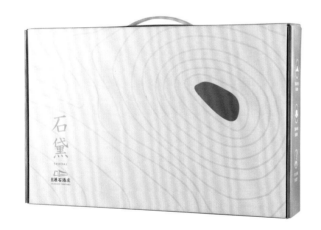

山之语干红葡萄酒精选贺兰山东麓优良地块成熟葡萄，橡木桶十二月陈酿而成。长肉桂香气，得岚霭之深谊，单宁细腻绵密，余韵温和，唇齿留香。

典范产品：石黛系列葡萄酒

外箱采用飞机箱型设计，平面卧放，利于提取及码放，高端大气，质感简约。

石黛系列葡萄酒：750mL/瓶×6瓶

通信地址：宁夏回族自治区银川市西夏区镇北堡镇昊苑村志辉源石酒庄
联系电话：18895013111　　　杨莹

百瑞源

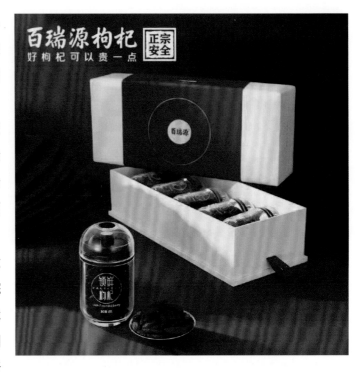

百瑞源枸杞股份有限公司成立于2003年，总部位于宁夏国家级经济技术开发区——银川德胜工业园区，公司员工600多人。是一家专业从事枸杞科技研发、基地种植、生产加工、市场营销、文化旅游的全产业链科技型企业。公司先后荣获国家林业重点龙头企业、宁夏回族自治区优秀企业等称号，是宁夏回族自治区企业技术中心，公司产品获宁夏回族自治区质量奖，旗下品牌"百瑞源"荣膺中国驰名商标。

公司与中国科学院、中国农业大学、暨南大学、华南理工大学、宁夏大学、宁夏农林科学院等国内知名科研院所建立紧密合作关系，先后承担国家科技部科技支撑计划项目、国家火炬计划项目和自治区科技攻关项目等，独家拥有枸杞新品种"宁农杞2号"和多项技术发明专利；先后建成中国枸杞馆、中国枸杞研发中心、现代化加工园区；形成了百瑞源枸杞养生馆连锁专卖店、电子商务、国际贸易三大市场体系。其中百瑞源枸杞养生馆遍及北京、上海、杭州等国内一二线城市共150多家，在淘宝、天猫、京东、1号店、当当等全网络覆盖，电子商务稳居枸杞行业第一，国际贸易覆盖全球22个国家，百瑞源品牌知名度和市场占有率在枸杞行业遥遥领先。

公司秉承"品质铸就品牌、科技成就未来"的发展理念，立志打造百年百瑞源品牌，实现百年百瑞源梦想，让宁夏枸杞走出宁夏，走向世界，让宁夏枸杞红遍全球。

"杞福天下"以红枸杞、黑枸杞、枸杞茶为组合，体现产品丰富多样性。百瑞源免洗枸杞色泽红润、皮薄肉厚、味甘甜，经过检验、清洗、烘干、冷却、色选、筛选、分选、精拣、静电除杂、金属探测、杀菌、包装等12道工序，道道工序严格把关，开袋即可食用。

"一顶天红"枸杞源自百瑞源中宁长山头、红寺堡、贺兰山东麓小产区自有种植基地。百瑞源携手宁夏农林科学院，在枸杞行业率先推出全产业链模式，从枸杞品种选育、种植栽培、水肥一体化、病虫害生物防控等环节严格把控，经权威机构——农业部枸杞产品质量监督检验测试中心对枸杞检测，未检出农药残留，实现了"田间到舌尖的安全"。

通信地址：宁夏回族自治区银川市贺兰县德胜工业园区德成东路 1-1 号
联系电话：18295686782　　陆文静

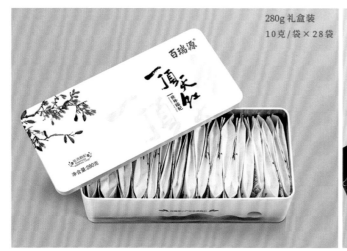

280g 礼盒装
10克/袋×28袋

典范产品一：杞福天下

"福"字是以枸杞的枝、叶、花、果、祥云加上如意等元素，手绘而成，体现了宁夏枸杞的多姿形态，象征着枸杞人的美好心愿。外盒防潮、阻氧、避光和无异味，并有一定抗拉强度。铁质内罐可循环利用，环保无害，不易破损，携带方便，适应现代社会快节奏的生活。

典范产品二：一顶天红系列

"一顶天红"采用苍劲有力的书法体，错落有致的竖体排版，显得气势磅礴。用枸杞的形状为红色底，将百瑞源的主品牌名作印章形式置于字体中间，连接底部的"世外臻杞"，将3个元素和谐组合在一起，形成"一顶天红"的品牌区。

采用低调奢华的白黑红三色为主色调组合，风格基调古朴而不失雅致。全系列采用特种可降解环保纸为材料，通过套盒的形式，既丰富了产品的层次，又避免了包装过度。

杞福天下：
红枸杞（75g/瓶×2瓶）
枸杞茶（40g/瓶×2瓶）
黑枸杞（40g/瓶×1瓶）
一顶天红：6g/袋×30袋

宁夏夏能生物科技有限公司成立于2014年8月，注册资本1 000万元。目前在职员工120余人，聘请技术顾问5名，柔性引进技术人才9名，聘请市县农技部门专家5名、科技特派员6名。公司是国家级科技中小企业、自治区科技中小企业、自治区专精特新企业、自治区扶贫龙头企业。公司主要从事蜜瓜、西瓜等特色农产品种植、加工、研发、销售、农业社会化综合服务等业务。公司拥有专利13件，注册商标32件。

公司荣获有机转换认证证书、中国良好农业规范认证证书、绿色食品认证证书，以及宁夏优品、2020年新锐果品品牌、2020年果业扶贫优秀品牌称号。公司以"一园五区三中心"为主要建设目标，大力发展瓜菜绿色种植、生物肥料生产、农业观光旅游产业，促进一二三产业融合发展。

典范产品一：莎妃网文蜜瓜系列

包装采用神秘紫色作为礼盒的主色系，象征古道黄沙中黄河水孕育出的皎洁如玉般的蜜瓜，以版画勾勒出如沙漠中初生月亮的蜜瓜，描绘出蜜瓜的外形与纹路。

典范产品二：莎妃蜜瓜"青蛙王子"系列

采用浅绿色作为礼盒的主色系，青蛙王子插画体现蜜瓜的外形与纹路。

莎妃网纹蜜瓜系列：4粒／箱；5粒／箱；6粒／箱
莎妃蜜瓜"青蛙王子"系列：3粒／箱

通信地址：宁夏回族自治区灵武市全民创业园 F 区 13 号
联系电话：15209584567　　　李建军

　　宁夏江洋汇聚农牧开发有限公司位于宁夏青铜峡的大坝镇沙庙村园艺场，成立于2016年1月。公司致力于为广大的农民提供全方位的全新农业综合服务，为打造全新的农民联盟专业合作社而不断努力。

　　提供的服务主要有新的农业技术的培训，富硒鲜食黑玉米、水果玉米、牛奶玉米的种植、粗加工与销售，杂粮销售，农产品的统一销售，农资产品的统一购进，休闲农业及旅游采摘。主打产品为富硒鲜食玉米、杂粮，经过几年努力打造了"塞上金农""玉米情"农业新品牌。公司坚持创新、协调、绿色、开放、共享的发展理念，实施特色富硒鲜食玉米产业品牌工程，响应国家大健康战略，向功能杂粮主食化方向延伸，着力构建现代农业产业体系、生产体系、经营体系，打造现代农业全产业链，培育一批质量上乘、科技含量高、市场容量大的特色农产品品牌，精准脱贫、振兴乡村，以"让新乡村主义生活方式触动每一个人"为使命，坚持做最具情怀、最文艺的富硒产品，打造最具情怀、最文艺的全民打卡富硒鲜食玉米基地。借助绿水青山，构筑新农业、汇聚乡村资源，带动农村经济，推动集群发展，打通产业生态链。好玉米是种出来的，好玉米也是品出来的。同时，公司着力推行战略级项目"绿色计划"，从环境、人文社会和经济3个方面，协同行业和社会力量共同关注人类的可持续发展。

　　鲜食玉米包装采用环保纸箱，采用三层瓦楞纸复合压制，节省空间，减少运输成本，提高封箱效率，侧面打包，仓储方便。

　　纸箱能承受一定压力、冲击和震动，保护产品安全运输。锁鲜包装，携带方便。

　　设计上将玉米拟人化，把手绘和电脑设计结合，突出表现产地的引黄古灌渠地理优势。公司真空玉米包装袋采用超高阻隔高温杀菌袋，防止异味产生，防止褐变，保护玉米颜色不变。袋破损率几乎为零，抗紫外线，延长保鲜时间。

通信地址：宁夏回族自治区青铜峡市大坝镇沙庙村园艺场三站

联系电话：13995459600　　　刘洋

典范产品一：富硒黑糯玉米

包装方式为带孔纸箱+真空高温杀菌塑料袋+胶带封口。

包装材料为纸箱和EPE，符合环保原则。拉伸式塑料袋结构用料少，缓冲性能强，符合包装轻量化原则，包装操作简单。全套包材仅有3个部件，一拉即用，符合高效原则。外观漂亮整洁，符合中高档鲜食玉米水果包装定位，可为水果玉米提供较高附加值。

典范产品二：富硒黄甜糯玉米

包装方式为纸箱+进口塑料袋+冰袋。

缓冲效果极好，可保障产品在运输过程中不被挤压损坏。

真空保鲜，延长产品保质期。

富硒黑糯玉米：10穗 / 箱
富硒黄甜糯玉米：1穗 / 袋

中卫 硒砂瓜

中卫市农业农村局既是市委议事机构，也是市政府职能部门，2019年1月25日挂牌成立。办公大楼位于中卫市沙坡头区怀远南路252号。中卫市全市国土面积1.7万km²，20%的土壤是富硒土壤、40%的是足硒土壤。目前，全市拥有硒砂瓜压砂地108万亩，2020年种植硒砂瓜69.9万亩，综合产值超过50亿元，取得了良好的经济、社会、生态效益。

中卫市自2004年建市以来，中卫市农业农村局因势利导，强力推进，打造了享誉区内外的"中卫硒砂瓜"品牌，建成了百万亩硒砂瓜产业带。小西瓜做成大产业，成为中卫地区贫困群众脱贫增收的"金饭碗"。

典范产品一：2019版硒砂瓜

以"石缝西瓜、天赋臻品、塞上硒谷"为主题。主色调以绿色、浅蓝色、黄色为主。包装正面以中卫特色的地貌为主，沙漠、骆驼代表中卫市景观腾格里沙漠，激发消费者一种"渴"的感觉。侧面是以蓝天白云、沙漠驼队、独特的种植地形为主，突显硒砂瓜压砂地种植实景和硒砂瓜的卡通图片，以漫画与实景照片结合，组成了整个硒砂瓜包装箱的背景主图。

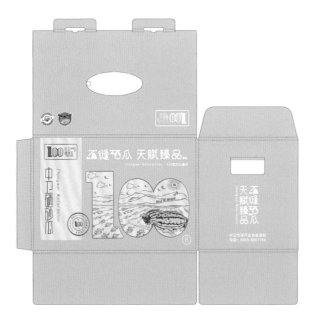

典范产品二：2020版硒砂瓜

以"石缝西瓜、天赋臻品"为主题。主色调以浅绿色为主，图案突出了硒砂瓜的产地气候、土壤等优势。包装正面印有中卫富硒硒砂瓜防伪溯源专用标识和农产品地理标志，刮开防伪覆层，扫描二维码可了解硒砂瓜全程追溯信息。

纸箱表面覆膜，内有纸制底托，保证硒砂瓜有足够的空间和稳定性，保护硒砂瓜水分不流失，保持硒砂瓜独特口感和运输安全；上面采用丝带提手，充分考虑到承重需求，同时也考虑到手的提重舒适性。

硒砂瓜：426mm×264mm×282mm

通信地址：宁夏回族自治市中卫市沙坡头区怀远南街252号
联系电话：13723350511　　　马燕

A 345

宁夏中卫市西部枣业食品有限公司注册于2007年，位于中卫市沙坡头区滨河镇，以大枣、枸杞、软梨子生产加工、研发、销售为主营业务，是集科、工、贸为一体的中卫市农业产业化龙头企业。专家工作站拥有副高以上职称专家6人，技术研发中心拥有中级以上技术人员20人。与江南大学、北京营养源研究所、西北农林科技大学、北方民族大学等6家科研院所建立了长期技术支撑合作关系。

公司自成立以来，始终坚持以"打造地方特色，繁荣中卫经济"为发展目标，充分依托中卫南长滩大枣、香山软梨子及中宁枸杞的优势特色资源，进行生产加工和科技研发，通过现代高科技手段对枸杞、大枣和软梨子提升精炼，实现了对传统枸杞、大枣及软梨子消费观念和消费方式的革命性带动和引导，造就了枸杞、大枣，特别是软梨子消费的新时代，为枸杞、大枣、软梨子资源找到了一条转化增值的新出路。

典范产品一：香山软梨子果汁饮料

包装方式为纸箱+泡沫板+罐装。

包装材料为纸箱，符合环保原则。泡沫板，缓冲效果好，可有效地缓解罐装和箱体间碰撞，符合包装轻量化原则。包装操作简单，外观整洁，客户体验良好。

典范产品二：南长滩大枣

包装方式为自立袋+密封包装。

用符合国家标准的可用于食品包装的材料制成，无毒、无味、无菌。

外包装颜色均匀一致，内外洁净，文字图案印制清晰。

南长滩大枣：500g/袋
香山软梨子果汁饮料：310mL/罐×12罐

通信地址：宁夏回族自治区中卫市沙坡头区滨河镇涝池村
联系电话：15109559457　　牛蓉

A346

宁夏弘兴达果业有限公司成立于2015年10月，是一家集新技术引进、矮砧苹果种植、富硒有机农产品收购、冷藏保鲜、销售、标准化冷链物流配送、果品加工于一体的农业产业化重点龙头企业，先后荣获自治区扶贫龙头企业、自治区科技型中小企业、自治区专精特新示范企业等称号，是宁夏知名农业企业品牌。公司还是国家级有机苹果星创天地、中投互贸一带一路国际贸易平台指定供应商、全国百佳水果基地。

公司建立了企业研发中心、科学技术协会，牵头成立了中卫市矮砧密植苹果种植技术协会，先后与宁夏农学院、西北农林科技大学、天津农学院等建立了院企合作关系。

典范产品：香麓苹果

对苹果形状进行抽象化处理，将宁夏得天独厚的地理环境完美地融入香麓金苹果包装的每一处，充分体现了自然、有机、富硒、健康的理念，地域特色符号布满整个箱体。每一个苹果都能实现质量安全可追溯。箱体色泽简约，充分突显环保理念。

采用环保可再生纸，循环使用，可减少大量水果包装废弃物对环境的破坏，与有机生态健康的理念相呼应。

规格一：9枚/箱
规格二：12枚/箱
规格三：16枚/箱

通信地址：宁夏回族自治区中卫市沙坡头区

联系电话：15809554331　　　刘芳

宁夏沙坡头果业有限公司是一家集苹果及其他农产品的种植、加工、包装、储存、销售与林果技术推广培训等为一体的综合性自治区级农业产业化重点龙头企业。公司成立于2015年11月，坐落于素有"塞上江南"美誉的宁夏中卫市。

公司已建成优质苹果示范种植基地1 250亩，现代化冷库3 000m^2、配套果品包装材料生产车间10亩。在农产品集中区以基地为基础、冷链为核心，对农产品进行种植、包装、预冷、仓储、销售，形成了"公司+合作社+农户+基地+冷链配送"的生产模式，每年可生产流通高端苹果8 000t。公司生产的沙坡头苹果产品已通过ISO 9001质量管理体系认证、HACCP认证、绿色食品认证；2017年被评为2017最受消费者喜爱的中国农产品区域公用品牌；因其品质优良、区位优势特色鲜明，且富有文化历史底蕴，于2018年登记为"沙坡头苹果"农产品地理标志；同年获得宁夏名牌产品称号，并被评选为2018年宁夏农产品区域公用品牌；2019年纳入全国首批名特优新农产品目录及2019年（首批）全国农产品区域公用品牌目录。

沙坡头苹果产地位于北纬37°至38°，海拔1 200m左右，日照时间长、昼夜温差大，土壤中富含多种人体必需的微量元素，种植基地周边无工业污染，是优质苹果最适宜的种植区域。独特的地理区位、气候条件和肥沃的土壤为苹果积聚大量天然葡萄糖、维生素、氨基酸和多种微量元素提供了独特的自然条件，使这里出产的苹果果形端正、色泽鲜红，手感质地硬、光滑，果肉质地细腻、脆而多汁、风味酸甜、芳香味浓，感官品质上乘。果实硬度、可溶性固形物、维生素C、钙等指标优于同类参考产品。

通信地址：宁夏回族自治区中卫市沙坡头区鼓楼南街 271 号
联系电话：13259593777　　　李学勇

典范产品：沙坡头苹果

包装选取以稻麦草为主要原料生产的双层瓦楞牛皮纸板制作的套盒，外加牛皮纸手提袋，套盒正面彩色印刷"沙坡头苹果"字样及广告语，以宁夏著名AAAAA级景区——沙坡头的标志性照片为背景加红苹果图案突显"沙坡头苹果"的产地特征和优良品质。

套盒内部同样以瓦楞纸板做隔档避免苹果之间直接碰撞与摩擦。套盒具有良好的强度和硬度以及防潮防水性能，可以多层堆叠并能经受踩踏和碰撞不变形，从而防止苹果在储存和运输过程中破损。包装原材料取材天然，环保质朴，可循环再生利用，契合了"沙坡头苹果"绿色健康的优良品质和朴实无华格调。包装图案简洁大方，采用环保油墨印刷。

规格一：9 粒 / 盒
规格二：12 粒 / 盒

宁夏索米亚生态农业科技有限公司致力于发展农产品种植、采收、加工、分拣、包装、运输保鲜环节过程中的先进技术，与各大高校和科研院所紧密合作，进行科研技术的实践应用和成果转化，并开展农业科技、农业生产、农业金融相关领域的培训业务，助力三农的发展。公司目前也已经和知名物流企业农业板块进行战略合作，为其提供农产品服务端的增值业务并共同开发运营农服产业园。也和多家农业服务领域的龙头企业以及农产品企业形成了业务合作关系。

典范产品：索米亚亚麻籽油礼盒

采用纸浆综合利用提取的植物纤维作为加工材料，从而更加节能环保，降低综合成本。重量轻，承重好，可多次循环使用。上下盖式的卡槽纸盒，再用礼盒外盒进行再一次的加固，在运输、美观上也很实用，提升了产品包装的耐用性。适用于预包装食品类、坚果类的同城配送和异地配送等。

生态环保，运输车辆无需冷链，节能降耗。无异味，更环保。产品满足国家标准《废纸再利用技术要求》（GB 20811—2006）的各项指标要求。具有十分优异的抗吸水性、疏水性、隔热性、耐腐蚀性。

通信地址：宁夏回族自治区吴忠市红寺堡弘德工业园区

联系电话：18169136888　　　马建国

稻渔空间

宁夏稻渔空间乡村生态观光园（有限公司）位于银川市贺兰县常信乡四十里店村，面积3 600亩，依托有机水稻立体生态种养和名特优新水产品养殖等特色优势产业，开展休闲农业示范创建，挖掘农业文化内涵，丰富农业产品、农事景观，使农业生产、农产品加工和销售、餐饮、垂钓、休闲以及其他服务业有机地整合在一起，最终实现农业（渔业）产业链延伸、产业范围扩展和农民增加收入，促进一二三产业融合发展。

银川是宁夏回族自治区的首府。自古有"天下黄河富宁夏"之说，银川素有"塞上江南""鱼米之乡"的美誉，宁夏除了有很多著名的景点，也有很多很好的特产。相传在公元1690年（清康熙二十九年），噶尔丹叛乱，康熙三次御驾亲征。平叛期间，康熙曾驻扎宁夏，当地官员进贡产于宁夏地三村的稻谷为宴席主食，康熙盛赞其晶莹洁白、柔顺爽口，钦点为贡米。

典范产品：稻渔空间贡米

稻渔空间的贡米，在包装设计上，采取了清代的一些元素，来突出"贡米"的特性，再融合入宁夏经典元素，从而让消费者一眼就能认出产品，并且知道宁夏不但有好的景点，也有好的农产品。包装以瓦楞纸特殊工艺制作，既美观又实用。

稻渔空间贡米：500g/盒；1kg/盒；2.5/kg/盒

通信地址：宁夏回族自治区银川市贺兰县四十里店村稻渔空间
联系电话：13195023331　　　张于敏

宁夏青铜峡市叶盛米业有限公司拥有万亩水稻基地，地处黄河金岸青铜峡市叶盛镇，现有有机水稻、优质水稻生产示范基地12 600亩，是自治区机械化示范园区。通过项目引进和实践，新建了全区规模最大、标准最高的水稻工厂化育秧基地，有效提高了水稻种植品种优质化和生产标准化水平。2010年被自治区人民政府确定为宁夏现代农业示范基地；同年被国家农业部评为全国粮食生产大户标兵。公司生产的叶盛贡米具有粒圆、色洁、油润、味香等优点，富含丰富的蛋白质、脂肪、多种维生素和矿物质成分，用其蒸制的米饭油润爽口、黏而不腻、香味扑鼻，令人回味无穷。公司设计年产5万t精品米，主要以生产优质米、有机大米等高端产品为主，选用国内外一流的加工设备和工艺，精细加工。

典范产品：叶盛贡米系列

内置包装为无纺布袋，可重复使用；外包装为可快速降解木浆纸筒，亦可以重复利用。木浆产品满足国家标准《食品安全国家标准　食品接触用材料及制品》（GB 4806.7—2016）的各项指标要求。包装整体简洁大方，在大米市场较为新颖。

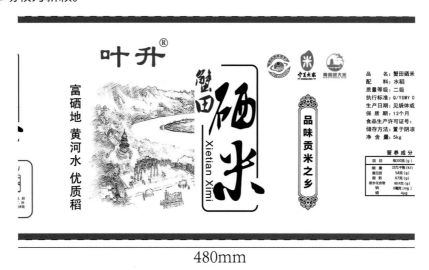

480mm

蟹田硒米：23cm×15cm

通信地址：宁夏回族自治区青铜峡市叶盛米业有限公司

联系电话：18169535777　　包嘉鹏

A 351

宁夏广银米业有限公司成立于2005年8月，是一家以粮食种植、收购、加工、销售为主的民营企业，主要从事优质水稻的种植、深加工及大米销售，占地面积11 080m^2，拥有全自动化水稻加工生产线一套，工艺流程达到国内同行业先进水平，日加工水稻能力150t。

近几年企业获得了较快发展，现已成为宁夏规模较大的水稻粮食加工企业，被宁夏回族自治区评为农业产业化重点龙头企业，银川市、贺兰县优秀龙头企业，同时被宁夏粮食行业授予"放心粮油"称号，并被评为农产品加工业自治区级诚信企业。获得国家专利4项，企业得奖14项，产品获中国绿博会金奖10项，7次被评为宁夏特色优质农产品品牌。

公司自成立以来，本着"带着健康好米，走进千家万户"的经营理念，把"健康、优质、放心"大米送到消费者的餐桌上，土地流转给农民二次分红，规模化生产，努力成为中国有影响力的粮食生产经营企业。

典范产品一：广银米业线上品牌

将在稻田里面养的鱼、螺、蟹、鸭子等元素的拟人化创意概念来区分大米的品种，告诉消费者，大米不仅是用来吃饱的，而是用来吃好的，吃出健康的。

典范产品二：家宴米

在设计理念上，以三代同堂在一起吃饭的那种热闹感，来体现幸福就是家人的一餐一饭，也强调了家宴米这个系列名字。

广银米业线上品牌：2.5kg/袋

通信地址：宁夏回族自治区银川市贺兰县四十里店村
联系电话：13195023331   张于敏

顺宝

宁夏顺宝现代农业股份有限公司位于宁夏青铜峡市邵刚镇，占地2 000亩。成立于2001年3月，注册资本5 000万元，公司是一家按照生态全产业链模式从事商品蛋鸡养殖的科技型农业企业。该产业链的构建，实现了从饲料加工、蛋鸡养殖、鸡肉鸡蛋食品加工、鸡粪生物有机肥生产、有机种植，到农业废弃物资源化利用和生物菌剂研究与应用等各环节的生态循环，确保了养殖生物安全、产品质量可控、企业效益最大、社会效益明显。目前，产蛋鸡存栏100万羽、配套饲料加工5万t、青年鸡存栏35万羽、年产富硒鸡蛋1.8万t，具备鸡肉加工200万只、固液态生物有机肥10万t生产能力。公司是农业部首批蛋鸡标准化示范场、商务部农产品骨干流通企业，是宁夏农业产业化优秀龙头企业、科技型中小企业和50强企业、专精特新中小企业和示范企业、五一劳动奖状获得企业。公司设有技术创新中心、院士专家工作站、顺宝农业产业技术研究院，引进中国农业科学院、天津科技大学、宁夏农林科学院专家团队，共同开展农业废弃物资源化利用和生物菌剂研究与应用。企业通过了ISO 9001质量管理体系认证并取得了全产业链生产加工资质许可。

公司园区地处宁夏贺兰山东麓酿酒葡萄黄金产区，所在地青铜峡市邵刚镇位于"塞上硒都"吴忠市富硒核心区，依山傍水，多风少雨，土壤富含矿物质，远离城市，远离污染，有优越的自然环境。

产品严格按照《食品安全国家标准　蛋与蛋制品生产卫生规范》（GB 21710—2016）和《绿色食品蛋与蛋制品标准》（NY/T 754—2011）生产，通过对饲料原料、生产环节、产品包装环节的严格控制，确保蛋品是无抗生素、无激素、无药物及重金属残留、无接触性污染的可信赖产品。

通信地址：宁夏省银川市经济技术开发区创新园 22 号

联系电话：17752460222　　　张艳

典范产品：顺宝系列鸡蛋

以田园风情、塞上江南为理念，将远离城市、无工业无污染的产地和鸡蛋新鲜安全的特征融入整个包装盒的设计之中。鸡蛋在整个喂养环节全程控制沙门氏菌，严防死守，只为消费者更放心。整体设计自然、绿色，体现"富硒更健康"的理念。

纸盒防摔包装，内柔外刚，密封性好，防潮、防霉、防污染，运输方便、使用方便，外观精美、简洁大方。纸箱和泡沫材质均是环保、可再生材料，使用广泛。

沙漠鲜

宁夏银湖农林牧开发有限公司是一家以现代农业综合开发为主的综合性自治区级农业产业化重点龙头企业。公司成立于2003年2月，注册资本5 800万元，总投资逾3亿元，生产园区占地11 700亩，现基地经营种植本地特色有机灵武长枣和制干骏枣、苹果、梨等经果林6 700亩，设施园艺300亩，畜牧养殖青贮基地2 000亩，并配套建设生态防护林2 700亩。公司以"治理一片荒漠，发展一个产业，带动一方百姓"为企业使命。

公司先后被国家林业和草原局、科学技术部及自治区各级人民政府评为第四批全国林业产业化重点龙头企业、全国科技型中小企业、自治区级农业产业化重点龙头企业、自治区科技型中小企业、宁夏中部干旱带

沙生耐寒林业繁育育苗基地、现代农业示范基地，自治区级生态移民技能培训就业基地，银川市级产业扶贫型龙头企业、扶贫开发社会帮扶先进企业、科普示范基地，灵武长枣有机生产标准化示范基地、灵武长枣诚信营销企业。

典范产品：沙漠鲜蜂蜜

运用沙漠和果园的色调以及蜂蜜身体的花纹，形成独特的设计语言，与其他品牌蜂蜜形成差异，让消费者一看就知晓蜂蜜来自沙漠长枣果园。

整个包装简洁大气，特点突出，令人记忆深刻。标签含有沙漠褶皱纹路，呼应公司开荒治沙、发展绿色产业的一路艰辛。

家庭装：500g/瓶
旅行装：125g/瓶

通信地址：宁夏回族自治区银川市灵武市狼皮子梁
联系电话：18195163222　　　郭佳焕

碧蜂源

古雁

宁夏碧蜂源蜂产业有限公司成立于2016年2月，坐落于宁夏固原市古长城脚下的宁夏圆德慈善产业园区，占地面积20亩，建筑面积6 660m²，其中生产车间4 100m²，现有职工23人。2016年6月取得食品生产经营许可证，是一家集蜜蜂养殖、蜂产品生产、技术开发及销售为一体的专业蜂产品生产企业。目前主要生产古雁碧蜂源牌系列蜂产品（芍药蜜、黄芪蜜、枸杞蜜、槐花蜜、荞麦蜜、苜蓿蜜、小茴香蜜、百花蜜），也是入选2016年度《六盘山生态农产品指导目录》的唯一蜂产品。先后与相关科研机构建立了长期合作关系，确立了"企业+农户+养蜂基地+科研院所"的蜂产业发展模式。用高效的管理、精湛的工艺、过硬的质量、优良的产品，取得了良好的社会效益、环境效益、经济效益。

典范产品：古雁碧蜂源蜂蜜

产品本身原生态、无添加、无污染。包材采用食品级铝箔复合膜卷材，方便挤压，无毒无副作用。产品满足国家标准《食品安全国家标准　预包装食品标签通则》（GB 7718—2011）的各项指标要求。在设计风格上以中国传统元素仙鹤代表品牌调性和IP形象，加上山与云之间的结合，更加体现大自然、原生态的理念，给消费者带来自然健康的视觉感受。

包装袋图案设计美观大方，颜色选配合理，造型独具创意，上端为黄色蜂巢图案，中间为产品名称，下端为产品花蜜来源花种的图案，图案颜色搭配既能体现出花的颜色，又能呼应成品蜂蜜的色泽。整体比例合理、结构严谨、造型精美，储存性能好，不易外漏，便于携带和使用和食用。

古雁碧蜂源蜂蜜：135mm×70mm

通信地址：宁夏回族自治区固原市原州区长城梁圆德慈善产业园

联系电话：13995140302　　　　高永伟

绿方

宁夏绿方水产良种繁育有限公司位于银川市永宁县，创建于2006年，是宁夏规模较大的水产良种繁育及养殖示范基地之一，同时也是农业部早期挂牌的国家水产健康养殖示范场和全国首批农民专业合作社示范社。公司探索形成了茭藕、鳖鱼、苗木、畜禽、经济作物"五位一体"生态循环农业模式，在宁夏率先开展黄河甲鱼养殖，已有近15年经验。2016年承担宁夏科技厅科技支撑计划项目"甲鱼生态养殖及人工驯化技术研究"，取得自治区科技成果登记证书。目前，绿方公司养殖设施配套齐全，已形成了含黄河甲鱼亲鳖选育、产卵、苗种孵化、幼鳖培育、商品鳖生态养殖在内的标准化生产体系。

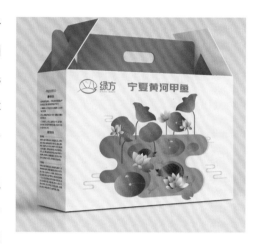

典范产品一：宁夏黄河甲鱼礼盒

外箱材质采用300g高强度白卡纸、140g白箱板，三层瓦楞。包装材料是完全由植物纤维制成，可循环再生，节约环保，轻便易携，抗压性强。外部画面彩色印刷覆膜，美观大方。内盒定制PVC甲鱼专用包装盒，美观、方便，能提高鲜活甲鱼存活率，延长其存活时间。

典范产品二：宁夏黄河甲鱼高档礼盒

外盒材质采用1 200g高密度、高强度灰板纸，书盒型结构。外部画面采用胶印、压纹工艺，环保、美观、高档、大气。内盒定制PVC甲鱼专用包装盒，美观、方便，能提高鲜活甲鱼存活率，延长其存活时间。

典范产品三：宁夏黄河甲鱼鲜鳖蛋礼盒

外箱材质采用300g高强度牛皮卡纸、三层瓦楞制作，单色水性油墨印刷，箱脊提绳。包装材料完全由植物纤维制成，可循环再生，节约环保，轻便易携，抗压性强。

宁夏黄河甲鱼礼盒：36cm×27cm×8.5cm
宁夏黄河甲鱼高档礼盒：35cm×23cm×8cm
宁夏黄河甲鱼鲜鳖蛋礼盒：31.5cm×22.5cm×4.3cm

通信地址：宁夏回族自治区银川市永宁县黄羊滩农场八队（750104）
联系电话：15695089588　　　刘育文

宁
金
鑫

宁夏盐池县鑫海食品有限公司成立于2003年12月，位于宁夏盐池县滩羊养殖园区307国道南侧，占地面积100亩，现拥有资产总额6 300余万元，达到年加工滩羊20万只、生产优质滩羊肉3 200t规模，是一家集饲草料加工、盐池滩羊养殖、屠宰、精深加工、线上线下销售等环节为一体，覆盖滩羊肉全产业链的现代化混合制股份制食品加工企业。

公司产品先后被选为G20峰会、厦门金砖五国会议、上合组织青岛峰会和大连夏季达沃斯年会专供食材供应企业，公司"宁鑫"品牌是自治区著名商标和宁夏名牌产品。

典范产品：宁鑫盐池滩羊

标志下部黄绿色的草本的图形，体现着滩羊的特殊生长环境和饮食习惯，引申出"滩羊食百草"的概念。滩羊羊脸特色明显，呈现多个色块，人们用"熊猫羊"来形容滩羊特殊的外貌。标志选取公羊为模型，显得沧桑俊逸，符合西北独特的淳朴、直爽豪迈、魁梧精悍的民风。"盐池滩羊"四个字选用传统书法表达，富有中国文化特色。主色选用黑色，彰显盐池滩羊相对高端稀有的特性。

外包装标有品名、规格、产品类型、生产信息等国家规定的信息，还有地理标志等附加标志，以及羊月龄、饲养环境等描述。

以PE/PET复合材质和250g白卡纸包装，安全环保。

通信地址：宁夏回族自治区吴忠市盐池县盐林北路 116 号

联系电话：15609535375　　　关向宁

瑞
牧

宁夏盐池滩羊产业发展集团有限公司成立于2017年，位于宁夏盐池县花马池镇盐林北路116号，是宁夏盐池滩羊产业发展集团有限公司全资子公司，主要为盐池滩羊相关企业、养殖户提供以盐池滩羊为核心的预包装食品加工和销售、农畜产品销售、电商销售以及仓储物流服务。

公司自成立以来，始终坚定"时刻保证新鲜肉源，增强一流服务意识，打造良好企业信誉，不懈追求顾客满意"的信念，坚决杜绝假冒伪劣或质次价高的滩羊肉产品，坚持消费者利益高于一切。公司依托"盐池滩羊"著名商标品牌效应，依托集团公司多司得屠宰加工厂，协作多家企业和合作社，秉承"优质、创新、健康、时尚"的经营理念，严格执行国家食品质量安全规范，以传统美食工艺结合现代食品生产技术，为广大消费者提供优质优价的盐池滩羊肉产品。公司以授权经销店、直营店等销售模式为基础，以新零售渠道及主流电商为平台，通过网络、传统等销售模式的多方面结合，建立全产业链运营体系，全面推动"盐池滩羊"的共享、共赢，致力使"盐池滩羊"产业成为农牧行业中最具生命力和竞争力的品牌。

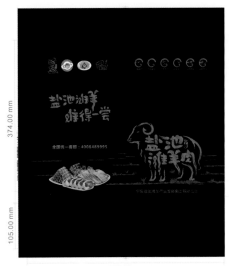

典范产品一：春节款羊肉礼盒

包装突显中国春节的标准色——红色和金色。

使用标准的口号——不膻才是好羊肉。

设计上结合盐池滩羊标志建筑——公羊雕塑。

整款包装在考虑中国春节的氛围的情况下，结合盐池滩羊的特点，衬托春节的气氛。

典范产品二：小规格零售包装羊小排

整体设计嵌入企业符号，使用传统毛笔字体引入"盐池滩羊"文字描述，更好地呈现核心卖点。通过透视窗，更好地呈现产品的卖相和特点。通过文字和符号逐步引导客户的兴趣以及对产品的认知。

通信地址：宁夏回族自治区吴忠市盐池县刘八庄自然村

联系电话：15121937675　　　赵彩媛

A358

泾源黄牛

宁夏尚农生物科技产业发展有限公司成立于2015年7月，坐落于宁夏固原经济技术开发区，其种植养殖基地为宁夏泾源县清苑牧业有限公司，地处宁夏最南端素有"高原绿岛"之称的六盘山下——泾源县大湾乡何堡村。是集黄牛养殖、屠宰分割和熟食制品加工于一体的黄牛肉加工专业生产

企业。多年来，公司始终坚持泾源黄牛的养殖发展，形成了完整的现代企业管理体制和制度，摸索出了一整套泾源黄牛养殖管理办法和经验，并从单一的养殖发展为集泾源黄牛良种繁育、育肥、饲草种植加工、科技研发、精深加工为一体的全产业链自治区农业产业化重点龙头企业和科技型企业。公司经过多年的发展，形成了"公司+基地+合作社+农户+市场"的生产经营运行管理模式，带动当地种植和养殖农户700多户。

典范产品：泾源黄牛肉

礼盒正面以烫金工艺和UV亮色工艺印刷泾源黄牛肉Logo，寓意：千百年来，坚韧朴实的泾源人依托绿水青山，形成了牧养黄牛的优良传统；具有六盘山农耕文化、本土地域文化和生态品质等。

整体礼盒以白板纸制作，表面覆有塑料膜。手提袋以白卡纸制作，里面覆塑料膜可防潮。

泾源黄牛肉：3kg/ 盒；4kg/ 盒；5kg/ 盒

通信地址：宁夏回族自治区固原经济技术开发区建业路建业街25号
联系电话：15595446666　　何智武

宁夏米擒酒庄有限公司是由澳海集团控股，西夏风情园独资投资建设的一家西夏建筑风格的精品旅游型葡萄酒庄。酒庄由生产酿造区、橡木桶陈酿区、酒文化介绍区、研发办公区、葡萄酒品鉴区、展示售卖区等组成，具备旅游接待功能。酒庄地下酒窖占地面积达1 104m²，常年保持恒温恒湿，并选用法国优质橡木桶陈酿。酒庄配备先进葡萄酒生产线，能满足各种葡萄酒生产工艺的实施，同时汇集了一批国内外优秀酿酒师、种植师、葡萄酒专家及相关人才团队。

典范产品一：4支375mL礼盒

为增加顾客对于不同口感葡萄酒的体验，设计出4支375mL礼盒，便于顾客购买一种产品而体验不同风味。礼盒内可容纳风格各异的4支葡萄酒。包装主要以雍容大气的暗紫色为主色，搭配金色点缀，给人以从容优雅的视觉感受。以酒庄标志性图案米擒寨堡的缩影、酒庄Logo岩羊头、贺兰山等元素构成。

书本式礼盒，采用面纸（印刷，过哑胶，烫淡金、激凸、UV）、围框用特种纸、含硫酸纸（烫哑金）、米色吸塑、彩色手袋，在让顾客感受不同风味的葡萄酒的同时，保证其美观便捷性及十分优异的抗震性能，对葡萄酒的运输起到很好的保护作用。

典范产品二：米擒桃红酒

此款酒标采用冰白珠光材质、烫金工艺，以西夏时期女性服饰为主要元素，既体现了酒庄特有的西夏文化，又体现了这款酒的受众特点。

简洁大气的酒标，让更多的目光驻足在产品本身，吸引顾客了解酒庄文化和葡萄酒的故事。

典范产品三：米擒橡木桶干红葡萄酒

主要采用大量的抽象艺术表现手法，以米擒寨堡为主体建筑、贺兰山为背景，以西夏王朝李元昊及其夫人为主要人物，以西夏特有的匾壶等元素加以点缀，表达了对美好生活的向往之情以及生活在贺兰山脚下米擒寨堡里的幸福体验，也表达了米擒酒庄对喝到这款酒顾客的美好祝愿，希望他们能够幸福快乐地生活。

米擒桃红酒：65.5mm×140mm；50mm×100mm
米擒橡木桶干红葡萄酒：65mm×98mm；55mm×80mm

A360

西
鸽

宁夏西鸽酒庄有限公司成立于2017年，是宁夏贺兰山东麓产区迄今为止精品葡萄酒生产规模大、具国际一流水平的顶级酒庄，也是勇于创新、引领中国葡萄酒寻求转型之路的领先酒庄。西鸽酒庄选址于宁夏贺兰山东麓青铜峡鸽子山产区，拥有20 000亩葡萄园，其中15 000亩是22年树龄以上的老藤葡萄园，5 000亩是2017年后种植的葡萄园。酒庄总建筑面积约2.5万 m^2，包含葡萄酒酿造区、橡木桶酒窖、灌装区、瓶装陈酿酒窖、专业品鉴区、游客接待中心、庄园酒店和有机特色餐厅，年设计产能1 000万瓶，综合设施完整，建筑标准高。

西鸽酒庄拥有先进的生产设备，为西鸽酿造高产量、高品质的葡萄酒提供了必要基础。西鸽酒庄于2019年10月通过世界最高标准的"BRC国际质量认证"，成为中国第一个通过该认证的酒庄。西鸽，以"酿一瓶宁夏风土的好葡萄酒"朴素理想，正在向世界讲述中国葡萄酒的故事。

典范产品：玉鸽单一园系列

作为西鸽酒庄的主打产品，以单一园概念，向国际著名产区致敬，并以此传递其努力酿造中国顶级葡萄酒的初衷。酒标上的鸽子是宋徽宗画中的形象，有着鲜明的中式设计的风格，能彰显出传统中国文化与国际化的碰撞。双珠采用古时窗框和蒲扇的一个拓形。中国团扇，始于商，穿越千年，承载着中华深厚文化积淀；论东方花窗之美，独属中国，在中国古代的建筑里，所有的美好，一扇窗可表现得淋漓尽致，五千年的中华文明，铸就了炎黄子孙不一样的美学感触。鲜亮的蓝绿色的包装盒也让人眼前一亮，给人一种美观大方、新颖与传统相结合的感觉。

玉鸽双珠套装：750mL/ 支 ×2 支

通信地址：宁夏回族自治区青铜峡市鸽子山西鸽路 1 号
联系电话：18721207041　　　李萌

A 361

宁夏中宁枸杞产业发展股份有限公司是一家集枸杞种植、生产、加工、销售、服务于一体的全产业链、轻资产股份制公司。

公司以振兴中宁枸杞产业为己任，立足技术创新、体制创新、服务创新、模式创新，逐步探索总结中宁枸杞产业高质量发展之路。创立"7+1"现代化农业种植模式，率先推行"龙头企业+合作社+农户"的订单生产模式，带领枸杞种植户融入现代农业发展行列，确保了中宁枸杞品质。

公司坚守诚信、创新、共享、共建的经营理念，诚信立企业、创新促发展、共享创价值、共建赢未来，精心构建从田间到舌尖的全产业链安全发展模式，为客户提供安全、放心、可追溯的优质产品。

公司生产经营的产品主要以枸杞制品为主，包括枸杞干果、黑枸杞、枸杞粉、枸杞原浆、枸杞花蜜、枸杞果酒、硒砂红枣等。

典范产品："杞"字版枸杞

采用立式袋装设计，便于消费者保存和携带。所有的产品都是经过企业严格拣选而保证每一粒都是高品质的好枸杞。

"杞"字版枸杞：248g/袋；100g/袋；150g/袋；168g/袋；200g/袋

通信地址：宁夏回族自治区中卫市中宁县县城北街枸杞加工城

联系电话：15609532227　　　夏静

宁夏中宁枸杞产业集团有限公司是中宁县委县政府为了发展壮大中宁枸杞产业，推动枸杞产业转型升级高质量发展，提升中宁枸杞产业综合竞争力，于2019年重组的一家国有企业，注册资本10 000万元，是中宁枸杞产业发展的龙头企业。主要从事枸杞种植、加工，新产品研发、销售，枸杞产业电子商务建设、运营、管理等。公司目前拥有全资子公司3家、参股公司5家、参股基金2家。

集团在生态移民区拥有1万余亩高标准有机枸杞种植扶贫基地。基地远离市区、无污染、光照充足，水、土壤等自然环境优越，为优质枸杞生长创造了得天独厚的条件。已建成为优质枸杞生产基地、出口枸杞基地、有机枸杞栽培管理新技术示范基地，符合出口枸杞基地生产标准和有机枸杞生产标准，取得了道地中药材枸杞GAP认证。

集团枸杞产品道地正宗、物美质优，自主品牌"杞翔"枸杞连续多年被评为全国名优果品交易畅销产品，2014年集团枸杞基地被中国优农协会评为优质果园。2015年，在中国森林食品交易博览会上杞翔牌枸杞被评为最受喜爱产品奖和金奖，集团被中宁县委县政府评为推进中宁枸杞产业发展先进单位。

以"中宁枸杞"商标树立中宁枸杞品牌形象，"珍品"代表中宁枸杞的顶级品质，"道地"即正宗的、最好的、唯一的，同时传递中宁枸杞的专属性、唯一性、权威性和高端品质。

"中宁茶坊庙"是古丝绸之路的明珠，是当时枸杞贸易的场所和集散地，见证了中宁枸杞悠久的历史。"丝绸之路"及"骆驼"表现中宁枸杞经由古丝绸之路的带动传入中东和西方，声名远扬，并被誉为东方神草。两者结合为背景，将中国枸杞文化和杞乡历史文化，用视觉化的语言传播给消费者。

循环利用标识，体现商品包装是用可再生的材料做的，有益于生态环境的保护。

包装采用PET复合铝箔复合PE，材料为环保食品级材质，印刷采用洋紫荆环保油墨。复合工艺采用无溶剂复合，表面PET使用田乐10色凹版高速印刷机制作，电雕版部分哑光UV印刷，具有美观、环保、耐用、无毒、隔光、防潮等优点。

通信地址：宁夏回族自治区中卫市中宁县殷庄大社区 D 区 5 号商业

联系电话：18195055077　　　　徐成旺

典范产品：杞翔枸杞系列产品

中宁枸杞品牌标志，突出杞字并将其无限延伸，"杞"字尾部的九个转弯代表九曲黄河，黄河将中宁枸杞包容其中，形成独立区域，传递中宁枸杞小产区的珍惜价值感。

枸杞设计成动漫卡通娃娃形象，可爱又突出地方特色，迎合年轻人的审美喜好，彰显年轻活力。

礼盒内部有4个小盒，每个小盒150g，内装10袋15g小包装。小盒上面有4种不同的图案"杞农""仙鹤""茶坊庙""拜杞"，将历史文化故事用视觉化的语言传递给消费者，让品牌更有温度，传播中宁枸杞厚重的历史文化。

红枸杞礼盒：600g/盒
红色特优枸杞：248g/袋

宁夏玉西枸杞科技开发有限公司是宁夏农林科学院枸杞研究所（有限公司）旗下的全资销售子公司。研究所作为我国唯一专业从事枸杞专业研究、试验、示范生产、推广的技术开发型科技企业，拥有3.2万亩优质枸杞和酿酒葡萄基地，是区农业产业化龙头企业。而玉西公司作为其唯一的销售公司，拥有先进的加工设施和标准化的加工车间，依托研究所雄厚的科技实力和规模化的种植基地，主要经营研究所基地自产的优质枸杞干鲜制品、系列制品及葡萄酒等的批发、零售。

公司长期致力于枸杞和酿酒葡萄科学研究和产业化推广，是国家发展改革委和自治区政府授牌的枸杞研究中心，先后主持承担并完成各类科研项目170余项，累计获奖成果40余项，培育优质枸杞新品种4个，拥有专利12项，是宁夏枸杞产业技术试验、示范和推广的科研和技术依托单位，在有机枸杞、枸杞质量追溯体系、枸杞病虫害防治、农机农艺研究等方面做了大量卓有成效的工作，为全区枸杞产业、基地和企业的快速发展作出了重大贡献。

典范产品：春夏秋冬大礼盒

包装方式为白卡纸纸盒，每大盒里面4小盒，每小盒20小袋，每小袋10g。

包装材料为白卡纸纸盒、白卡纸包装，符合环保原则。包装操作简单，全套包材仅有4部件，一拉即用，符合高效原则。外观漂亮整洁，符合高档枸杞包装定位，可为枸杞提供较高附加值。

内包装红色半透明铝箔袋，符合环保要求。包装礼盒及内产品尺寸固定，使用率高，内外包装贴合紧密，能减少产品间隙，使内包装无任何晃动。

春夏秋冬大礼盒：34cm×12cm×14.5cm

通信地址：宁夏回族自治区银川市西夏区芦花台研究所
联系电话：17709586087　　张本银

仲俊枸杞

中宁县仲俊枸杞专业合作社是一家专业的枸杞种植、生产、加工、销售的民营企业，成立于2015年，注册资本300万元，地处中宁县新堡镇（聂湾，新中国成立后主要栽植区），法人刘仲俊为第三代枸杞种植传承人，其父亲刘汉明为第一代传承人，新中国成立后曾担任新堡镇人民公社枸杞生产技术员。合作社在中宁县枸杞交易中心、中卫市沙坡头景区均设有中宁枸杞专卖销售网点，有200余亩的枸杞种植基地，从源头上保证了中宁枸杞的优良品质。

合作社传承枸杞种植文化，以振兴中宁枸杞产业为己任，坚持创新发展之路，从产品种植标准化、生产加工规范化、渠道销售精细化，提升中宁枸杞的价值，实现中宁枸杞的全方位增长。合作社的目标是让中国人吃上真正药食同源的道地中宁枸杞。

典范产品：仲俊枸杞

包装正面以"中宁枸杞"商标提升枸杞价值，以枸杞历史悠久文化为元素。枸杞自古为生命之树，早在殷商时期，在甲骨卜辞中关于枸杞的占卜记载，甲骨文卜辞中的"杞"字，追根溯源，应源于对人的生命具有神奇作用的"杞"树的崇拜。

包装背面的"杞"字尾部的九个转弯代表九曲黄河，突出中宁枸杞的核心价值，母亲之河孕育的独有地域优势。"道地"印章字样，传达出中宁枸杞文化底蕴。外形采用方形，与标志形成呼应，方圆之间，天地人和。

仲俊枸杞：8g/ 包 ×32 包

通信地址：宁夏回族自治区中卫市中宁县国际枸杞交易中心 A 区 6-20

联系电话：19995565599　　　刘建国

宁安堡

宁夏宁安堡土特产品有限公司成立于2001年，是枸杞产业中的龙头企业。公司秉承"绿色引领健康，责任成就未来"的经营理念，致力于为消费者提供便捷、绿色、健康、纯正的放心产品。

公司依托中宁枸杞的产业优势，大力推进宁夏及西北地区土特产品的深加工和多渠道销售，带动宁夏本行业向品牌化、规模化、网络化和效益化的产业方向发展。充分利用地方资源优势，突出企业社会责任，努力将宁安堡缔造为全国最具美誉度的品牌。

典范产品一：免洗头茬枸杞

主图设计由手绘的多种草本植物环绕品名，颜色印金后衬托在蓝色的背景下产生强烈对比，再结合铁盒的包装形式，显得这款包装稳重大方。

典范产品二：宁夏枸杞

包装形式为封套加抽拉纸盒，有正面为横版、背面为竖版两种陈列方式。包装主图案为晨曦下一位杞农在地里采摘枸杞的画面。整体颜色以大红为底，体现枸杞的色相。

典范产品三：三彩葡萄干

包装采用异形站立袋，流线型的外袋看起来既时尚又简洁。主图绘制了3个活泼可爱具有民族特征的新疆娃娃抱着3种超大号的葡萄干。

免洗头茬枸杞：255mm×210mm×80mm，450g/盒
宁夏枸杞：245mm×130mm×60mm，250g/盒
三彩葡萄干：195mm×170mm×45mm，168g/袋

通信地址：宁夏回族自治区中宁市中宁县恩和镇
联系电话：18152468686　　　门华

A366

精河县天山果业农业科技有限公司创立于2014年7月10日，注册资本2 000万元，2018年评为州级龙头企业，公司产品通过了欧盟、加拿大、美国的有机标准认证，656项农残检测均未检出。

公司秉承"优质、创新、健康、时尚"的经营理念，始终坚持把枸杞作为一项主导产业来抓，从提高品质、创建品牌、搞活流通、加速转化等多方面，确保了枸杞产业健康持续发展。公司已开发枸杞鲜果制干、枸杞原浆和枸杞啤酒系列产品。公司运营模式为"合作社+互联网+连锁直营店+加盟店"，建设枸杞产品垂直电商平台，组建专业营运团队。在第三方电商平台开设10个枸杞产品馆，线下超市连锁直营店6个，加盟店15个，与国内几家知名医药连锁股份公司、南方航空集团、中央大厨房、碧桂园集团等都保持合作关系。2016年至今多次出口，产品远销北美、东南亚等地区。

典型产品一：白领装枸杞

独立铝箔袋包装，内有独立小袋包装，可防水、防潮。方便消费者每天取一小袋食用，直接吃、泡水喝、煲汤、烧菜均可充分补充营养。

典型产品二：枸杞原浆

外包为纸盒，内有独立铝箔小袋，方便环保。方便消费者每天食用一袋，在补充营养的同时达到保健养生的效果。

典型产品三：枸杞啤酒

易拉罐装，方便、卫生、环保。

白领装枸杞：10g/袋×21袋
枸杞原浆：30mL/袋×8袋
枸杞啤酒：500mL/罐

通信地址：新疆维吾尔自治区精河县工业园区天津路5号

联系电话：13899445498　　　董渝婷